图 1　pHS-3C 型酸度计

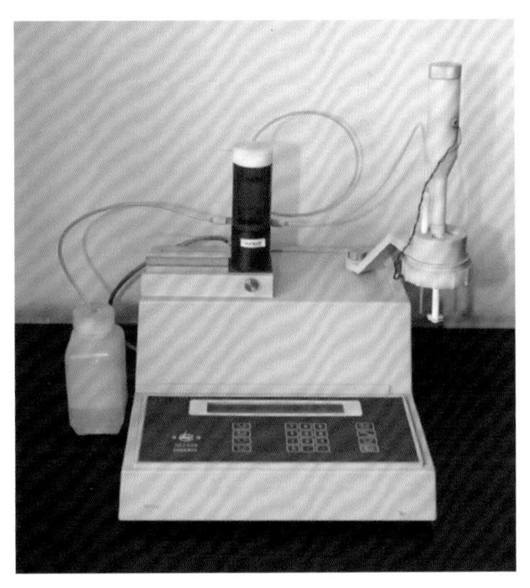

图 2　自动电位滴定仪

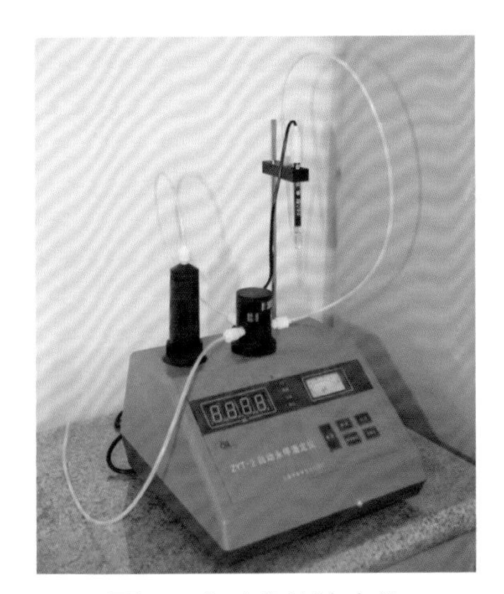

图 3　自动永停滴定仪

图 4　紫外 – 可见分光光度计

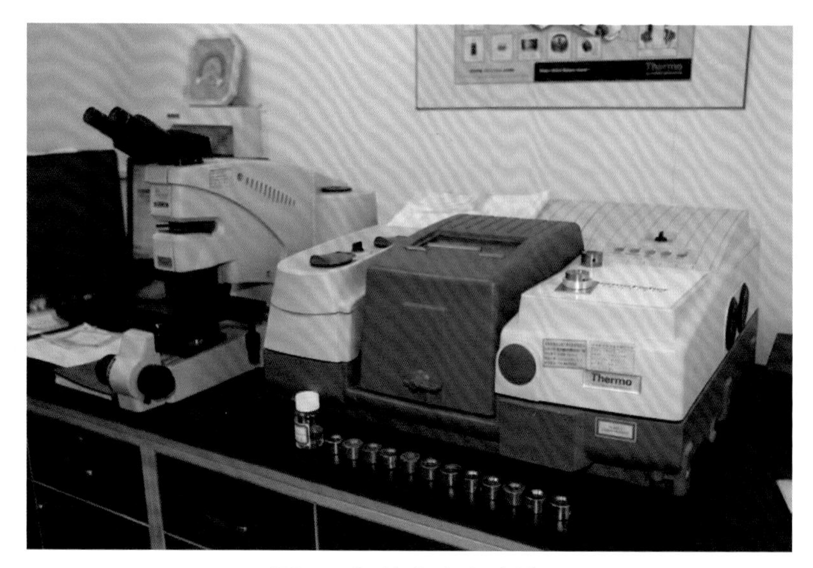

图 5　红外分光光度计

图 6　荧光分光光度计

图 7　原子吸收分光光度计

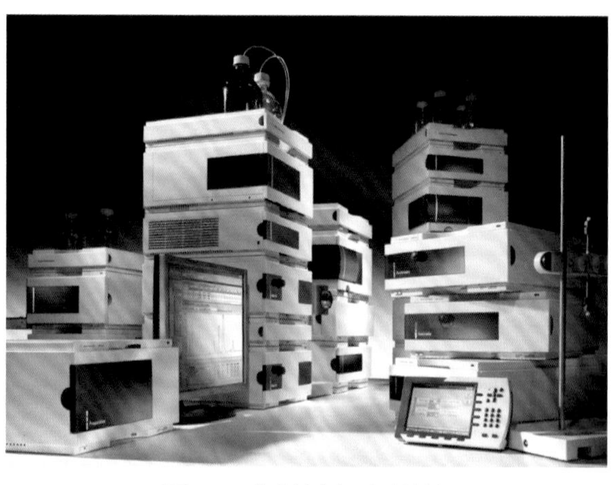

图 8　高效液相色谱仪

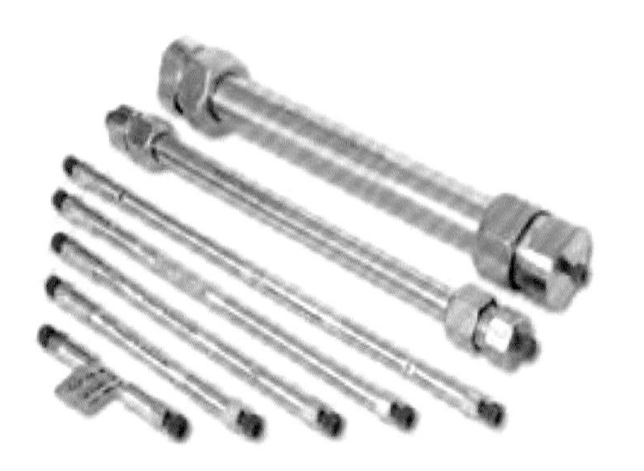

图 9　色谱柱

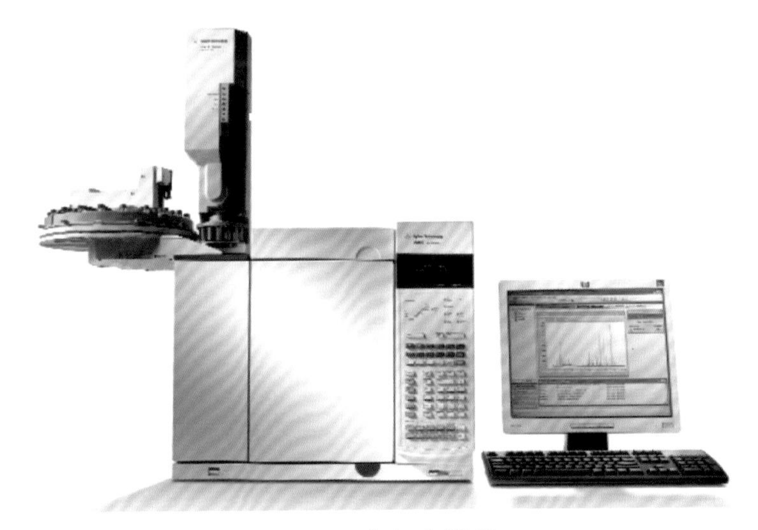

图 10　气相色谱仪

图 11　质谱仪

图 12　高效液相色谱 - 质谱联用仪

图 13　气相色谱 - 质谱联用仪

图 14　核磁共振波谱仪

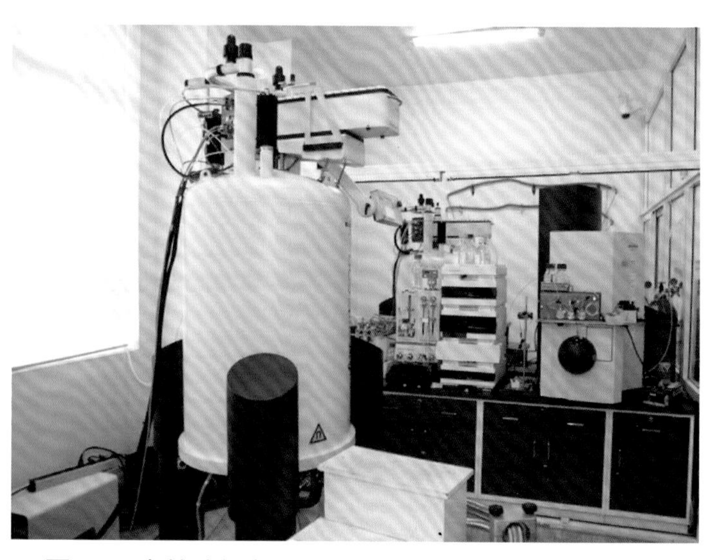

图 15　高效液相色谱 - 质谱 - 核磁共振波谱联用仪

高职高专"十二五"规划教材

仪器分析技术

赵世芬　闫冬良　主编

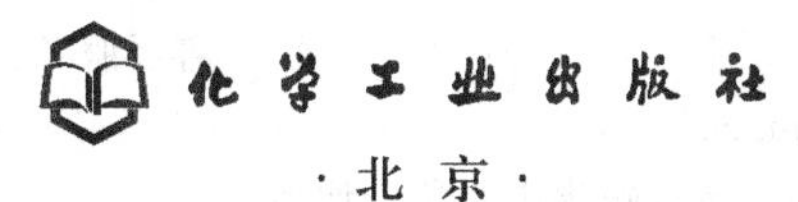

·北京·

本书共十三章，除了仪器分析概论、光学分析法概论和色谱分析法概论3章外，介绍了在药学、医学检验技术和卫生检验技术等专业常用的10种仪器分析方法：电化学分析法、紫外-可见分光光度法、红外分光光度法、荧光分析法、原子吸收分光光度法、液相色谱法、高效液相色谱法、气相色谱法、质谱法和核磁共振波谱法以及15个相关实验。

本教材主要供高职高专药学、医学检验技术和卫生检验技术等专业的师生使用。教材内容以应用为目的，以必需和够用为度，注重内容的针对性、适用性以及实用性，突出基础理论知识的应用和实践能力的培养，贴近学生、贴近岗位、贴近社会。为此，增加了“重点知识”“知识拓展”和“课堂互动”3个板块以及各种常用分析仪器的彩色插图。

图书在版编目（CIP）数据

仪器分析技术/赵世芬，闫冬良主编. —北京：化学工业出版社，2015.11（2023.9重印）
高职高专“十二五”规划教材
ISBN 978-7-122-25411-5

Ⅰ.①仪…　Ⅱ.①赵…②闫…　Ⅲ.①仪器分析-高等职业教育-教材　Ⅳ.①O657

中国版本图书馆CIP数据核字（2015）第243093号

责任编辑：旷英姿　　文字编辑：陈　雨
责任校对：陈　静　　装帧设计：史利平

出版发行：化学工业出版社（北京市东城区青年湖南街13号　邮政编码100011）
印　　装：北京天宇星印刷厂
787mm×1092mm　1/16　印张14¼　彩插2　字数320千字　2023年9月北京第1版第6次印刷

购书咨询：010-64518888　　售后服务：010-64518899
网　　址：http://www.cip.com.cn
凡购买本书，如有缺损质量问题，本社销售中心负责调换。

定　　价：43.00元

编写人员名单

主　编　赵世芬　闫冬良

副主编　黄月君

编　者　（以姓名笔画为序）

马纪伟　南阳医学高等专科学校

孙李娜　四川中医药高等专科学校

闫冬良　南阳医学高等专科学校

苏冬梅　北京卫生职业学院

赵世芬　北京卫生职业学院

黄月君　山西药科职业学院

鲍　羽　湖北中医药高等专科学校

廖禹东　江西省赣州卫生学校

前言

Preface

本教材是高等职业教育药学专业“十二五”规划教材之一，以就业为导向、以能力为本位、以岗位需求为原则编写，以培养技能应用型人才为目标编写。主要供高职高专药学、医学检验技术和卫生检验技术等专业的师生使用。

为了充分体现高等卫生职业教育的特色，在选择教材内容时，以应用为目的，以必需和够用为度，把握教材的深度和广度，注重内容的针对性、适用性以及实用性，突出基础理论知识的应用和实践能力的培养，贴近学生、贴近岗位、贴近社会；在确定编写体例时，增加了“重点知识”“知识拓展”和“课堂互动”3个板块以及各种常用分析仪器的彩色插图，既突出了教材主体内容又拓展了知识、增强了教材的直观性，同时提高了学生的参与程度；在撰写文字时，注意言简意赅、通俗易懂，符合高职学生的认知程度。

全书共十三章，主要内容有：仪器分析概论、电化学分析法、光学分析法概论、紫外-可见分光光度法、红外分光光度法、荧光分析法、原子吸收分光光度法、色谱分析法概论、液相色谱法、高效液相色谱法、气相色谱法、质谱法和核磁共振波谱法以及15个相关实验。在编写中，主要突出以下特点。

1. 为突出教材内容的针对性和适用性，主体内容是药学和医学检验技术等专业学生就业工作岗位所需的基本理论、基本知识和基本技能，“知识拓展”则是与之相关的理论和技术，如发展史、相关原理、新技术或实例等，体现了编写原则。

2. 为突出教材内容的实用性，每种仪器分析方法在简介基本原理之后，还介绍了此方法所用仪器的基本结构、操作步骤和应用与实例，培养学生基础理论知识的应用能力。

3. 为突出对学生岗位能力和实践能力的培养，在十三章后附有15个相关实验的实践指导，其中13个实验是药学和医学检验技术等专业学生就业工作岗位具体完成的工作任务，教师可根据各院校的实际情况进行选做。并在每章教学内容后撰写了与之配套的习题，供教学时边学边练。

本书由赵世芬、闫冬良主编，赵世芬统稿和定稿，闫冬良审稿。其中第一、第七、第十二章由赵世芬编写，第二章由孙李娜和赵世芬编写，第三章和第九章由黄月君编写，第四章由马纪伟编写，第五章和第六章由闫冬良编写，第八章由廖禹东和赵世芬编写，第十章和第十一章由廖禹东和闫冬良编写，第十三章由鲍羽和马纪伟编写。仪器分析技术实践指导由苏冬梅编写。

由于编者水平有限，书中难免有疏漏，恳请专家和读者批评与指正。

编者

2015年9月

目录

Contents

第一章

仪器分析概论

重点知识

仪器分析及其任务；仪器分析特点；仪器分析分类。

20世纪40年代以后，既由于生产和科学技术发展的需要，又由于物理学、电子学及半导体、原子能工业的发展，分析化学发生了革命性的变革，从传统的化学分析发展为仪器分析。20世纪70年代以后，随着生命科学、材料科学、环境科学、能源科学和医疗卫生等领域的发展，由于生物学、信息科学和计算机技术的引入，使仪器分析进入了一个崭新的境界，向着更高的灵敏度和准确度方向发展，向着更好的选择性和分离手段方向发展，向着更完善可信的形态分析和更小的样品量要求方向发展，向着原位、活体内和实时分析方向发展，向着分析仪器自动化、数字化、智能化及仿生化方向发展。总之，现代科学技术的飞速发展，相邻学科之间的相互渗透，使仪器分析正在成为在化学、生物学、物理学、数学、计算机科学、精密仪器制造科学等学科基础上的多学科交叉结合的学科。

第一节　仪器分析的任务和作用

一、仪器分析的任务

仪器分析（instrumental analysis）是利用物质的物理或物理化学性质采用特殊仪器进行分析的方法，属于分析科学，是多学科、多技术的交叉与综合的科学，是化学学科的重要组成部分，是研究物质化学组成重要的分析技术。

知识拓展

技　术

仪器分析发展变革中，理论的建立起着指导作用，要转化为方法，需要特定的仪器、设备和试剂，而制作和使用仪器或设备，正是通常所说的技术。即仪器分析理论和方法的相互作用，需要中介和桥梁，这就是技术。例如，早在17世纪的牛顿时期，就已初步形成光谱学原理，到18世纪已经发展成熟，利用光谱线特征进行物质鉴定的思想也早已有人提出，但是，直到19世纪中期，才实现了光谱分析。其原因在于，直到这时，才应用光谱学原理制作出了可用于分析的光谱仪。因此，技术是实现和实施方法的保证，仪器分析方法尤其如此，本教材重点突出仪器使用和应用的分析技术。

仪器分析依据物质的物理性质或物理化学性质，利用物理学、化学、数学等的原理和方法，运用分析仪器技术（硬件）和分析测试技术（软件），完成鉴定物质的化学组成、测定物质中各组分的相对含量以及确定物质的化学结构三项任务。

二、仪器分析的作用

仪器分析是在处理和解决实际问题中发挥重要作用的分析技术，具有其他技术不可替代的作用。它不仅对化学学科的发展起着重要作用，而且在国民经济建设、科学研究及医药卫生事业的发展中也发挥着重要的作用。

在国民经济建设中，各行各业利用仪器分析技术进行样品的分析。例如，在地质勘探中，矿样的分析；在工业生产中，从原料的分析，半成品和成品的检验，到新产品的研制，工艺技术的改进和革新；在农业生产中，土壤成分、化肥、农药及农作物生长的研究和分析等，都需用仪器分析工作者提供的分析结果进行工作。因此，各个领域均需要仪器分析的知识和技术，仪器分析技术测试是科技与生产的眼睛，是衡量一个国家经济与科技发展的标志。

科学研究领域更需要仪器分析的方法和技术，无论是化学学科本身的发展，还是其他学科的发展，均需要仪器分析技术的支持。同样，其他学科的发展也促进了仪器分析技术的发展。

在医药卫生事业中，药品检验、新药研究，临床医学检验、临床生化检验，食品卫生检验、食品营养成分分析、食品添加剂分析及有毒成分分析，环境保护中，对水质和大气的监测，“三废”（废水、废气、废渣）的处理和综合利用都需要运用仪器分析的知识和技术。

仪器分析技术是药学和医学检验技术专业学生的专业必修课。通过学习本课程，使学习者掌握仪器分析的基本理论、基本知识和基本技能，逐步树立正确的“量”的概念，培养和形成良好的职业素质和服务态度，为学习专业课程和职业技能奠定良好的基础。

第二节　仪器分析特点和方法分类

一、仪器分析特点

仪器分析随着科学技术的迅猛发展而快速发展，应用日益广泛，它具有如下特点。

1. 测定灵敏度和精密度高

灵敏度是指被测组分浓度或含量改变一个单位所引起的测量信号的变化。若考虑分析时存在噪声等因素，灵敏度实际上就是被测组分的最低检出限。仪器分析技术检验结果的质量分数可达 10^{-8} 或 10^{-9} 数量级，测定的灵敏度高，适用于分析微量组分或痕量组分。

精密度是指在一定的条件下对同一试样进行多次平行测定时，所得测定结果之间的符合程度。它表明检验结果的重现性，用偏差表示。仪器分析技术需用精密或较精密的仪器对被测组分进行多次平行测定，检验结果的重复性好，偏差小，测定的精密度高。

2. 操作简单，测定自动化程度高

随着计算机技术、电子技术、传感技术和信息技术等现代科技不断发展，分析仪器将测定的被测组分的物理或物理化学参数转换成电信号，再与计算机和自动控制装置相连，使仪器的自动化、程序化和智能化程度越来越高，操作越来越简单，实现了遥测和遥控，可做即时、在线分析，从而可以控制生产过程和自动监测环境等。

3. 选择性高，测定速度快

仪器分析技术可用于复杂组分的样品分析，例如，用离子选择性电极可测混合物中指定离子的浓度，无需分离，它的测定速度也越来越快，利用自动进样器，每小时可测定 240 个血清样品，并同时测出每个样品中钾、钠、钙的含量和 pH 值。又例如，发射光谱分析法在 1min 内可同时测定水中 48 个元素，测定灵敏度可达 10^{-9}g 级。

4. 取样量少，可进行无损分析

随着科学技术的飞速发展，分析仪器的取样量越来越少，有些仪器的进样量，只需数微升。通常仪器分析技术试样量在 10^{-2}～10^{-8}g 或更少，而化学分析需用 10^{-1}～10^{-4}g。仪器分析技术有时可在不破坏试样的情况下进行测定，有的方法试样可回收，有的方法能进行表面分析或微区分析。

5. 在低浓度下测定的准确度高

准确度是指测量值与真实值接近的程度。它表明测量值的可靠程度，用误差表示。仪器分析技术测定结果的相对误差通常在百分之几左右，如果测量的是微量组分和痕量组分，测定结果的绝对误差小准确度高，如果测量的是常量组分，测定结果的绝对误差大准确度低。

6. 大型仪器结构复杂，价格昂贵

随着电子技术、计算机技术和光电器件的不断发展和功能的完善，各种自动检测、自动控制功能的增加，使大型化、自动化分析仪器结构更加紧凑和复杂，价格比较昂贵。

7. 工作环境要求高，使用者素质要求高

分析仪器的高精密度、分辨率、自动化和智能化，以及其中某些关键器件的特殊性质，决定了它对工作环境要求高。分析工作者要有良好的职业道德，掌握各种分析仪器的基本原理、基本结构、性能用途、操作方法和日常维护以及分析检验结果的数据处理，并应具备一定的电子电工学基础和英语基础等。

此外，试样进入仪器前，一般需要用化学分析方法对试样进行处理、杂质的分离及方法准确度的验证。因此，化学分析与仪器分析是相辅相成的两种分析方法，它们互相配合缺一不可。

二、仪器分析方法分类

1. 按分析任务不同分类

仪器分析按分析任务不同分为定性分析法、定量分析法和结构分析法，它们的任务分别是鉴定物质的化学组成、测定物质中各组分的相对含量和确定物质的化学结构。

2. 按分析原理不同分类

仪器分析按分析原理不同主要分为电化学分析法、光学分析法、色谱分析法和质谱法。具体分类见表 1-1。

表 1-1　仪器分析方法分类

电化学分析法	光学分析法（光谱分析法）	色谱分析法	其他仪器分析方法
电位分析法 电导分析法 伏安分析法 电量分析法	吸收光谱法 发射光谱法 散射光谱法	高效液相色谱法 气相色谱法 液相色谱法	质谱法 热分析法 放射化学分析法

（赵世芬）

习　题

一、填空题

1. 仪器分析是利用物质的__________或__________性质采用__________进行分析的方法。
2. 仪器分析按分析任务不同分为__________、__________和__________，它们的任务分别是____________、____________以及____________。
3. 仪器分析的主要特点有____________、____________、____________、____________、____________、____________、____________。
4. 仪器分析按分析原理不同主要分为____________、____________、____________和____________。

二、单项选择题

1. 下列哪一项不是仪器分析的特点？（　　）

   A. 灵敏度高　　B. 精密度高　　C. 准确度高
   D. 样品用量少　　E. 分析速度快

2. 仪器分析按分析原理不同主要分为 4 种方法，但是不包括（　　）。

   A. 电化学分析法　　B. 光学分析法　　C. 色谱分析法

D. 核磁共振波谱法　　　　E. 质谱法

三、简答题

1. 仪器分析的任务是什么？
2. 仪器分析的特点有哪些？
3. 仪器分析方法如何分类？分别有哪些方法？

第二章

电化学分析法

重点知识

原电池的构成；标准状态；能斯特方程式；指示电极；参比电极；离子选择性电极；甘汞电极、银-氯化银电极和 pH 玻璃电极的构造、电极电位和使用注意事项；直接电位法测定溶液 pH 值的原理；酸度计的结构和使用注意事项；电位滴定法；永停滴定法定义和分类；可逆电对；不可逆电对。

电化学分析法（electrochemical analysis）又称电分析化学法，它是应用电化学原理和实验技术建立起来的一类分析方法。1922 年海洛夫斯基（J. Heyrovsky）创立了极谱分析学，为电化学分析法的发展奠定了基础。电化学分析法与其他仪器分析技术相比，具有如下独特的优点。

1. 测定范围广

电化学分析法通常可以测定 10^{-8}～10^{-3} mol/L 浓度范围的物质；也可以快速测定含量较高的物质。例如，血液中的 K^+、Na^+、Cl^- 等离子浓度；还可以快速测定痕量组分，如血液中药物代谢产物。

2. 取样量少，可进行无损分析

电化学分析法测量时，试样用量少，体积可小至微升，甚至是 10^{-15} L。微升级的试样用量结合低检出限的分析方法，可以分析 10^{-18} mol 的物质。还可以进行在线分析，例如将微型电化学传感器内置于人体的血管中，直接监测血流中 pH 值和 pO_2 值的变化。

3. 操作简单快速，测定自动化程度高

在其他仪器分析技术测量中，需要将分析信号转换成电信号，而电化学分析法可以直接测量电信号，测定简单快速，仪器便于自动化。

根据测量方法的不同，电化学分析法可分为四大类：一是电位分析法，包括直接电位法和电位滴定法等；二是电导法，包括电导分析法和电导滴定法等；三是伏安分析法，包括极谱法、溶出法和永停滴定法等；四是电量分析法，包括电重量法、库仑法和库仑滴定法等。其中，直接电位法、电位滴定法和永停滴定法在药学和医学检验技术专业中应用较多。

电位分析法是通过测量原电池的电动势求得待测组分含量的分析方法。测定时，将待测物质制备成溶液，与参比电极和指示电极组成原电池，测量原电池电动势，由于原电池电动势和溶液中待测离子活度（或浓度）之间符合能斯特方程式，通过计算求出待测离子活度（或浓度），从而求得待测物质的含量。

永停滴定法是将两个铂电极插入待测溶液中组成电解池，根据滴定过程中两个铂电极之间电流变化确定滴定终点的电流滴定法。

第一节　基本原理

化学电池是一种电化学反应器，由两个电极、电解质溶液和外电路三部分组成。电化学反应是氧化还原反应，发生在电极和电解质溶液界面间。化学电池分为原电池和电解池。将化学能转变为电能的装置称为原电池，即电极反应能够自发进行；将电能转变为化学能的装置，称为电解池，即电极反应不能自发进行，只有在两极上施加一定的外加电压，电极反应才会发生。

一、原电池与电极电位

（一）原电池的构成

将锌片插入硫酸锌溶液中构成锌电极，将铜片插入硫酸铜溶液中构成铜电极，用盐桥连接两种溶液，构成了铜-锌原电池。用导线连接锌片和铜片，并在导线中间串联一个检流计，检流计指针发生偏转，如图 2-1 所示，说明导线间有电流通过。

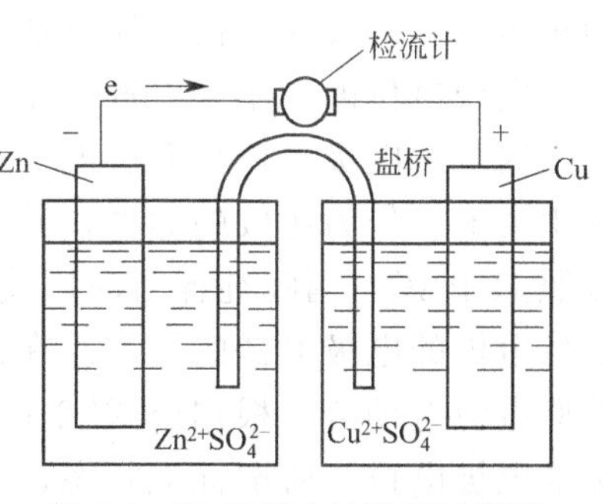

图 2-1　铜-锌原电池装置示意图

图 2-1 所示的装置中，锌电极发生氧化反应，称为电极反应或半电池反应，是原电池的负极。

$$Zn - 2e \rightleftharpoons Zn^{2+}$$

铜电极发生氧化反应，也称为电极反应或半电池反应，是原电池的正极。

$$Cu^{2+} + 2e \rightleftharpoons Cu$$

电子沿导线由锌片定向转移到铜片，产生了电流，整个铜-锌原电池发生了氧化还原反应，称为原电池反应。

$$Zn + Cu^{2+} \rightleftharpoons Zn^{2+} + Cu$$

因此，铜-锌原电池由锌电极和铜电极组成，其原电池反应由锌电极反应和铜电极反应组成，电极通常也称电对或半电池。

原电池由什么构成？发生什么化学反应？

（二）原电池的表示方法

原电池常用原电池符号表示，如铜-锌原电池可表示为：

$$(-)Zn|Zn^{2+}(c_1)\|Cu^{2+}(c_2)|Cu(+)$$

习惯上把负极写在左边，用“（－）”表示；正极写在右边，用“（＋）”表示。“|”表示电极和溶液接触界面，“‖”表示盐桥；当同溶液中存在多种组分时，用“，”隔开。c_1、c_2表示溶液的浓度（严格为活度）。如有气体，则应注明温度和分压，若不注明，默认为是298.15K（25℃）及1.013×10^5Pa（即1个标准大气压）。

试将下列化学反应设计成原电池，并写出电极反应和原电池符号。

（1）$Zn(s)+H_2SO_4(c_1)\rightleftharpoons ZnSO_4(c_2)+H_2(p_{H_2})$（2）$Ni(s)+H_2O\rightleftharpoons NiO(s)+H_2(p_{H_2})$

（3）$H_2(p_{H_2})+\frac{1}{2}O_2(p_{O_2})\rightleftharpoons H_2O$　（4）$H_2(p_{H_2})+HgO(s)\rightleftharpoons Hg+H_2O$

（三）原电池的电动势

铜-锌原电池中有电流产生，表明构成原电池的两个电极之间存在电位差。用$\varphi_{(+)}$表示正极的电极电位，$\varphi_{(-)}$表示负极的电极电位，两个电极之间的电极电位差，称为原电池的电动势，用E表示，则：

$$E=\varphi_{(+)}-\varphi_{(-)} \tag{2-1}$$

金属与溶液之间产生的稳定电位称为电极电位，用符号$\varphi_{M^{n+}/M}$表示。例如，铜-锌原电池中锌片和Zn^{2+}溶液构成1个电极，电极电位用$\varphi_{Zn^{2+}/Zn}$表示；铜片和Cu^{2+}溶液构成1个电极，电极电位用$\varphi_{Cu^{2+}/Cu}$表示。由金属活动顺序表可知，铜-锌原电池的铜电极为正极，锌电极为负极，原电池的电动势为$E=\varphi_{Cu^{2+}/Cu}-\varphi_{Zn^{2+}/Zn}$。

电极电位的大小主要取决于电极的本性，温度、介质和其他离子活度（或浓度）等外界因素对电极电位也有影响。目前，无法测定单个电极的电极电位绝对值，因此，须选1个电极作为比较的标准，其他电极与之比较，从而求得各个电极的相对电极电位。按照IUPAC（国际纯粹与应用化学联合会）的建议，国际上统一用标准氢电极作为测量各电极的电极电位的标准。在标准状态下，将某电极与标准氢电极组成原电池，测定其原电池电动势，根据公式(2-1)，求得该电极的电极电位，此电极电位称为该电极的标准电极电位。所谓标准状态，是指规定条件下的状态，即温度为298.15K，组成电极的相关离子活度（或浓度）均为1mol/L，气体的分压为1.013×10^5Pa（用符号$p^{\ominus}$表示），固体和液体的纯物质活度（或浓度）为1。

标准电极电位用符号$\varphi^{\ominus}_{Ox/Red}$表示。IUPAC规定，在298.15K时，标准氢电极的电极电位为零，即$\varphi^{\ominus}_{H^+/H_2}=0.0000V$。

知识拓展

测定锌电极的标准电极电位

测定锌电极的标准电极电位时，在标准状态下将锌电极与标准氢电极组成原电池，由金属活动顺序表可知，锌电极为负极，标准氢电极为正极，原电池符号表示如下：

$$(-)Zn|Zn^{2+}(1mol/L)\parallel H^{+}(1mol/L), H_2(1.013\times10^5 Pa)|Pt(+)$$

测得原电池电动势 E 为 0.763V。据公式(2-1)

$$E=\varphi^{\ominus}_{H^+/H_2}-\varphi^{\ominus}_{Zn^{2+}/Zn}$$

$$0.763V=0V-\varphi^{\ominus}_{Zn^{2+}/Zn}$$

$$\varphi^{\ominus}_{Zn^{2+}/Zn}=-0.763V$$

各电极的标准电极电位可查阅化学手册，本书附录 2 列出了常见电极在水溶液中的标准电极电位。

(四) 电极电位

标准电极电位是在标准状态下测定的，如果条件（主要是离子浓度和温度）改变时，电极电位也发生改变，可用能斯特（Nernst）方程式计算其电极电位。

对于电极反应 $Ox+ne \rightleftharpoons Red$，则有：

$$\varphi_{Ox/Red}=\varphi^{\ominus}_{Ox/Red}+\frac{RT}{nF}\ln\frac{a_{Ox}}{a_{Red}} \tag{2-2}$$

式(2-2) 中 $\varphi_{Ox/Red}$ 为电极的电极电位；$\varphi^{\ominus}_{Ox/Red}$ 为电极的标准电极电位；R 为气体常数 [8.314J/(mol·K)]；T 为热力学温度 [$T=(t+273.15)$K]；n 为电极反应中得失电子数；F 为法拉第常数（9.648×10^4 C/mol）；a_{Ox} 为氧化型反应一方各物质活度（或浓度）幂的乘积；a_{Red} 为还原型反应一方各物质活度（或浓度）幂的乘积。活度（或浓度）的幂指数为它们各自在电极反应中的化学计量数。固体和液体的纯物质活度（或浓度）为 1；气体物质，以气体分压与标准压力 $p^{\ominus}$（1.013×10^5 Pa）的比值代入相应的活度（或浓度）项进行计算。

当温度为 298.15K 时，将自然对数换成常用对数，各常数代入式(2-2)，能斯特方程式可简化为：

$$\varphi_{Ox/Red}=\varphi^{\ominus}_{Ox/Red}+\frac{0.05916}{n}\lg\frac{a_{Ox}}{a_{Red}} \tag{2-3}$$

已知 $\varphi^{\ominus}_{Zn^{2+}/Zn}=-0.763V$，在 298.15K 时，试计算 Zn^{2+} 浓度为 0.00100mol/L 时锌电极的电极电位。

二、参比电极和指示电极

电位分析法使用的化学电池是原电池，由两种性能不同的电极组成，其中电极电位已知并恒定的电极，称为参比电极，即电极电位不受溶液中待测离子活度（或浓度）的影响；电极电位随溶液中待测离子活度（或浓度）的变化而变化的电极，称为指示电极。

(一) 参比电极

对参比电极的要求是：①电极电位已知并稳定；②可逆性好；③重现性好；④装置

简单，方便耐用。

最精确的参比电极是标准氢电极，也是最早使用的参比电极，其他电极的电极电位是与标准氢电极比较后确定的，故将标准氢电极称为一级参比电极，其他参比电极称为二级参比电极。因标准氢电极制作和使用均不方便，故实际测量中很少用。常用的参比电极有甘汞电极和银-氯化银电极。

1. 甘汞电极

甘汞电极（calomel electrode）由金属汞、甘汞（Hg_2Cl_2）和 KCl 溶液组成，结构如图 2-2 所示。它的半电池符号是：

$$Hg, Hg_2Cl_2(s) | KCl(x\ mol/L)$$

电极反应为：

$$Hg_2Cl_2 + 2e \rightleftharpoons 2Hg + 2Cl^-$$

在 298.15K 时，其电极电位为：

$$\varphi_{Hg_2Cl_2/Hg} = \varphi^{\ominus}_{Hg_2Cl_2/Hg} - 0.05916 \lg a_{Cl^-} \qquad (2\text{-}4)$$

由式(2-4) 可知，甘汞电极的电极电位取决于溶液中 Cl^- 活度，当 Cl^- 活度恒定时，甘汞电极的电极电位是定值。298.15K 时，三种不同浓度 KCl 溶液，甘汞电极的电极电位见表 2-1。

表 2-1 甘汞电极的电极电位

KCl 溶液浓度	0.1mol/L	1mol/L	饱和溶液
电极电位/V	0.3365	0.2828	0.2438

在电位分析法中最为常用的是饱和甘汞电极（英文缩写为 SCE），其构造简单，电极电位稳定，保存和使用方便。

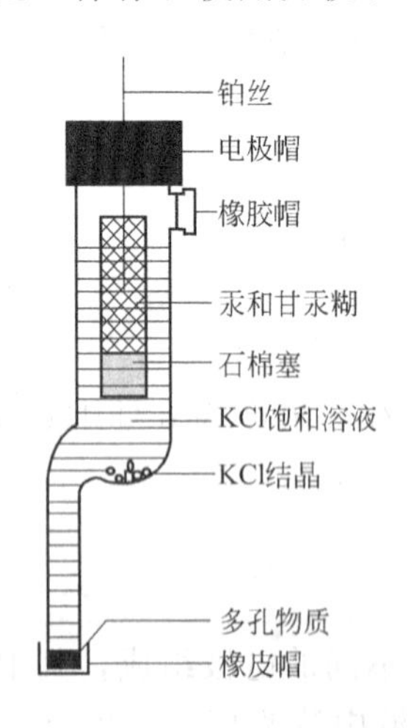

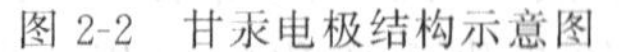
图 2-2 甘汞电极结构示意图

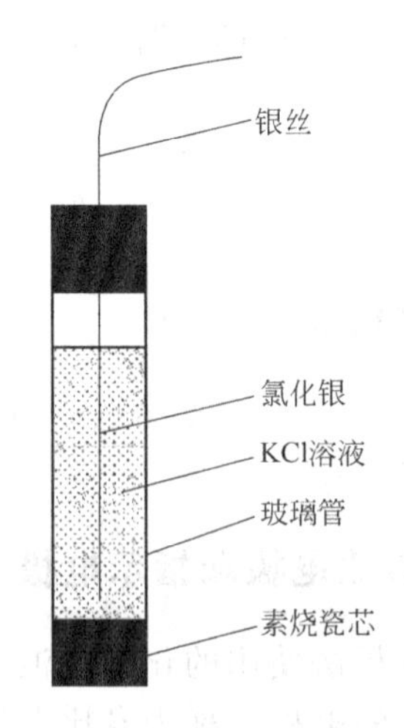

图 2-3 银-氯化银电极结构示意图

2. 银-氯化银电极

银-氯化银电极（silver/silver chloride electrode）英文缩写为 SSE，由金属银、氯化银和 KCl 溶液组成，结构如图 2-3 所示。它的半电池符号是：

$$Ag, AgCl(s) | KCl(x\ mol/L)$$

电极反应为：

$$AgCl + e \rightleftharpoons Ag + Cl^-$$

在 298.15K 时，其电极电位为：

$$\varphi_{AgCl/Ag} = \varphi^{\ominus}_{AgCl/Ag} - 0.05916 \lg a_{Cl^-} \tag{2-5}$$

由式(2-5) 可知，银-氯化银电极的电极电位取决于溶液中 Cl^- 活度，当 Cl^- 活度恒定时，银-氯化银电极的电极电位是定值。298.15K 时，三种不同浓度 KCl 溶液，银-氯化银电极的电极电位见表 2-2。

表 2-2　银-氯化银电极的电极电位

KCl 溶液浓度	0.1mol/L	1mol/L	饱和溶液
电极电位/V	0.2880	0.2223	0.2000

银-氯化银电极结构简单，可制成很小的体积，所以常作为玻璃电极和其他离子选择性电极的内参比电极。

请你比较一下，当甘汞电极和银-氯化银电极中的 KCl 溶液活度相同时，其电极电位是否相同。

（二）指示电极

指示电极应符合以下要求：①电极电位与有关离子活度间的关系符合能斯特方程式；②响应快，重现性好；③结构简单，使用方便。指示电极的种类很多，主要包括金属基电极和离子选择性电极。

1. 金属基电极

金属基电极（metallic electrode）是一类基于电子交换反应（即氧化还原反应）的电极，常用的有三类。

(1) 第一类电极　第一类电极也称活性金属电极或金属-金属离子电极，它是由金属插入该金属离子溶液中构成的电极。例如，银电极、锌电极和铜电极。第一类电极的电极符号为 $M \mid M^{n+}$，电极反应为：

$$M^{n+} + ne \rightleftharpoons M$$

在 298.15K 时，其电极电位为：

$$\varphi_{M^{n+}/M} = \varphi^{\ominus}_{M^{n+}/M} - \frac{0.05916}{n} \lg a_{M^{n+}} \tag{2-6}$$

由式(2-6) 可知，第一类电极的电极电位取决于溶液中 M^{n+} 活度，故可用第一类电极测定金属离子活度。

(2) 第二类电极　第二类电极也称金属-金属难溶盐电极，它是由金属、该金属难溶盐及该难溶盐阴离子溶液构成的电极，例如，甘汞电极和银-氯化银电极。第二类电极的电极符号为 $M, M_mX_n \mid X^{m-}$，其电极电位取决于溶液中难溶盐阴离子的活度，故可用第二类电极测定难溶盐阴离子活度。

(3) 零类电极　零类电极也称惰性金属电极，它是由惰性金属插入有可溶性氧化态和还原态电对的溶液中构成的电极。例如，Pt | Fe^{3+}，Fe^{2+} 电极。零类电极的电极符号为 Pt | M^{m+}，$M^{(m-n)+}$，电极反应为：

$$M^{m+} + ne \rightleftharpoons M^{(m-n)+}$$

在 298.15K 时，其电极电位为：

$$\varphi_{M^{m+}/M^{n+}} = \varphi^{\ominus}_{M^{m+}/M^{n+}} - \frac{0.05916}{n}\lg\frac{a_{M^{m+}}}{a_{M^{n+}}} \tag{2-7}$$

由式(2-7) 可知，零类电极的电极电位取决于溶液中氧化态与还原态物质活度之比，惰性金属本身并不参与电极反应，仅是起传递电子的作用，故可用零类电极测定溶液中氧化态物质与还原态物质活度之比。

2. 离子选择性电极

离子选择性电极（ion selective electrode，ISE）又称为膜电极，是一类利用膜电位测定溶液中特定离子活度（或浓度）的电化学传感器。不同类型的离子选择性电极下端有不同的电极膜，将离子选择性电极插入含被测离子的溶液中，电极膜对膜内、外两侧溶液中特定离子选择性响应（即有专属性）产生膜电位，膜电位随溶液中待测离子的活度变化而变化，从而指示出溶液中待测离子活度。

离子选择性电极是电位分析法最常用的指示电极，它的特点有：①选择性好，共存离子干扰少；②灵敏度高，可达 10^{-9}～10^{-6} 数量级；③取样量少且不破坏试样；④平衡时间短、测定速度快；⑤仪器设备简单、操作简便；⑥应用十分广泛，一般不需要化学分离，能用于无色溶液、有色溶液、悬浊液、乳浊液和胶体溶液等溶液的分析，也能用于不便采样和难分析的场合，如体内、血样和化学反应过程的控制等，还能制成遥控探头（传感器或探针）。它已成功地应用于药物分析、临床医学检验、食品分析、环境监测、水质和土壤分析以及各种工业分析等领域。

目前，国内外已制成了几十种离子选择性电极，如 pH 玻璃电极是对 H^+ 有选择性响应的典型离子选择性电极，又如氟离子选择性电极、钙离子选择性电极、卤素离子选择性电极、硫离子选择性电极等。

知识拓展

离子选择性电极的发展

1906 年莱姆首先发现玻璃膜置于两种不同的水溶液之间，会产生电位并且受溶液中 H^+ 活度的影响。1909 年德国的哈伯等系统实验研究用于测量溶液 pH 值的玻璃电极。1929 年麦克英斯等制成了有实用价值的 pH 玻璃电极，这是直接电位法历史性的第一次突破。之后，卤素离子选择性电极和沉淀膜电极相继问世。1966 年美国的弗兰特和罗斯制成了高选择性的氟离子选择性电极，这是离子选择性电极发展史上的重要贡献。与此同时，瑞士的西蒙等制成了钾离子选择性电极，开始了另一类重要的电极，即中性载体膜电极的研究。到 20 世纪 60 年代末，离子选择性电极的商品已有 20 种左右，这一分析技术也开始成为电化学分析法中的一个独立的分支学科。1975 年 IUPAC 建议将这一类电极称为离子选择性电极，并定义为：是一类电化学的传感器。

（1）基本结构　离子选择性电极主要由电极膜（敏感膜）、电极管、内参比电极和内参比溶液四个部分构成，此外还有电极帽和导线。如图 2-4 所示。电极管主要由玻璃或高分子聚合材料制成。电极膜在电极管的下端，是离子选择性电极的关键部位，不同类型的离子选择性电极，由不同敏感材料制成电极膜，电极的离子选择性随电极膜的不同而不同。内参比电极一般是银-氯化银电极。内参比溶液一般由选择性响应离子的强电解质及氯化物溶液组成，作用是保持电极膜内表面和内参比电极的电极电位稳定。

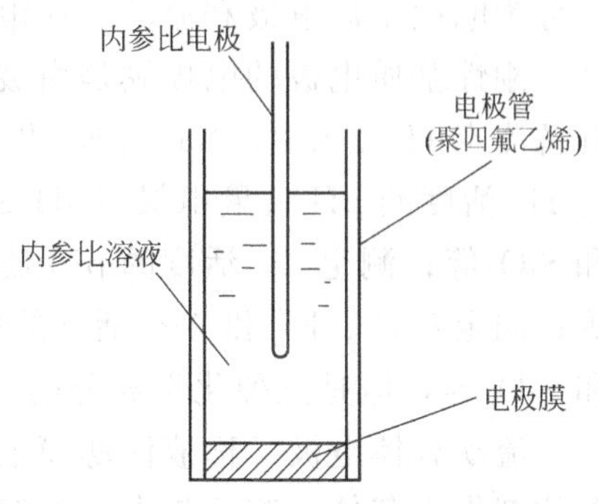

图 2-4　离子选择性电极结构示意图

（2）分类　根据膜电位响应机理、膜的组成和结构，离子选择性电极可分为基本电极和敏化离子选择性电极两大类，具体见表 2-3。

表 2-3　离子选择性电极的分类

基本电极（原电极）	晶体膜电极	均相膜电极	单晶膜电极 多晶膜电极
		非均相膜电极	
	非晶体膜电极	刚性基质电极	
		流动载体电极	带正电荷的载体电极；带负电荷的载体电极；中性载体电极
敏化离子选择性电极	气敏电极 生物选择性电极		

① 基本电极　基本电极又称为原电极，电极膜与被测离子溶液直接接触，选择性响应待测离子活度（或浓度），分为晶体膜电极和非晶体膜电极。

晶体膜电极的电极膜是由电活性物质难溶盐晶体制成。它分为均相膜电极和非均相膜电极两类。

电极膜是难溶盐的单晶、多晶或混晶化合物均匀混合制成的电极为均相膜电极，分类见表 2-4。

表 2-4　均相膜电极的分类

均相膜电极的类型	电极名称	电极膜	测定离子
单晶膜电极	氟离子选择性电极	LaF_3单晶切片制成	F^-
多晶膜电极	硫化银电极	Ag_2S 多晶压片制成	Ag^+ 或 S^{2-}
混晶膜电极	氯离子选择性电极	AgCl 和 Ag_2S 晶体 1∶1 混合后压片制成	Cl^-

电极膜是导电性的电活性物质（难溶盐、螯合物、缔合物等）均匀分布在憎水惰性材料（硅橡胶、聚氯乙烯、聚苯乙烯、石蜡等）中制成的电极为非均相膜电极。例如，氯离子-三异辛基十六烷基季铵离子缔合物为活性物质，均匀分布于聚氯乙烯（PVC）膜制成了氯离子选择性电极，用于测定 Cl^- 活度。

非晶体膜电极的电极膜是电活性化合物（非晶体）均匀分布在惰性支持物中制成。

它分为刚性基质电极和流动载体电极。

刚性基质电极的电极膜是由玻璃吹制而成的薄膜，改变玻璃薄膜的化学组成，可以制备测定 H^+、Li^+、Na^+、K^+和 Ag^+等一价阳离子活度的离子选择性电极，例如，测定 H^+活度的 pH 玻璃电极（pH glass electrode），玻璃薄膜的化学组成为 Na_2O、CaO 和 SiO_2等；测定 Li^+活度的 pLi 玻璃电极，玻璃薄膜的化学组成为 Li_2O、Al_2O_3和 SiO_2等；测定 Na^+、K^+和 Ag^+活度的玻璃电极，玻璃薄膜的化学组成虽然均为 Na_2O、Al_2O_3和 SiO_2等，但是三种化学成分的比例不同，对 Na^+、K^+和 Ag^+的选择性响应不同。

流动载体电极又称液体薄膜电极（简称液膜电极）。将与待测离子有作用的盐类或配位剂作为载体，溶于与水不混溶的有机溶剂中组成有机液体离子交换剂，再使这种离子交换剂被惰性微孔支持体（纤维素、聚氯乙烯和醋酸纤维素等）吸附从而制成薄膜片，以此类薄膜片制成电极的敏感膜。因此，电极的敏感膜是由有机液体离子交换剂和惰性微孔支持体构成，其中有机液体离子交换剂即电活性物质是液态，可以在膜中流动。常见的流动载体电极见表 2-5。

表 2-5 常见的流动载体电极

流动载体电极类型	电极名称	电活性物质	测定离子
带正电荷的载体电极	硝酸根离子选择性电极	溴化四月桂胺	NO_3^-
	四氟合硼配离子选择性电极	三庚基十二烷基氟硼酸铵	BF_4^-
	高氯酸根离子选择性电极	邻二氮菲铁(Ⅱ)配合物	ClO_4^-
带负电荷的载体电极	钙离子选择性电极	二辛苯基膦酸钙溶于苯基膦酸钙	Ca^{2+}
	钙镁离子选择性电极	二癸基膦酸钙溶于癸醇	水的硬度
	钾离子选择性电极	四对氯苯硼酸盐	K^+
中性载体电极	钾离子选择性电极	缬氨霉素	K^+
		二叔丁基二苯并-30-王冠-10	
	钠离子选择性电极	三甘酰双苄苯胺	Na^+
		四甲基苯基-24-冠醚-8	
	铵根离子选择性电极	类放线菌素和甲基类放线菌素	NH_4^+
	锂离子选择性电极	开链酰胺	Li^+

流动载体电极以测定 K^+、Ca^{2+}、NO_3^-、BF_4^-、ClO_4^- 的电极应用较多，例如，血清、水、土、肥、矿物中 K^+、Ca^{2+}的测定，水、土、植物、食品、蔬菜中NO_3^-的测定。

② 敏化离子选择性电极　敏化离子选择性电极是以基本电极为基础，利用复合膜界面敏化反应的一类离子选择性电极。它分为气敏电极和生物选择性电极。

气敏电极是对某些气体敏感的电极，是一种气体传感器，用于测定溶液中气体的含量。它是由基本电极（作为指示电极）、参比电极、电解质中介溶液（缓冲溶液）和透气膜组成的复合电极，是完整的原电池，可以直接测定待测组分含量。例如，二氧化碳气敏电极，主要由特殊玻璃电极（pH 电极）作为指示电极、银-氯化银电极作为参比电极及 $NaHCO_3$-NaCl 缓冲溶液组成，特殊玻璃电极和银-氯化银电极被封装在充满 $NaHCO_3$-NaCl 电解质中介溶液和纯化水的外电极壳里，电极外面还有一层聚四氟乙烯或硅橡胶膜，可选择性地让电中性的 CO_2 气体通过，带正电荷的 H^+ 及带负电荷的 HCO_3^- 不能通过。CO_2 扩散入电极内，与电极内的 $NaHCO_3$ 发生反应，使其内的 $NaHCO_3$-NaCl 溶液的 pH 值下降，产生电位差，而后被电极内的 pH 电极检测，pH 值的改变与 pCO_2 数值的变化呈线性关系，根据这一关系即可测出 pCO_2 值。

$$CO_2 + H_2O \longrightarrow H_2CO_3 \longrightarrow H^+ + HCO_3^-$$

采用不同的指示电极和电解质中介溶液可以制成对不同气体敏感的气敏电极，它主要应用于临床生化检验、水质分析、环境监测、土壤和食物分析等。例如，临床生化检验中利用血气分析仪的二氧化碳气敏电极和氧气气敏电极测定血液中的 pCO_2 值和 pO_2 值。

生物选择性电极是将生物化学和电化学结合的复合电极。它包括酶电极、生物组织电极和细菌电极等。

酶电极是指电极敏感膜表面覆盖一层很薄的含酶凝胶或悬浮液的离子选择性电极。酶是具有特殊生物活性的催化剂，可以与待测组分反应生成被电极检测的物质。例如，尿素酶电极是将尿素酶固定在凝胶内，然后涂布在氨气敏电极薄膜表面制成。当把尿素酶电极插入到含有尿素的溶液中，尿素迅速扩散进入凝胶层，经尿素酶水解产生 NH_3。

$$CO(NH_2)_2 + H_2O \longrightarrow 2NH_3 + CO_2$$

通过氨气敏电极测定生成的 NH_3，可以间接测定尿素的含量。

生物组织电极和细菌电极也是利用它们能产生酶而制成的生物选择性电极。

(3) 电极电位　离子选择性电极主要是基于离子的扩散和交换产生膜电位，电极间没有电子的转移，其电极电位与待测离子活度的常用对数呈线性关系。在 298.15K 时，能斯特方程式如下

$$\varphi_{ISE} = K' \pm \frac{0.05916}{n} \lg a_i \tag{2-8}$$

式中，K' 为电极常数但数值未知；n 为待测离子的电荷数；a_i 为待测离子的活度。待测离子是阳离子计算时“±”选“+”，待测离子是阴离子计算时“±”选“－”。

pH 玻璃电极是离子选择性电极中最常用的指示电极，主要测定溶液中 H^+ 活度，即测定溶液 pH 值，以它为例说明离子选择性电极产生电极电位的机理。

pH 玻璃电极构造如图 2-5 所示。电极管是玻璃材质，下端接有球形玻璃薄膜，膜厚度约为 0.05～0.1mm，玻璃薄膜化学成分不同，电极测量的 pH 值范围不同。玻璃薄膜内盛有一定 pH 值的缓冲溶液作为内参比溶液，该溶液由 HCl 和 KCl 组成，溶液中插入一支银-氯化银电极作为内参比电极。

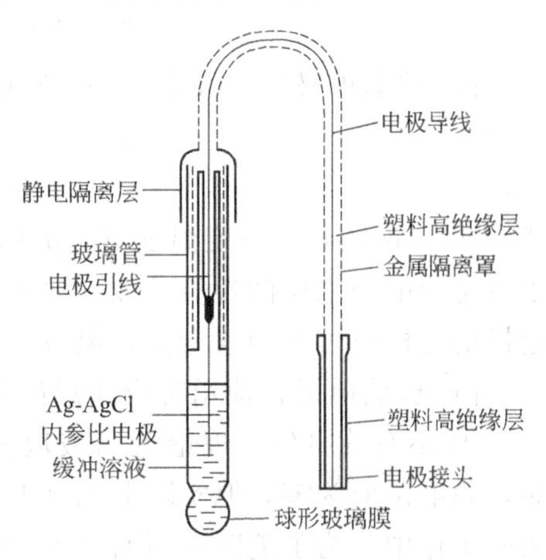

图 2-5　pH 玻璃电极构造示意图

pH 玻璃电极之所以能指示 H^+ 活度（或浓度）的大小，是基于 H^+ 在玻璃膜上进行交换和扩散的结果。当电极的玻璃膜内、外表面与溶液接触时，吸收水分在膜表面形成很薄的水化凝胶层（10^{-5}～10^{-4}mm），水化凝胶层中的 Na^+ 与溶液中

的 H^+ 发生交换反应，其反应式如下：

$$H^+ + Na^+GI^- \rightleftharpoons Na^+ + H^+GI^-$$

在酸性或中性溶液中，膜内、外表面（或凝胶层）上的 Na^+ 点位几乎全被 H^+ 所占据。越深入凝胶层内部，Na^+ 被 H^+ 所交换数量越少，即点位上的 Na^+ 越多，而 H^+ 越少。在玻璃膜中间部分，其点位上的 Na^+ 几乎没有与 H^+ 发生交换，而全被 Na^+ 所占据。一支浸泡好的玻璃电极，当浸入被测溶液时，由于溶液中的 H^+ 活度与凝胶层中的 H^+ 活度不同，H^+ 由高活度区域向低活度区域扩散（负离子与高价离子难以进出玻璃膜，无扩散），余下过剩的阴离子，其结果是破坏了玻璃膜表面与溶液两相界面间原来的电荷分布，而在溶液与水化凝胶层的两相界面间，形成了双电层，即产生电位差，如图 2-6 所示。此电位差的形成抑制了 H^+ 的继续扩散，当扩散达到动态平衡时电位差达到稳定值，此电位差称为相界电位。在测定溶液 pH 值时，玻璃膜内、外两侧同时产生两个相界电位，即玻璃膜外水化凝胶层与外部溶液产生的相界电位 $\varphi_外$ 和玻璃膜内水化凝胶层与内部溶液产生的相界电位为 $\varphi_内$。在 298.15K 时，根据能斯特方程式有：

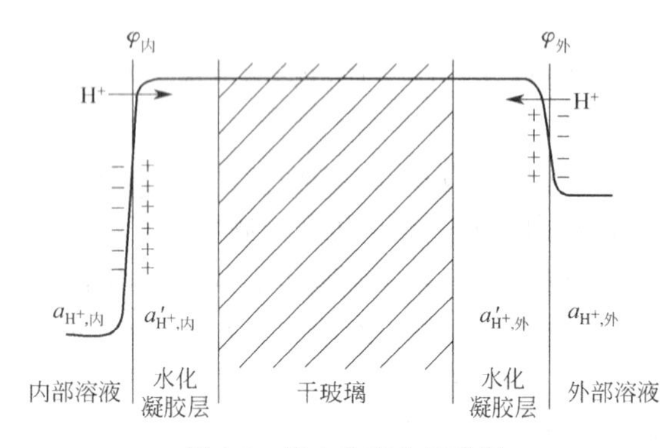

图 2-6　膜电位产生示意图

$$\varphi_外 = \varphi_外^\ominus + 0.05916\lg\frac{a_{H^+,外}}{a'_{H^+,外}} \qquad (2\text{-}9)$$

$$\varphi_内 = \varphi_内^\ominus + 0.05916\lg\frac{a_{H^+,内}}{a'_{H^+,内}} \qquad (2\text{-}10)$$

玻璃膜产生的电极电位应等于玻璃膜外产生的相界电位 $\varphi_外$ 与玻璃膜内产生的相界电位 $\varphi_内$ 之差，称为膜电位 φ_M，如图 2-6 所示。设玻璃膜内外表面结构相同，则式(2-9)和式(2-10) 中，$\varphi_外^\ominus = \varphi_内^\ominus$，$a'_{H^+,外} = a'_{H^+,内}$，pH 玻璃电极的膜电位为：

$$\varphi_M = \varphi_外 - \varphi_内 = 0.05916\lg\frac{a_{H^+,外}}{a_{H^+,内}} \qquad (2\text{-}11)$$

pH 玻璃电极的电极电位等于膜电位与银-氯化银内参比电极的电极电位之和，则公式为：

$$\varphi_{GE} = K_{GE} - 0.05916\text{pH} \qquad (2\text{-}12)$$

式(2-12) 说明，在一定温度下，pH 玻璃电极的电极电位与溶液 pH 值呈线性关系。其中 K_{GE} 为电极电位的性质常数，数值与电极膜的性质、内参比溶液的 H^+ 活度及内参比电极的电极电位等因素有关，但数值未知，并且不同 pH 玻璃电极的 K_{GE} 不同。

pH 玻璃电极在使用时应注意如下事项。

① 不对称电位　理论上当玻璃膜内、外两侧溶液中 H^+ 活度相等时，即 $\varphi_外 = \varphi_内$ 时，膜电位应为零，但实际上仍有 1～3mV 电位差存在，此电位差称为不对称电位。在实际工作中，为了消除不对称电位可用标准 pH 缓冲溶液进行校正，即采用两次测量法。另外，pH 玻璃电极使用前在纯化水中浸泡 24h，可以使不对称电位降低且稳定。

② pH玻璃电极的老化　当溶液pH值变化1个单位时，引起pH玻璃电极的电极电位变化称为电极斜率，用S表示。由式(2-12)可知，电极斜率的公式如下：

$$S=-\frac{\Delta\varphi}{\Delta pH} \tag{2-13}$$

在298.15K时，由式(2-13)可知，S的理论值为0.05916pH，实际斜率通常小于理论值。特别是pH玻璃电极随着使用时间的加长会老化，当电极斜率（298.15K）低于52mV/pH时不宜使用。

③ 碱差和酸差　pH玻璃电极的电极电位，只在一定范围内与溶液pH呈线性关系。当pH>9时，玻璃中的Na^+也响应，测量的pH值偏低，产生负误差，这种误差称为碱差或钠差。当pH<1时，强酸溶液使水化凝胶层中的H^+不能完全游离，测量的pH值偏高，产生正误差，这种误差称为酸差。普通玻璃电极测量范围为pH=1～9。高碱玻璃电极测量范围为pH=9～13.5。

④ 由于玻璃膜极薄，使用时要特别小心，以免碰碎。

⑤ 可用于有色溶液、胶体溶液等溶液的pH测定，但不宜用于含有硫酸和乙醇的溶液，也不能用于含氟化物的溶液。

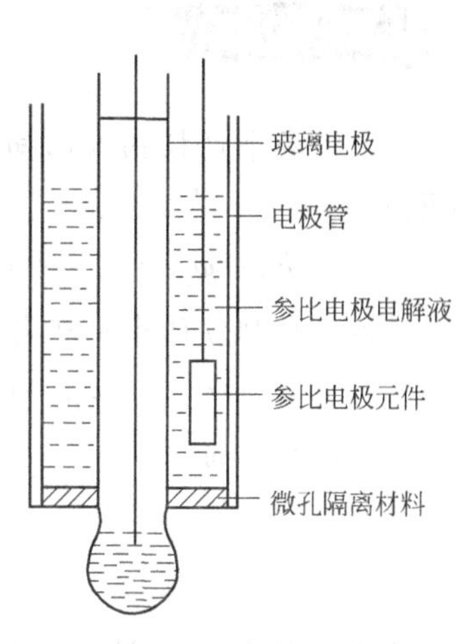

图2-7　复合pH电极结构示意图

（三）复合pH电极

用常规玻璃电极测定溶液的pH值，需要配备参比电极，使用起来比较麻烦。将玻璃电极和参比电极组装在一起构成了复合电极。目前使用的复合pH电极，通常是由玻璃电极与银-氯化银电极或玻璃电极与甘汞电极组合而成，结构如图2-7所示。复合pH电极的优点在于使用方便，且测定值稳定。

举例说明什么叫参比电极和指示电极，这两种电极有什么区别？

第二节　直接电位法

直接电位法是利用原电池电动势与待测离子活度（或浓度）之间的函数关系，直接测定试样中待测离子活度（或浓度）的电位分析法。常用于测定溶液pH值和其他离子活度。

一、溶液pH值的测定

（一）测定原理

直接电位法测定溶液的pH值，指示电极为pH玻璃电极作为原电池的负极，参比电极为饱和甘汞电极作为原电池的正极，将两支电极插入待测溶液中组成原电池，测量其电动势，从而求得溶液的pH值。

(－)pH 玻璃电极|被测溶液‖饱和甘汞电极(＋)

测定时常用两次测定法，目的是消除玻璃电极的不对称电位和仪器中若干不确定因素所产生的误差。具体方法为：首先测定由标准 pH 缓冲溶液（已知 pH_s 值）组成原电池的电动势（E_s），再测定由待测 pH 溶液（pH_x）组成原电池的电动势（E_x），再根据公式计算待测溶液的 pH_x。实际工作中，酸度计可直接显示出溶液的 pH 值，而不必计算待测溶液的 pH 值。

知识拓展

两次测定法公式的推导

先将两个电极插入已知 pH_s 值的标准 pH 缓冲溶液中组成原电池，测量其电动势（E_s）

$$E_s=\varphi_{SCE}-\varphi_{GE}=0.2438-(K_{GE}-0.05916pH_s)=K+0.05916pH_s$$

然后再测量两个电极与待测溶液（pH_x）组成原电池的电动势（E_x）

$$E_x=\varphi_{SCE}-\varphi_{GE}=0.2438-(K_{GE}-0.05916pH_x)=K+0.05916pH_x$$

二式相减得

$$E_s-E_x=0.05916(pH_s-pH_x)$$

$$pH_x=pH_s-\frac{E_s-E_x}{0.05916}$$

标准 pH 缓冲溶液是测定溶液 pH 值时用于校正仪器的基准试剂，其值的准确性直接影响测定结果的准确度。为了减小测量误差，选用标准 pH 缓冲溶液时，其 pH_s 值应该尽量与待测溶液的 pH_x 接近（$\Delta pH<2$）。表 2-6 列出了不同温度下常用的标准 pH 缓冲溶液的 pH 值，供选用时参考。

用下面原电池测量溶液 pH 值：

(－)pH 玻璃电极|待测溶液‖饱和甘汞电极(＋)

在 298.15K 时，测得 pH＝4.00 的标准 pH 缓冲溶液的原电池电动势为 0.209V，待测溶液的原电池电动势为 0.312V，计算待测溶液的 pH 值。

表 2-6　不同温度下标准 pH 缓冲溶液的 pH 值

温度 /℃	草酸三氢钾 (0.05mol/ L)	25℃饱和酒石酸氢钾	邻苯二甲酸氢钾 (0.05mol/L)	混合磷酸盐 (0.025 mol/L)	硼砂 (0.01mol/L)
0	1.67	—	4.01	6.98	9.46
5	1.67	—	4.00	6.95	9.39
10	1.67	—	4.00	6.92	9.33
15	1.67	—	4.00	6.90	9.28
20	1.68	—	4.00	6.88	9.23
25	1.68	3.56	4.00	6.86	9.18
30	1.68	3.55	4.01	6.85	9.14
35	1.69	3.55	4.02	6.84	9.10
40	1.69	3.55	4.03	6.84	9.07
45	1.70	3.55	4.04	6.83	9.04
50	1.71	3.56	4.06	6.83	9.02
55	1.71	3.56	4.07	6.83	8.99
60	1.72	3.57	4.09	6.84	8.97

（二）酸度计

1. 酸度计的结构

酸度计又称为pH计，是专为测量溶液pH值或测量原电池电动势（mV）而设计的精密仪器，目前所用型号较多，仪器精度不同，自动化程度也不同。不同型号的酸度计在结构上略有差别，但测量原理都相同，主要结构均由电极系统和原电池电动势测量系统组成。电极系统由pH玻璃电极和饱和甘汞电极或复合电极与待测溶液组成原电池，原电池电动势测量系统主要由原电池电动势测量和放大装置以及显示转换装置构成。酸度计都有：电源开关、指示灯、显示屏、电极接头、电极夹、选择钮（pH-mV)、温度补偿钮、斜率调节钮、定位调节钮等部件。下面主要介绍pHS-3C型酸度计的结构。

pHS-3C型酸度计是一种数字显示的酸度计，仪器的最小显示单位为0.01pH或1mV。其外形如图2-8所示，外观见本书彩色插图1。图中各调节旋钮的作用如下：

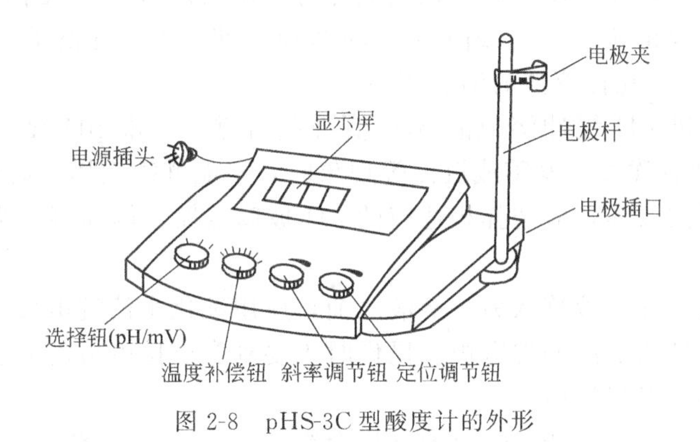

图2-8 pHS-3C型酸度计的外形

（1）选择钮（pH/mV） 功能选择按钮，“pH”灯亮时，仪器处于pH测量方式，用于溶液pH的测定；“mV”灯亮时，仪器处于mV测量状态，用于测量原电池的电动势。

（2）温度补偿钮 消除温度对pH测定的影响。

（3）斜率调节钮和定位调节钮 抵偿不同pH玻璃电极等因素引起的电位偏差，使pH计读数与溶液pH值一致。

2. pHS-3C型酸度计的使用方法

（1）开机和预热 连接电极，接通电源，预热15min。

（2）选择测量模式 调节选择钮（pH/mV），“pH”灯亮，仪器处于pH测量方式，用于pH的测定。

（3）温度补偿 调节温度补偿钮使仪器测量的温度与标准pH缓冲溶液和待测溶液的温度相同。

（4）仪器校正 用标准pH缓冲溶液对仪器进行校正，仪器自动识别标准pH缓冲溶液的pH值。测量时，屏幕显示出相应标准pH缓冲溶液的标准pH_s值。为取得精确的测量结果，校正时所用标准pH缓冲溶液应保证准确可靠。

① 一点校正法　用纯化水清洗电极并用滤纸吸干水分，然后插入标准 pH 缓冲液中，调节仪器定位调节钮，使屏幕显示标准缓冲液的 pH_s 值。

② 两点校正法　纯化水清洗电极并用滤纸吸干水分，插入一种标准 pH 缓冲液中，调节定位调节钮，使屏幕显示标准 pH 缓冲液的 pH_s 值。然后取出电极，纯化水清洗电极并用滤纸吸干水分，插入另一种标准 pH 缓冲液中，调节斜率调节钮，使屏幕显示标准 pH 缓冲液的 pH_s 值。采用两点校正法，测量溶液的 pH 值，结果更准确。

经校正的仪器，不能再动定位调节钮和斜率调节钮。

(5) 测量　取出电极，纯化水清洗电极，用滤纸吸干水分，将电极插入待测溶液中，屏幕显示的读数即为待测溶液的 pH 值。

(6) 结束工作　测定完毕，移走溶液，取出电极，纯化水清洗电极，用滤纸吸干水分，套上套管，关闭电源，结束实验。

3. 酸度计的使用注意事项

(1) 仪器校正时，如果用一点校正法应尽可能用接近待测溶液 pH 的标准 pH 缓冲溶液。如果用两点校正法应选择 $\Delta pH < 3$ 的两种标准 pH 缓冲溶液，并使待测溶液的 pH 处于两者之间，且几种溶液的温度相同。

(2) 要保证标准 pH 缓冲溶液的 pH_s 值准确可靠。标准 pH 缓冲溶液一般可保存 2～3 个月。如发现有浑浊、发霉或沉淀等现象时，不能继续使用，需重新配制。

(3) 测量不同的试样，应选择相适应的 pH 玻璃电极（例如测量强酸、强碱或者纯化水等）。

(4) 将电极从一种溶液移入另一溶液之前，应用纯化水清洗电极，再用滤纸将水吸干，也可以使用所换的溶液冲洗电极。操作时不要刻意擦拭电极的玻璃球泡，否则可能导致电极响应迟缓或者损坏电极。

(5) 测定强酸、强碱或特殊性溶液（如含蛋白质、涂料等溶液），应尽量减少浸泡时间，用后仔细清洗。

用酸度计测定溶液的 pH 值不受溶液中氧化剂、还原剂或其他活性物质、有色物质、胶体溶液或浑浊溶液等影响，在药物分析时常应用于注射液、大输液、滴眼液等制剂及原料药的酸碱度的检查，例如盐酸普鲁卡因注射液的 pH 值检查。在临床医学检验中可以测定血液、胃液和尿液等各种体液的 pH 值。但不能用于含氟溶液的 pH 值测定。

知识拓展

电极污染物质的清洗剂

一般污染物	清洗剂
无机金属氧化物	浓度低于 1mol/L 的稀酸
有机油脂类	弱碱性稀洗涤剂
树脂高分子物质	酒精、丙酮、乙醚等
蛋白质血球沉淀物	酸性酶溶液（如食母生片）
颜料类物质	稀漂白液、过氧化氢等

使用酸度计测定溶液的 pH 值时，为什么要用标准 pH 缓冲溶液标定？

二、其他离子活度的测定

直接电位法测定其他阴、阳离子离子活度时，所用的指示电极通常为离子选择性电极，仪器可以用离子选择性电极分析仪或离子活度计，也可以用酸度计。

（一）总离子强度调节缓冲剂

离子选择性电极响应的是离子活度（a），而定量分析的结果是要求得出试液中待测离子的浓度（c），它们之间的关系为 $a=\gamma c$，γ 为活度系数，而活度系数与离子强度有关，当溶液中离子强度足够大且固定时，活度系数为常数，电极电位与待测离子浓度之间的关系符合能斯特方程式，测出电极电位通过计算即求得待测离子的浓度。

在实际工作中，溶液的稳定离子强度常采用在溶液中加入大量的惰性电解质来维持，加入的惰性电解质称为离子强度调节剂。为了使用方便，将离子强度调节剂、缓冲溶液及掩蔽剂预先混合后，再加入待测溶液中，这种混合溶液称为总离子强度调节缓冲剂（total ion strength adjustment buffer，TISAB），其作用是保持待测溶液与标准溶液有相同的离子强度和活度系数；维持溶液在适当的 pH 范围内，满足离子选择性电极的要求；消除干扰离子；促使电极电位稳定等。例如，测定 F^- 浓度时，总离子强度调节缓冲剂的组成为：1mol/L NaCl 溶液，使溶液保持较大并稳定的离子强度；0.25mol/L HAc 溶液和 0.75mol/L NaAc 溶液，使溶液的 pH 值维持在 5 左右；0.001mol/L 柠檬酸钠，掩蔽 Fe^{3+}、Al^{3+} 等干扰离子。总离子强度调节缓冲剂对于分析的准确度有着至关重要的意义。

什么是“总离子强度调节缓冲剂”？通常由哪几部分组成？加入它的目的是什么？

（二）定量分析方法

利用离子选择性电极测定待测离子浓度时，一般不采用能斯特方程式直接计算待测离子浓度，常采用以下几种测定方法。

1. 标准曲线法

标准曲线法是仪器分析技术常用的方法之一。在离子选择性电极的线性范围内，原电池电动势与溶液浓度的常用对数呈线性关系，在测量时，配制若干个浓度不同的标准溶液（加入总离子强度调节缓冲剂），按照浓度从小到大顺序测定各个标准溶液的原电池电动势，作 E-lg$c$ 标准曲线。然后在被测溶液中也加入同样的总离子强度调节缓冲剂，与测定标准溶液相同的条件下测定待测离子的原电池电动势（E_x），再从标准曲线上查出对应的 lgc_x。此种方法称为标准曲线法。该方法应用范围广，适用于被测体系较简单的例行分析、批量样品分析，优点是即使电极响应不完全服从能斯特方程式也可得到满意结果。该方法要求待测溶液与标准溶液有相近的组成，离子强度一致，活度系数相同（加入等量的总离子强度调节缓冲剂），溶液温度相同。

2. 标准对比法

利用已知离子活度 a_s（或浓度）的标准溶液为基准，测定其原电池电动势 E_s，在同样的条件下测定待测溶液的原电池电动势 E_x，298.15K 时，用以下公式计算被测离子的活度 a_x（或浓度）

$$\lg a_x=\lg a_s \pm \frac{n(E_x-E_s)}{0.05916} \tag{2-14}$$

例如，测定水样中的钙离子浓度。将钙离子选择性电极和饱和甘汞电极插入 100.0mL 水样中，298.15K 时，测得钙离子电极电位为 -0.0619V，同样方法测得浓度为 1.119×10^{-3}mol/L 硝酸钙标准溶液中钙离子电极电位为 -0.0483V。将测定数据代入式(2-14)，计算得水样中钙离子浓度为 3.88×10^{-4}mol/L。在临床医学检验中用此法测定血清中钙离子浓度。

3. 标准加入法

先测定由待测溶液（c_x，V_x）和电极组成原电池的电动势 E_x，再向待测溶液中加入标准溶液（c_s，V_s）（要求 c_s 为 c_x 的 100 倍以上，V_x 为 V_s 的 100 倍以上），测量其原电池的电动势 E_s，用下式计算出待测离子浓度 c_x：

$$c_x=\frac{\Delta c}{10^{\pm \Delta E/S}-1} \tag{2-15}$$

式(2-15) 中 ΔE 为 E_s-E_x。待测离子是阳离子计算时“±”选“+”，待测离子是阴离子计算时“±”选“−”。Δc 为加入标准溶液后，试样浓度的增加值，计算公式如下：

$$\Delta c=\frac{c_s V_s}{V_x} \tag{2-16}$$

式(2-15) 中 S 为电极响应斜率，在 298.15K 时，理论斜率为 $S=\frac{0.05916}{n}$，n 为待测离子的电荷数。电极响应的实际斜率由实验测得。具体方法为：取两份不同浓度的标准溶液（c_1 和 c_2，且 $c_1>c_2$），在实验条件下，用同一对电极分别测定其原电池电动势（E_1 和 E_2），则电极的实际斜率为：

$$S=\frac{E_1-E_2}{\lg c_1-\lg c_2} \tag{2-17}$$

因此，只要测得 $\Delta E(E_1-E_2)$ 和 S 后，便可根据式(2-15) 计算出待测离子的浓度。

【例 2-1】 用氟离子选择性电极测定水样中 F^- 浓度时，取水样 50.0mL，加总离子强度调节缓冲溶液 50.0mL，测得其原电池电动势值为 137.2mV，再加 2.00×10^{-3} mol/L F^- 标准溶液 1mL，测得其原电池电动势值为 117.0mV，氟离子选择性电极的响应斜率为 58.0 mV/pF。求水样中 F^- 浓度。

解：

$$\Delta c=\frac{c_s V_s}{V_x}=\frac{2.00\times10^{-3}\times1.00}{50.0}=4.00\times10^{-5}\ (\text{mol/L})$$

$$c_x=\frac{\Delta c}{10^{\pm \Delta E/S}-1}=\frac{4.00\times10^{-5}}{10^{-(117.0-137.2)/58.0}-1}=\frac{4.00\times10^{-5}}{10^{0.3483}-1}$$

$$=\frac{4.00\times10^{-5}}{2.23-1}=3.25\times10^{-5}(\text{mol/L})$$

答：水样中 F^- 浓度为 3.25×10^{-5} mol/L。

标准加入法适用于试样组成复杂、变动性大的样品。该方法的优点是无需配制标准系列溶液绘制标准曲线，也不需要配制与添加总离子强度调节缓冲剂，操作步骤简单快速。为保证得到准确的结果，在加入标准溶液后，试液的离子强度应无显著变化。

离子选择性电极的定量分析方法有哪些？

（三）离子选择性电极分析仪的操作方法

各种型号的离子选择性电极分析仪的试剂配方、试剂用量、操作方法有所不同，但一般要有下列步骤：

（1）开启仪器，清洗管道；

（2）用适合本仪器的低、高值斜率液进行两点校正；

（3）测定电极电位值；

（4）测定结果由仪器内微处理器计算后打印数值；

（5）每天用完后，清洗电极和管道后关机。若用于急诊检验室，可不关机，自动定时清洗和单点校准，随时使用。

（四）应用实例

1. 恩氟烷中氟化物含量的测定

具体的操作步骤如下。

（1）制备标准溶液　精密称取经 105℃干燥 4h 的氟化钠 221mg，置 100mL 容量瓶中，加水 20mL 使溶解，再加入氢氧化钠溶液（0.04%）1.0mL，用纯化水稀释至刻度，摇匀，即得（1mL 相当于含 1mg 的 F），用塑料容器密闭存放，作为标准储备液。精密量取标准储备液适量，用缓冲溶液（pH＝5.25）（取氯化钠 110g 与柠檬酸钠 1g，置 2000mL 容量瓶中，加纯化水 700mL，振摇使溶解，小心加入氢氧化钠 150g，振摇使溶解，放冷至室温，在振摇下加入冰醋酸 450mL 和异丙醇 600mL，用水稀释至刻度，混匀，溶液的 pH 值应在 5.0～5.5）分别配制成 1mL 中含氟 1、3、5、10（μg）的溶液各 100mL。

（2）制备供试品溶液　精密量取恩氟烷药品 25mL，精密加纯化水 25mL，振摇 5min，静置分层，精密量取水层 10mL，再精密加入缓冲溶液（pH＝5.25）10mL，摇匀，即得。

（3）测定方法　以饱和甘汞电极为参比电极，氟离子选择性电极为指示电极，分别测量标准溶液和供试品溶液的原电池电动势值，以氟离子浓度（μg/mL）的对数值为横坐标，以原电池电动势值（mV）为纵坐标，作图，绘制标准曲线，根据测得的供试品溶液的原电池电动势值，从标准曲线上确定供试品溶液中的氟离子浓度，不得大于 5μg/mL。

2. 血清中氯化物的测定

氯化物是细胞外液中主要阴离子，测氯化物的方法很多，但由于离子选择性电极方法简便、灵敏、准确、适合装备于大型自动化分析仪，所以大多数实验室逐步用离子选择性电极方法代替其他方法，如临床医学检验用的电解质分析仪就采用离子选择电极法测定氯化物。离子选择性电极的敏感元件是典型的银-氯化银或硫化银，电极膜为溶剂多聚膜掺季铵盐阴离子交换剂组成的活性材料，制成特殊的 PVC 管状电极，电极膜的一侧与被测试液接触，另一侧与内参比溶液相接触，膜电位直接与试样中氯离子的活度成正比。

第三节 电位滴定法

电位滴定法（potentiometric titration）是根据滴定过程中原电池电动势（或指示电极的电极电位）的突变确定化学计量点的电位分析法。它具有以下特点。

1. 准确度高

测定的相对误差可低至 0.2%。电位滴定法与普通的化学滴定分析法不同，不需用指示剂指示滴定终点，从而克服了用人的眼睛判断滴定终点造成的误差，提高了测定结果的准确度。

2. 应用范围广

不仅可以用于普通的化学滴定分析可以测定的物质，还能用于普通的化学滴定分析不可以测定的物质，如用于指示剂无法判断滴定终点的浑浊和有色溶液的测定，又如用于滴定突跃范围较小和无合适指示剂物质的测定。

3. 自动化程度高

自动电位滴定仪实现了连续滴定和自动滴定，并适用于微量组分分析。

一、基本原理和电位滴定仪

（一）基本原理

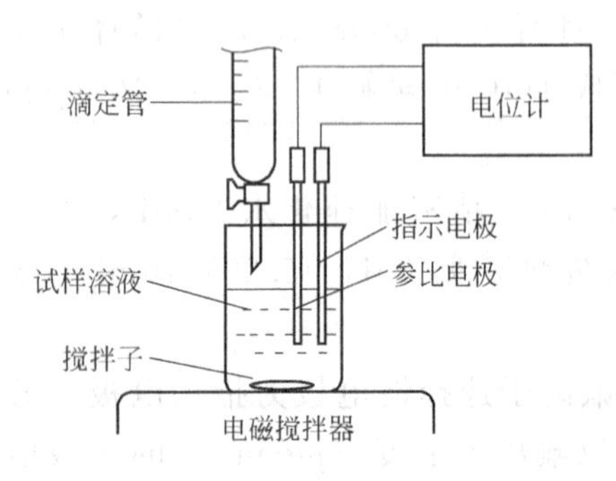

图 2-9　电位滴定仪装置示意图

电位滴定法与普通的化学滴定分析法相似，其区别在于确定滴定终点的方法不同。测定时，在试样溶液中插入一支参比电极和一支指示电极组成原电池，如图 2-9 所示。随着滴定液的加入，试样溶液中待测物质的活度（或浓度）不断降低，原电池电动势不断变化。在化学计量点附近，待测物质活度（或浓度）发生突变，原电池电动势也发生突变，从而指示滴定终点的到达。

（二）电位滴定仪

电位滴定仪的基本装置包括滴定管、指示电极、参比电极、搅拌器、电位计五大部分，如图 2-9 所示。

目前普遍使用自动电位滴定仪，外观见彩色插图 2。在滴定管末端连接可通过电磁阀的细乳胶管，此管下端接毛细管。滴定前根据具体的滴定对象为仪器设置原电池电动势（或指示电极的电极电位）（或 pH 值）的滴定终点控制值（理论计算值或滴定实验值）。滴定开始时，原电池电动势（或指示电极的电极电位）（或 pH 值）测量信号使电磁阀开启，滴定自动进行，当原电池电动势（或指示电极的电极电位）（或 pH 值）测量值到达仪器设定值时，电磁阀自动关闭，滴定停止，实现了滴定操作的连续自动化，而且提高了分析的准确度。

现代的自动电位滴定仪已广泛采用计算机控制。计算机对滴定过程中的数据自动采集、处理，并利用滴定反应化学计量点前后原电池电动势突变的特性，自动寻找滴定终点、控制滴定速度，到达终点时自动停止滴定，因此更加自动和快速。ZDJ-4A 型自动电位滴定仪的操作规程如下。

（1）准备工作　连接电极于仪器后面的测量电极接口上，电极插入电极支持架上。连接滴定管的输液管插入滴定液中。连接电源，打开电源开关。分别用纯化水和滴定液清洗仪器的管道。

（2）编辑仪器操作方法　略。

（3）进行 pH 滴定校正或 mV 滴定校正　略。

（4）滴定　仪器自动进行滴定分析，到达滴定终点时仪器自动停止滴定，显示消耗滴定液的体积，记录。

（5）结束工作　用纯化水冲洗电极、搅拌棒及滴定管尖并清洗仪器。卸下电极，关闭电源开关。

二、确定滴定终点的方法

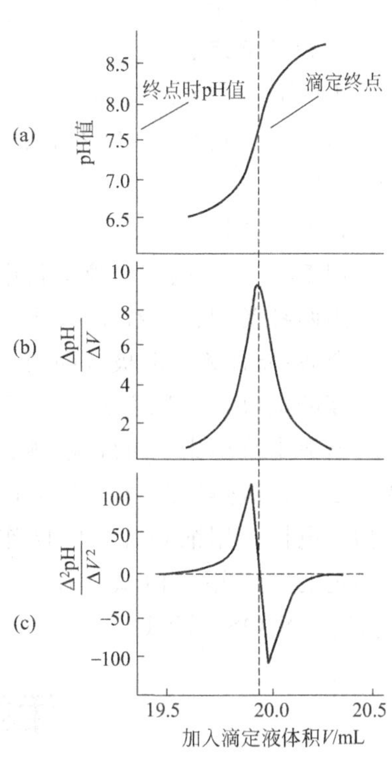

图 2-10　电位滴定曲线

电位滴定法的滴定终点可以通过图解法从电位滴定曲线上确定。以原电池电动势 E（或 pH）对滴定液体积 V 作图，得如图 2-10(a) 所示的 S 形 pH-V 电位滴定曲线。滴定曲线转折点（曲线斜率最大点）即为滴定终点。如果 pH-V 滴定曲线的滴定突跃不明显，则可绘制如图 2-10(b) 所示的 $\Delta pH/\Delta V$ 对 $\overline{V}$（计算 ΔpH 值时前、后两体积的平均值）的一级微商滴定曲线，该曲线可视为 pH-V 曲线的一阶导数曲线，曲线上出现极大值，即为滴定终点。也可绘制 $\Delta^2 pH/\Delta V^2$ 对 V 的二级微商滴定曲线，该曲线可视为 pH-V 曲线的二阶导数曲线，见图 2-10(c)，图中 $\Delta^2 pH/\Delta V^2$ 等于零的点，即为滴定终点。

知识拓展

自动电位滴定仪确定滴定终点的类型

自动电位滴定仪确定滴定终点有三种类型：一是自动控制滴定终点，当到达滴定终点时，即自动关闭滴定装置，并显示消耗滴定液体积；二是自动记录滴定曲线，经自动运算后显示滴定终点消耗滴定液的体积；三是记录滴定过程中的 $\Delta E^2/\Delta V^2$ 值，当此值为零时即为滴定终点。

三、应用与实例

各种滴定分析法都可采用电位滴定法，但是滴定反应不同，选用的指示电极不同。下面简要介绍，不同类型的滴定反应选择的指示电极以及电位滴定法在各类滴定分析中的应用。

1. 酸碱滴定法

一般采用 pH 玻璃电极为指示电极，饱和甘汞电极为参比电极。在水质分析中常用电位滴定法测定水中的酸度或碱度。一些不溶于水而溶于有机溶剂的弱酸和弱碱的药物，可以用非水溶液酸碱滴定法测定含量，它们都可以用电位滴定法指示滴定终点。

2. 氧化还原滴定法

在氧化还原滴定中，一般以铂电极为指示电极，以饱和甘汞电极为参比电极。例如，用$KMnO_4$ 滴定液滴定 Fe^{2+} 、Sn^{2+} 、$C_2O_4^{2-}$ 等离子；用 $K_2Cr_2O_7$ 滴定液滴定Fe^{2+} 、Sn^{2+} 、I^- 等离子。

3. 沉淀滴定法

不同的沉淀反应选用不同的指示电极。目前更多采用相应的卤素离子选择性电极作为指示电极，具有 KNO_3盐桥的双液接饱和甘汞电极作为参比电极，可连续滴定 Cl^- 、Br^- 和 I^- 。

4. 配位滴定法

用 EDTA 二钠滴定液进行电位滴定时，饱和甘汞电极作为参比电极，指示电极可以采用两种类型：一种是应用于个别反应的指示电极，如测定金属离子时，可以选用相应的金属-金属离子电极（即第一类电极）作为指示电极；另一种能够指示多种金属离子浓度的电极，可称之为 pM 汞电极，作为共用指示电极。

药典中维生素 B_1的含量测定就采用电位滴定法。取本品约 0.12g，精密称定，加冰醋酸 20mL 微热使溶解，放冷至室温，加醋酐 30mL，照电位滴定法用 pH 玻璃电极作为指示电极，用饱和甘汞电极作为参比电极，用高氯酸滴定液（0.1mol/L）滴定，并将滴定的结果用空白试验校正。1mL 高氯酸滴定液（0.1mol/L）相当于 16.86mg 的 $C_{12}H_{17}ClN_4OS \cdot HCl$。

第四节　永停滴定法

永停滴定法（dead-stop titration）又称为双指示电极电流滴定法，是电流滴定法中的一种简便方法，是根据滴定过程中插入待测溶液中双铂电极间的电流突变确定化学计量点的电流滴定法。测量时，将两个指示电极插入待测溶液中，在双铂电极间加一小电压（10～200mV），并连接电流计，然后进行滴定，观察滴定过程中两电极间的电流变化，确定化学计量点。

一、永停滴定仪及基本原理

（一）永停滴定仪

永停滴定法仪器装置如图 2-11 所示。两个铂电极与待测溶液组成电解池，并有电磁搅拌器搅动溶液。B 为 1.5V 电池，R 为 5000Ω 左右的电阻，R'为 500Ω 的绕线电阻，调节 R'可得到所需的外加电压，G 为电流计（灵敏度为 10^{-9}～10^{-7} A/分度），S 为电流计的分流电阻，用来调节电流计的灵敏度。滴定时，按图安装好仪器，调节 R'使外加电压为 10～30mV，然后滴定至电流计指针突然偏转，即为滴定终点。具体操作时，化学计量点可以通过边滴定边观察电流计的变化来确定，也可以每加一次滴定液记录一次电流，然后以电流为纵坐标，滴定液体积为横坐标绘制滴定曲线，在滴定曲线上找出化学计量点。

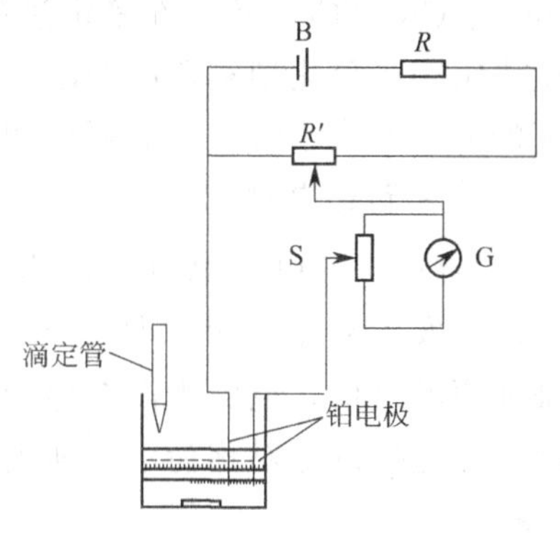

图 2-11　永停滴定法仪器装置示意图

目前普遍使用自动永停滴定仪，外观见彩色插图 3。ZYT-2 型自动永停滴定仪的操作规程如下。

1. 准备工作

连接双铂电极，下方放置废液烧杯。接通电源，打开电源开关，灵敏度键置 10^{-9} A 位。用纯化水冲洗电极和滴定管。用纯化水和亚硝酸钠滴定液分别冲洗泵体和液路管道，在整个液路中充满亚硝酸钠滴定液。

2. 滴定操作

（1）在盛有被测物质溶液的烧杯中放入搅拌子，置于仪器的电磁搅拌器上，打开仪器侧面搅拌开关，调节搅拌速度电位器，使搅拌速度适中。将双铂电极和滴定管下移，浸入烧杯中，约在液面 1/2 处并在电磁搅拌棒上面。

（2）将三通转换阀置注液位，按“复零”键。按“滴定开始”键，仪器开始自动滴定，直到蜂鸣器响，滴定终点指示灯亮，说明滴定结束。数字显示屏显示的数字即实际消耗滴定液体积，记录消耗滴定液体积。

3. 整理工作

按“复零”键，关搅拌开关。将双铂电极和滴定管上移，用纯化水冲洗双铂电极和电磁搅拌棒。用纯化水冲洗泵体和液路管道。卸下电极，关闭电源开关。

（二）基本原理

永停滴定法是利用滴定过程中形成可逆电对，双铂电极回路中电流突变指示滴定终点。

1. 可逆电对

在含 I_2/I^- 电对的溶液中同时插入两个铂电极，铂电极反映出 I_2/I^- 电对的电极电位。此时，两个铂电极的电极电位相同，两个电极之间的电位差为零，没有电流通过。若在两个铂电极间外加一个小电压，两电极上就能同时发生氧化还原反应，即产生电解。

正极发生氧化反应　　$2I^- - 2e \rightleftharpoons I_2$

负极发生还原反应　　$I_2 + 2e \rightleftharpoons 2I^-$

当两个电极同时发生反应时，外电路有电流通过，称为电解电流。此时，I_2/I^- 电对的电极反应是可逆反应，这样的电对称为可逆电对。常见的可逆电对有 I_2/I^-、Fe^{3+}/Fe^{2+}、Ce^{4+}/Ce^{3+} 等。在滴定过程中，电路中电流的大小由溶液中氧化型和还原型的浓度决定。当氧化型和还原型浓度相等时，电流最大；当氧化型和还原型浓度不等时，电流的大小取决于浓度小的氧化型或还原型的浓度。

2. 不可逆电对

$S_4O_6^{2-}/S_2O_3^{2-}$ 电对，在该电对溶液中插入双铂电极，外加一小电压时，正极上 $S_2O_3^{2-}$ 发生氧化反应，即：$2S_2O_3^{2-} - 2e \rightleftharpoons S_4O_6^{2-}$，但在负极上不能同时发生 $S_4O_6^{2-}$ 被还原的反应，电路中没有电流通过。此时，$S_4O_6^{2-}/S_2O_3^{2-}$ 电对的电极反应不是可逆反应，这样的电对称为不可逆电对。

1. 什么是可逆电对、不可逆电对，永停滴定法中常见的可逆电对有哪些？
2. 简述永停滴定法的基本原理，自己组装永停滴定装置需要哪些原件？

二、永停滴定法类型及滴定终点的判断

由于氧化剂和还原剂在电极上的反应有些是可逆的有些是不可逆的，根据滴定过程中电流的变化情况，永停滴定法分为三种类型。

1. 可逆电对滴定不可逆电对

以 I_2 滴定液滴定 $Na_2S_2O_3$ 溶液为例，将两个铂电极插入 $Na_2S_2O_3$ 溶液中，外加 10～15mV 的电压，用灵敏电流计检测两电极间的电流。化学计量点前，溶液中只有 I^- 和不可逆电对 $S_4O_6^{2-}/S_2O_3^{2-}$，无电流通过；化学计量点时，稍过量 I_2 滴定液，溶液中有 I_2/I^- 可逆电对存在，电极间有电流通过，此时电流计指针突然从“0”位发生偏转，从而指示滴定终点的到达；计量点后，随着 I_2 滴定液的浓度增大，电解电流也逐渐增大。滴定过程中的电流变化曲线如图 2-12 所示。

2. 不可逆电对滴定可逆电对

以 $Na_2S_2O_3$ 滴定液滴定含 KI 的 I_2 溶液为例，滴定开始时，溶液中存在 I_2/I^- 可逆电对，有电流通过；随着滴定继续进行，I_2 溶液浓度逐渐减小电流也随之降低；化学计量点时，I_2 与 $Na_2S_2O_3$ 完全反应，溶液中只有 $S_4O_6^{2-}$ 和 I^-，无可逆电对，电解反应基本停止，此时电流计的指针停留在“0”位并保持不动，永停滴定法由此而得名。滴定过程中的电流变化曲线如图 2-13 所示。

3. 可逆电对滴定可逆电对

以硫酸铈滴定液滴定硫酸亚铁溶液为例，滴定前溶液中只有 Fe^{2+}，无 Fe^{3+} 存在，负极不发生还原反应，两电极间无电流通过；滴定开始后，Ce^{4+} 不断滴入时，Fe^{3+} 不断增多，Fe^{3+}/Fe^{2+} 属可逆电对，故电流也随 Fe^{3+} 浓度的增大而增大；当 $[Fe^{3+}]=[Fe^{2+}]$ 时，电流达最大值；继续滴入 Ce^{4+}，Fe^{2+} 浓度逐渐下降，电流也逐渐降低，当到达化学计量点时电流降至最低点；化学计量点后，Ce^{4+} 过量，溶液中有了 Ce^{4+}/Ce^{3+} 可逆电对，电流随着 Ce^{4+} 浓度逐渐变大。滴定过程中的电流变化曲线如图 2-14 所示。

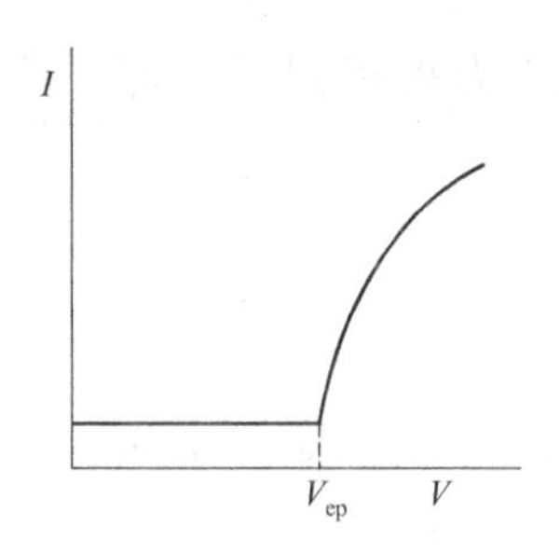

图 2-12 I_2 滴定液滴定 $Na_2S_2O_3$ 溶液滴定曲线

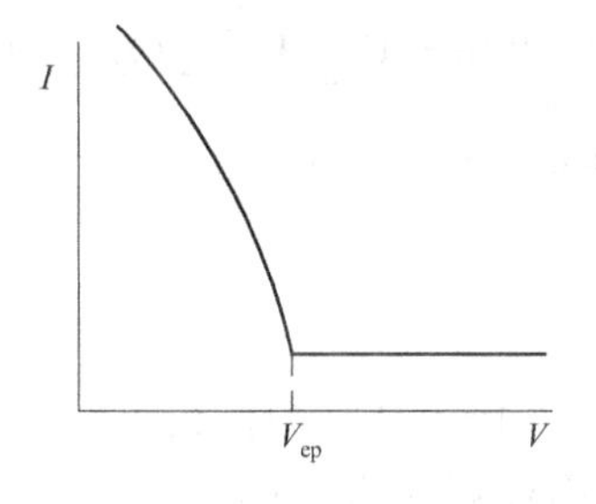

图 2-13 $Na_2S_2O_3$ 滴定液滴定 I_2 溶液滴定曲线

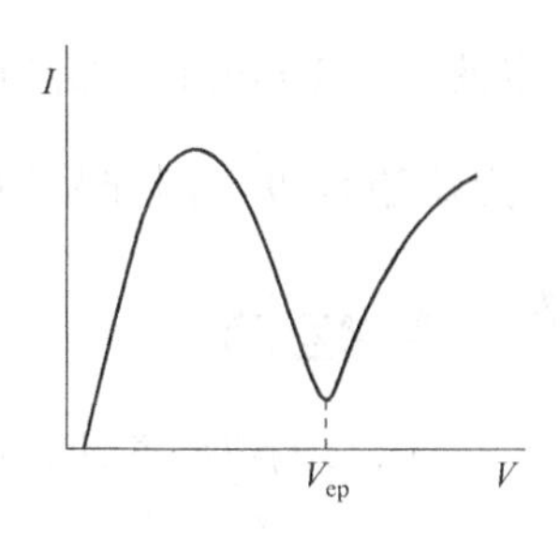

图 2-14 硫酸铈滴定液滴定硫酸亚铁溶液滴定曲线

永停滴定法中电流曲线有哪几种类型？各有什么特点？

三、应用与实例

永停滴定法仪器简单，操作方便，滴定终点判断直观、准确，易于实现自动滴定，故应用日益广泛。《中国药典》（2015 年版）规定重氮化滴定法和卡尔-费休法滴定微量水分用永停滴定法确定化学计量点。

（一）亚硝酸钠滴定法测定芳伯胺的含量

盐酸普鲁卡因的含量测定　精密称取本品适量于烧杯中，加水溶解后，用盐酸溶液调节 pH 值为 4.2～4.5，再加溴化钾 2g，置电磁搅拌器上，搅拌使溶解，插入双铂电极和滴定管于液面下约 1/2 处，用永停滴定仪中的亚硝酸钠滴定液滴定，其滴定反应为：

$$H_2N\text{-}C_6H_4\text{-}COOCH_2CH_2N(C_2H_5)_2 + NaNO_2 + 2HCl \longrightarrow Cl^-N_2^+\text{-}C_6H_4\text{-}COOCH_2CH_2N(C_2H_5)_2 + NaCl + 2H_2O$$

由于化学计量点前溶液中不存在可逆电对，电流计指针停止在“0”位。当到达化学计量点时，稍过量亚硝酸钠滴定液，溶液中生成 HNO_2 及其分解产物 NO，并组成可逆电对，在两个电极上发生的电解反应如下：

负极　　$HNO_2 + H^+ + e \rightleftharpoons NO + H_2O$

正极　　　　$NO + H_2O - e \rightleftharpoons HNO_2 + H^+$

电路中有电流通过，电流计指针发生偏转不再回复。用永停滴定法确定重氮化滴定的滴定终点，比外指示剂法及内指示剂法准确。

根据滴定结果，按照下式计算含量：

$$盐酸普鲁卡因含量(\%)=\frac{V_{NaNO_2}TF}{m_{样}}\times100\% \tag{2-18}$$

式中，V_{NaNO_2}为亚硝酸钠滴定液消耗的体积，mL；T 为滴定度，即 1mL 亚硝酸钠滴定液（0.1mol/L）相当于 27.28mg $C_{13}H_{20}N_2O_2 \cdot HCl$；$F$ 为校正因子，即$\frac{c_{实际}}{c_{规定}}$；$m_{样}$为盐酸普鲁卡因样品的取样量，g。

1. 1mL 的亚硝酸钠滴定液（0.1mol/L）为什么相当于 27.28mg $C_{13}H_{20}N_2O_2 \cdot HCl$?
2. 试设计测定盐酸普鲁卡因注射液含量的方案。

（二）卡尔-费休法测定微量水分

供试品中的水分与卡尔-费休试剂定量反应，即碘滴定液和二氧化硫在吡啶和甲醇溶液中与水定量反应，属于可逆电对滴定不可逆电对。化学计量点前溶液不存在可逆电对，电流计指针停止在“0”位。达化学计量点时，稍过量 I_2滴定液，溶液中有 I_2/I^-可逆电对存在，电极反应为：

正极　　　　$2I^- - 2e \rightleftharpoons I_2$

负极　　　　$I_2 + 2e \rightleftharpoons 2I^-$

电路中开始有电流产生，电流计指针偏转不再回“0”位。永停滴定法指示滴定终点，比碘滴定液自身指示剂准确灵敏。

设计测定青霉素 V 钾中水分含量的方案。

（孙李娜　赵世芬）

习　题

一、填空题

1. 原电池中，在正极上发生________反应，负极上发生________反应；在电解池中，阳极上发生______反应，阴极上发生__________反应。
2. 直接电位法测定溶液 pH 值，用的两步法为仪器直读法，一步为________，二步为________________。
3. 电位分析法使用的化学电池是由两种性能不同的电极组成，其中电极电位值已知并恒定的电极，称为____________；电极电位值随溶液中待测离子浓度的变化而变化的电极，称为____________。

4. 因银-氯化银电极结构简单，可制成很小的体积，所以常作为玻璃电极和其他离子选择性电极的____________。

5. 根据原电池电动势和离子活度（或浓度）之间的函数关系，直接测出有关离子活度（或浓度）的方法称为____________。

6. 利用离子选择性电极测定待测离子活度，实际工作中常采用____________、____________和标准加入法等。

7. 永停滴定法和电位滴定法均是应用电化学原理进行物质成分分析的方法，永停滴定法是根据滴定过程中__________的变化来确定化学计量点的；电位滴定法是根据滴定过程中__________的变化来确定化学计量点的。

二、单项选择题

1. pH 玻璃电极在使用前需要在纯化水中浸泡一定时间，目的在于（　　）。
   A. 清洗电极　　B. 活化电极　　C. 校正电极
   D. 除去沾污的杂质　　E. 激活电极

2. 直接电位法测定溶液 pH 值时，通常所使用的两支电极为（　　）。
   A. pH 玻璃电极和饱和甘汞电极　　B. pH 玻璃电极和 Ag-AgCl 电极
   C. pH 玻璃电极和标准甘汞电极　　D. 饱和甘汞电极和 Ag-AgCl 电极
   E. Ag-AgCl 电极和甘汞电极

3. 甘汞电极的电极电位与下列哪个因素有关。（　　）
   A. a_{H^+}　　B. a_{Cl^-}　　C. p_{H_2}（氢气分压）
   D. a_{AgCl}　　E. p_{Cl_2}（氯气分压）

4. 测定溶液 pH 值时，用标准 pH 缓冲溶液进行校正的主要目的是消除（　　）。
   A. 不对称电位　　B. 液接电位　　C. 温度
   D. 不对称电位和仪器中若干不确定因素　　E. 仪器中若干不确定因素

5. 用 $AgNO_3$ 滴定液电位滴定测定水中微量氯时最常用的电极系统是（　　）。
   A. 银电极-甘汞电极　　B. 双铂电极　　C. 氯电极-甘汞电极
   D. 玻璃电极-甘汞电极　　E. 铜电极-甘汞电极

6. 用 NaOH 滴定液滴定草酸溶液应选择的指示电极是（　　）。
   A. 玻璃电极　　B. 甘汞电极　　C. 银电极
   D. 铂电极　　E. 汞电极

7. 用直接电位法测定溶液 pH 值，要求标准 pH 缓冲溶液的 pH 值与待测溶液的 pH 值之差为（　　）。
   A. <1　　B. <2　　C. <4
   D. <5　　E. <6

8. 在永停滴定法中，当通过电池的电流达到最大时，其氧化型与还原型的浓度为（　　）。
   A. 氧化型的浓度大于还原型的浓度　　B. 氧化型的浓度等于零
   C. 氧化型的浓度小于还原型的浓度　　D. 还原型的浓度等于零
   E. 氧化型的浓度等于还原型的浓度

9. 永停滴定法属于（　　）。
　A. 电位滴定法　　B. 电导滴定法　　C. 电流滴定法
　D. 氧化还原滴定法　　E. 酸碱滴定法
10. 氧化还原电位滴定应选择的参比电极为（　　）。
　A. 铂电极　　B. 锑电极　　C. 银电极
　D. 饱和甘汞电极　　E. pH 玻璃电极
11. 消除玻璃电极的不对称电位常采用的方法是（　　）。
　A. 两次测定法　　B. 热水浸泡玻璃电极
　C. 酸浸泡玻璃电极　　D. 碱浸泡玻璃电极
　E. 纯化水浸泡玻璃电极
12. 玻璃电极的电极电位与下列哪个物质活度有关。（　　）
　A. Cl^-　　B. H^+　　C. Cl_2
　D. Ag^+　　E. Na^+
13. 用直接电位法测定溶液 pH 值时，玻璃电极是作为测量溶液中氢离子活度的（　　）。
　A. 金属电极　　B. 参比电极　　C. 指示电极
　D. 电解电极　　E. 离子选择性电极

三、简答题

1. 原电池由什么构成？
2. 什么是标准状态？什么是能斯特方程式？解决什么问题？
3. 什么叫指示电极？什么叫参比电极？常见的有哪些？
4. pH 玻璃电极主要由什么构成？产生电极电位的原理是什么？使用时注意事项有哪些？
5. 直接电位法测定溶液 pH 值的原理是什么？
6. 酸度计主要结构有哪些？使用时注意事项有哪些？
7. 何谓电位滴定法？与滴定分析法有何异同点？
8. 什么是可逆电对和不可逆电对？永停滴定法中常见的可逆电对有哪些？
9. 何谓永停滴定法？分为哪几种类型？与滴定分析法和电位滴定法有何异同点？
10. 离子选择性电极一般有哪几部分？分为哪几种类型？

四、计算题

1. 用下面原电池测量溶液 pH 值：

玻璃电极 | 标准 pH 缓冲溶液或待测物质溶液 ‖ SCE

在 298.15K 时，测得 pH=4.00 的标准 pH 缓冲溶液的原电池电动势为 0.209V，用两种待测物质溶液代替标准 pH 缓冲溶液时，测得待测物质溶液的原电池电动势分别为 0.128V 和 0.357V，求两种待测物质溶液的 pH 值。

2. 在 298.15K 时，用氟离子选择性电极测定水样中 F^- 的活度，取 25.00mL 水样，加入 10mL TISAB（总离子强度调节剂），定容到 50.00mL，测得原电池电动势为 0.137V，加入 1.00×10^{-3} mol/L 标准 F^- 溶液 1.00mL 后，测得原电池电动势为 0.117V。计算水样中 F^- 含量。

第三章

光学分析法概论

重点知识

光学分析法的概念和分类；电磁辐射的性质；吸收光谱；发射光谱；吸收光谱法的分类。

根据物质发射电磁辐射或物质与电磁辐射相互作用建立起来的分析方法称为光学分析法（optical analysis）。该方法具有灵敏度高、操作简便、快速、仪器设备简单、准确度高等特点，已广泛应用于药学、临床医学检验、化学、物理和生命科学等各个领域，是测定微量及痕量组分常用的方法。

第一节　电磁辐射与电磁波谱

一、电磁辐射

电磁辐射（electromagnetic radiation）是一种以电磁波的形式通过空间而不需任何物质作为传播媒介的高速传播的粒子流。它既具有波动性，又具有粒子性，即波粒二象性。光是电磁辐射的一部分，其波动性表现为光按波动形式传播，并能够产生反射、折射、偏振、干涉和衍射等现象；其粒子性表现为光是具有一定质量和能量的粒子流，与物质发生相互作用时，能够产生吸收、发射以及光电效应等。

你知道哪些电磁辐射的类型？

（一）波动性

描述波动性的主要参数是波长（λ）、频率（ν）或波数（σ）等。

1. 波长（λ）

光波的波长（λ）是光波在传播方向上具有相同振动相位的相邻两点间的直线距离（即光波传动一个周期的距离）。在紫外-可见光区常用纳米（nm）作为单位，在红外光区常用微米（μm）表示。

2. 频率（ν）

光波的频率（ν）是指光波每秒振动的次数，单位用赫兹（Hz）表示。频率决定于辐射源，不随传播介质而改变。

3. 波数（σ）

光波的频率很高，为了方便，常用波长的倒数波数（σ）代替，是指每厘米长度中光波的数目，单位是 cm^{-1}。在真空中波长、频率的相互关系为：

$$\nu=\frac{c}{\lambda} \tag{3-1}$$

（二）粒子性

电磁辐射是由一颗颗不连续的光子构成的粒子流。光子是光的最小单位。当物质吸收或发射一定波长的电磁辐射时，是以吸收或发射一颗颗量子化的光子的形式进行的。光子都有一定的能量，其能量与频率成正比。

$$E=h\nu=h\frac{c}{\lambda} \tag{3-2}$$

式中，E 为光子的能量，单位为电子伏特（eV）；h 为普朗克常数（6.626×10^{-34}J·s）；c 为光的传播速率（3×10^{8}m/s）。此关系式将光的波粒二象性有机地联系起来，可以看出，光的能量与其波长成反比，或与其频率成正比。光的波长越短，或频率越高，其能量越高，反之亦然。

二、电磁波谱

所有的电磁辐射在本质上是完全相同的，它们之间的区别仅在波长或频率不同，习惯上常用波长来表示各种不同的电磁辐射。把电磁辐射按波长的长短顺序排列起来就称为电磁波谱。电磁波谱各区域的名称、波长范围如表 3-1 所示。

表 3-1 电磁波谱

电磁波谱区名称	波长范围	电磁波谱区名称	波长范围
γ 射线	5×10^{-3}～0.14nm	近红外光区	0.76～2.5μm
X 射线	10^{-3}～10nm	中红外光区	2.5～50μm
远紫外光区	10～200nm	远红外光区	50～1000μm
近紫外光区	200～400nm	微波区	0.1～1m
可见光区	400～760nm	无线电波区	1～1000m

第二节 光谱的产生

当物质与电磁辐射作用时，物质内部发生能级跃迁，记录由能级跃迁所产生的辐射强度随波长（或相应单位）的变化，所得的图谱称为光谱。

光谱按电磁辐射作用对象不同，分为原子光谱和分子光谱；按物质与电磁辐射间的能级跃迁方向不同，分为吸收光谱和发射光谱。

一、吸收光谱

分子、离子和原子是构成物质的基本体系，它们具有一定的能量。当分子、离子和原子处于最低能量状态时称为基态；当分子、离子和原子吸收电磁辐射，获得足够能量后，它们的外层电子从最低能量状态跃迁至较高能量状态，这种较高能量状态称为激发态。

物质选择性吸收电磁辐射能量（即光子的能量），外层电子从基态跃迁至激发态，同时电磁辐射强度减弱的过程称为电磁辐射的吸收（absorption）。吸收是物质与电磁辐射相互作用的结果，能量从电磁辐射转移至物质，使物质的能量增加。物质吸收电磁辐射的能量等于物质的基态与激发态能量之差。

物质对电磁辐射选择性吸收产生的光谱称为吸收光谱，按电磁辐射作用对象不同，分为分子吸收光谱和原子吸收光谱。

1. 分子吸收光谱

分子具有电子能级、振动能级和转动能级。电子能级具有电子基态和电子激发态，在同一电子能级上有许多间距较小的振动能级，在每一振动能级上又因振动能量不同而分为若干个更小的转动能级，如图 3-1 所示。所以分子的能量 $E_{分子}$ 为：

$$E_{分子}=E_{电子}+E_{振}+E_{转} \tag{3-3}$$

分子吸收外来电磁辐射后，由基态跃迁至激发态，此时它的能量变化 ΔE 为其振动能量变化 $\Delta E_{振}$、转动能量变化 $\Delta E_{转}$ 以及电子能量变化 $\Delta E_{电子}$ 的总和，即：

$$\Delta E=\Delta E_{振}+\Delta E_{转}+\Delta E_{电子} \tag{3-4}$$

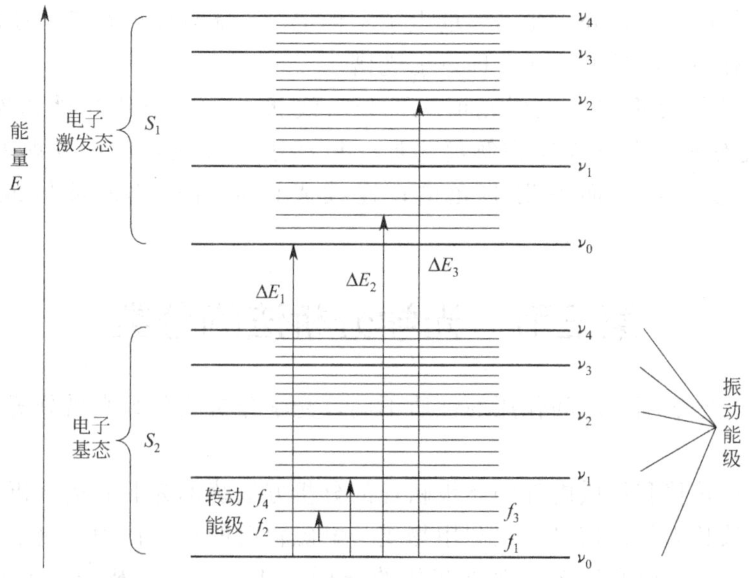

图 3-1　双原子分子能级示意图

当用波长为λ（或频率ν）的电磁辐射照射分子，该分子的较高能级（激发态）与较低能级（基态）的能量之差ΔE恰好等于该电磁辐射能量E，即有：

$$\Delta E=\Delta E_2-\Delta E_1=h\nu=\frac{hc}{\lambda} \tag{3-5}$$

则该波长（或频率）的光被物质选择性吸收，外层电子从基态跃迁到激发态。此时，在微观上表现为分子的外层电子由基态跃迁到激发态，在宏观上则表现为物质对光选择性吸收。

若用连续的电磁辐射按波长大小顺序分别照射分子，记录物质分子对电磁辐射的吸收。物质分子对电磁辐射吸收程度随波长变化的关系，称为分子吸收光谱，又称分子吸收曲线。

分子中电子能级间能差约为1～20eV（相应的波长为1.25μm～60nm）。因此，由电子能级跃迁产生的吸收光谱，又称为电子光谱，如紫外-可见吸收光谱。

2. 原子吸收光谱

原子蒸气选择性吸收电磁辐射，核外电子从基态跃迁至激发态产生的光谱称为原子吸收光谱。

二、发射光谱

处于较高能级原子或分子的外层电子，在向较低能级跃迁时，将多余的能量发射出去产生电磁辐射的过程称为电磁辐射的发射（emission）。

物质的外层电子从激发态跃迁回基态时，以发射光（电磁辐射）的形式释放出多余能量而形成的光谱称为发射光谱。

在正常状态时，原子或分子的外层电子是在离核较近的轨道上运动，它的能量最低也比较稳定。当受到外界因素（如电磁辐射）的激发时，电子吸收一定的能量而跃入其他能量较高的轨道上去，处于激发态的电子不稳定，它能自发地跃迁回较低能级的轨道上，发射出具有特定波长的谱线，即发射光谱。

由于产生的情况不同，发射光谱又可分为线状光谱、带状光谱和连续光谱。线状光谱是由气态或高温下物质在解离为原子或离子时被激发后而发射的光谱；带状光谱是由分子被激发后而发射的光谱；连续光谱是由炽热的液体或固体发射的光谱。

第三节　光学分析法的分类

根据物质与电磁辐射之间作用的性质不同，光学分析法分为光谱分析法和非光谱分析法。

不涉及能量转移和物质内部的能级跃迁的分析方法统称为非光谱分析法。非光谱分析法是不以光波长为特征信号，仅利用物质与电磁辐射的相互作用，测量电磁辐射的反射、折射、干涉、衍射和偏振等性质变化的分析方法。主要分析方法有折射法、旋光法、比浊法和X射线衍射法等。

利用物质的光谱进行定性、定量和结构分析的方法称为光谱分析法。它是基于电磁辐射与物质作用时，发生了能量交换，通过测定物质所产生吸收、发射或散射的电磁辐射的波长和强度而进行分析的方法。按产生光谱的方式不同，光谱法可分为发射光谱法、吸收光谱法和拉曼光谱法。

一、吸收光谱法

利用吸收光谱进行定性、定量和结构分析的方法称为吸收光谱法。依据电磁辐射作用对象不同，分为分子吸收光谱法和原子吸收光谱法。

根据吸收光谱所在光谱区不同，分子吸收光谱法可分为X射线吸收光谱法、紫外-可见吸收光谱法、红外吸收光谱法和核磁共振波谱法等。

光学光谱区（紫外、可见和红外光区）的吸收光谱通常是用分光光度计测量得到的，故该区的吸收光谱法一般称为分光光度法。

二、发射光谱法

利用物质的特征发射光谱进行定性、定量和结构分析的方法称为发射光谱法。根据发射光谱所在光谱区和激发方式不同，发射光谱法可分为γ射线光谱法、X射线荧光光谱法、原子发射光谱法、原子荧光光谱法、分子荧光光谱法和磷光光谱法等。

三、拉曼光谱法

光波粒子遇到悬浮粒子（如溶胶粒子）时，便会与它们发生相互作用，重新向四面八方发射出强度较弱的光（称子波），这种现象称为光的散射。子波称为散射光，接受入射光波并发射子波的悬浮粒子称为散射粒子。对散射光进行光谱研究发现，占总强度约1%的散射光发生了量子化的频率改变，它们的频率高或低于原入射光的频率，这种现象称为拉曼散射现象。拉曼散射中，由于分子内振动转动能级的变化，使散射光频率发生改变，利用此可以进行分子结构的研究，这种方法称为拉曼光谱法。

（黄月君）

习　　题

一、填空题

1. 电磁辐射既具有________性，又具有________性，即________二象性。
2. 描述波动性的主要参数是________、________和________。
3. 光的粒子性表现在能够产生________、________和________等。
4. 光的________越短，________越高。
5. 光学分析法分为________和________。
6. 光谱分析法分为________、________和________。

二、简答题

1. 何谓光学分析法？有何特点？
2. 何谓吸收光谱和发射光谱？
3. 吸收光谱法和发射光谱法有何异同？
4. 吸收光谱法分哪几种？

第四章

紫外-可见分光光度法

重点知识

单色光；溶液的颜色；透光率；吸光度；最大吸收波长；光的吸收定律；吸收系数；紫外-可见分光光度计主要部件及作用；定量分析方法；测量条件的选择。

分光光度法是根据物质对不同波长单色光的选择性吸收建立起来的分析方法。利用物质的分子对紫外-可见光（200～760nm）选择性吸收，对该物质进行定性、定量和结构分析的方法称为紫外-可见分光光度法（ultraviolet and visible spectrophotometry）。它具有以下特点。

1. 灵敏度高

待测物质的浓度下限一般可达 10^{-7}～10^{-4}g/mL，非常适用于微量或痕量组分的分析。

2. 准确度和精密度比较高

在定量分析方面，相对误差一般为1%～3%。

3. 选择性比较好

在多组分共存的溶液中，依据待测物质对电磁辐射的选择性吸收，可以对某一组分进行分析。在一定条件下，利用吸光度的加和性，可以同时测定溶液中两种或两种以上的组分。

4. 仪器设备简单

与其他光谱分析比较，其仪器设备简单，价格低廉，易于普及，操作简便，测定快速。

5. 应用范围广泛

绝大多数无机离子或有机化合物都可以直接或间接地用紫外-可见分光光度法进行定量分析。还可以用纯度较高的单色光作为入射光，得到十分精确的吸收光谱曲线，以此能够进行定性和结构分析。

因此，它是药物分析、临床医学检验、环境保护、科学研究和工农业生产等领域应用最广泛的分析方法之一。

第一节 基本原理

一、溶液的颜色

人眼能够观察到的那一小波段电磁波称为可见光。在可见光区内，不同颜色的光具有不同的波长，但不同色光之间并没有严格的界限，而是由一种颜色逐渐过渡到另一种颜色，各种颜色光的近似波长范围，如表 4-1 所示。

表 4-1 各种色光的近似波长范围

光的颜色	波长范围/nm	光的颜色	波长范围/nm
红色	760～650	青色	500～480
橙色	650～610	蓝色	480～450
黄色	610～560	紫色	450～400
绿色	560～500		

在可见光区红色光的波长最长，紫色光的波长最短。

紫外光区和可见光区的波长

波长在 200～400nm 近紫外光区的光称为紫外光（也称紫外线），波长在 400～760nm 的光称为可见光。光的波长越长，其能量越小；光的波长越短，其能量越大。

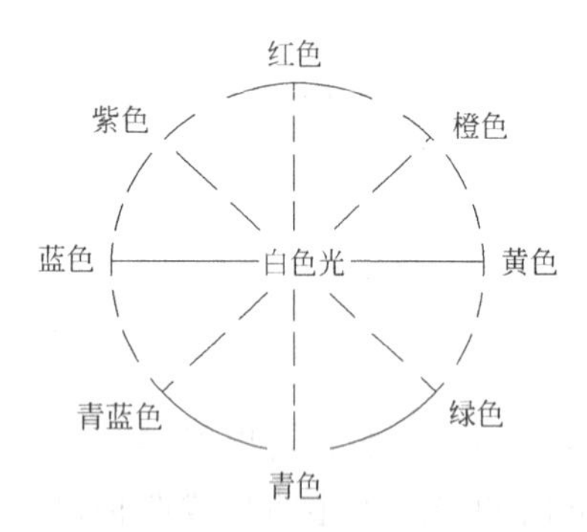

图 4-1 光的互补色示意图

具有单一波长的光称为单色光；由不同波长的光混合而成的光称为复合光。例如，白光（日光和白炽灯光）就是由各种不同颜色的光按照一定比例混合而成的。如果让一束白光通过棱镜，就能散射出红色、橙色、黄色、绿色、青色、蓝色、紫色等各种颜色的光，这种现象称为光的色散。

如果将两种适当颜色的单色光按一定强度和比例混合可以得到白光，这两种单色光互称互补色光，如图 4-1所示。例如，紫色光和绿色光互称为互补色光；蓝色光和黄色光互称为互补色光。白光就是由很多对互补色光按一定强度和比例混合而成的。

溶液呈现不同的颜色，是由于溶液中的质点（分子或离子）选择性地吸收了白光中某种颜色的光而引起的。当一束白光通过某溶液时，如果该溶液对任何颜色的光都不吸收，则溶液无色透明；如果该溶液对任何颜色的光的吸收程度相同，则溶液灰暗透明；如果溶液吸收了其中某一颜色的光，则溶液呈现透过光的颜色，即呈现溶液所吸收色光的互补色光的颜色。例如，高锰酸钾溶液能够吸收白光中的绿色光而呈现紫色。再如，硫酸铜溶液能够吸收白光中的黄色光而呈现蓝色。

请您想一想，一束白光透过红色玻璃片后，何种颜色的光被吸收了？何种颜色的光几乎不被吸收？

二、透光率与吸光度

用一束平行的单色光垂直照射均匀无散射的溶液，若入射光强度为 I_0，吸收光强度为 I_a，透射光强度为 I_t，反射光强度为 I_r，则它们之间的关系为：

$$I_0 = I_a + I_t + I_r \tag{4-1}$$

在分光光度法中，通常把待测物质溶液和参比溶液分别置于相同材质和相同厚度的吸收池中，所以，两个吸收池的反射光强度基本相同且可以忽略不计，如图 4-2 所示，则上式可以简化为：

$$I_0 = I_a + I_t \tag{4-2}$$

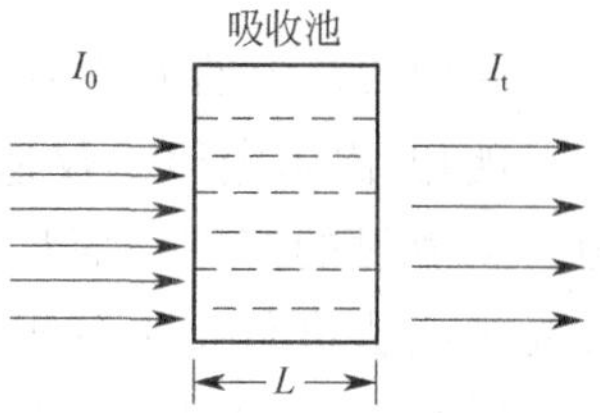

图 4-2　光线照射溶液示意图

透射光强度 I_t 与入射光强度 I_0 的比值称为透光率或透光度（tranmitance），用符号 T 表示，即：

$$T = \frac{I_t}{I_0} \times 100\% \tag{4-3}$$

溶液的透光率越大，表示它对光的吸收程度越小；溶液的透光率越小，表示它对光的吸收程度越大。透光率 T 的倒数能够反映溶液对光的吸收程度。在实际应用时，对透光率的倒数取对数，称为吸光度（absorbance），常用 A 表示，所以，透光率和吸光度之间的关系为：

$$A = \lg \frac{1}{T} = \lg \frac{I_0}{I_t} = -\lg T \tag{4-4}$$

则

$$T = 10^{-A} \tag{4-5}$$

溶液的吸光度具有加和性。如果溶液中同时存在两种或两种以上的吸光性物质，则测得的吸光度等于各吸光性物质吸光度的总和，即：

$$A_{a+b+c} = A_a + A_b + A_c \tag{4-6}$$

这是分光光度法对多组分溶液进行定量分析的理论基础。

三、光的吸收定律

朗伯（Lambert）于 1760 年研究了有色溶液对光的吸光度（A）与液层厚度（L）的关系，得出的结论是：当一束平行的单色光通过均匀无散射的溶液时，如果溶液的浓度保持恒定，在入射光的波长、强度及溶液的温度等不改变的条件下，则该溶液的吸光度（A）与液层厚度（L）成正比，即：

$$A = k_1 L \tag{4-7}$$

这一结论称为朗伯定律（Lambert law）。

比尔（Beer）于 1852 年研究了有色溶液对光的吸收度（A）与溶液浓度（c）的关系，得出的结论是：当一束平行的单色光通过均匀无散射的溶液时，如果溶液的液层厚度保持恒定，在入射光的波长、强度及溶液的温度等不改变的条件下，则该溶液的吸光度（A）与溶液的浓度（c）成正比，即：

$$A = k_1 c \tag{4-8}$$

这一结论称为比尔定律（Beer law）。

如果同时考虑溶液的液层厚度（L）和溶液的浓度（c）两个因素，上述的两个定律就合并为朗伯-比尔定律（Lambert-Beer law），也称为光的吸收定律，可以表述为：当一束平行的单色光通过均匀、无散射的溶液时，在入射光的波长、强度及溶液的温度等条件不变的情况下，该溶液的吸光度（A）与溶液的浓度（c）和液层厚度（L）的乘积成正比，即：

$$A = kLc \tag{4-9}$$

式(4-9）中的 k 在一定条件下是常数，称为吸收系数（absorptivity）。

朗伯-比尔定律不仅适用于可见光，而且也适用于紫外光和红外光；不仅适用于均匀、无散射的溶液，而且也适用于均匀、无散射的固体和气体。朗伯-比尔定律是各类分光光度法进行定量分析的理论基础。

【例 4-1】 某化合物溶液遵守朗伯-比尔定律，当浓度为 c_1 时，透光率为 T_1，试计算当浓度为 $0.5c_1$ 和 $2c_1$ 时，在测定条件不变的情况下，相应的透光率分别为多少？何者最大？

解： 根据比尔定律　　$A = -\lg T = kc$

当浓度为 c_1 时　　$-\lg T_1 = kc_1$　　$k = \dfrac{-\lg T_1}{c_1}$

当浓度为 $0.5c_1$ 时　　$-\lg T_2 = kc_2 = \dfrac{-\lg T_1}{c_1} \times 0.5c_1 = -0.5\lg T_1$

$$-\lg T_2 = -\lg(T_1)^{1/2}$$

$$T_2 = T_1^{1/2}$$

当浓度为 $2c_1$ 时　　$-\lg T_3 = kc_3 = \dfrac{-\lg T_1}{c_1} \times 2c_1 = -2\lg T_1$

$$T_3 = T_1^2$$

$$0 < T < 1$$

$$T_2 \text{为最大}$$

答： 当浓度为 $0.5c_1$ 时，透光率最大。

四、吸收系数

如果被测物质溶液浓度的单位不同，则吸收系数的物理意义和表达方式也不同，吸收系数通常用以下几种方法来描述。

1. 摩尔吸收系数

在入射光波长一定时，溶液浓度为 1mol/L，液层厚度为 1cm 时所测得的吸光度称为摩尔吸收系数，常用 ε 表示，其量纲为 L/(mol·cm)。

$$\varepsilon = \frac{A}{cL} \tag{4-10}$$

通常将 $\varepsilon \geqslant 10^4$ 时称为强吸收，$\varepsilon < 10^2$ 时称为弱吸收，ε 介于两者之间时称为中强吸收。

2. 百分吸收系数

在入射光波长一定时，溶液浓度为 1%（g/100mL）、液层厚度为 1cm 时所测得的吸光度称为百分吸收系数，也称为比吸收系数，常用 $E_{1cm}^{1\%}$ 表示，其量纲为 100mL/(g・cm)。

$$E_{1cm}^{1\%} = \frac{A}{cL} \tag{4-11}$$

3. 摩尔吸收系数与百分吸收系数的换算

根据上述定义，摩尔吸收系数和百分吸收系数之间的换算关系是：

$$\varepsilon = E_{1cm}^{1\%} \times \frac{M}{10} \tag{4-12}$$

式(4-12) 中的 M 是吸光性物质的摩尔质量。

ε 和 $E_{1cm}^{1\%}$ 通常不能直接测定，而是通过测定已知准确浓度的稀溶液的吸光度，根据朗伯-比尔定律计算求得。

当入射光的波长、溶剂的种类和溶液的温度等因素确定时，ε 和 $E_{1cm}^{1\%}$ 只与物质的性质有关，是物质的特征常数之一，可以标示物质对某一特定波长光的吸收能力。不同物质对同一波长单色光，可以有不同的吸收系数；同一物质对不同波长的单色光，也会有不同的吸收系数。因此，在使用吸收系数时，一定要注明入射光的波长。

ε 和 $E_{1cm}^{1\%}$ 越大，表明相同浓度的溶液对某一波长的入射光越容易吸收，测定的灵敏度越高。一般 ε 值在 10^3 以上时，就可以进行分光光度法定量测定。

【例 4-2】 用安络血（相对分子质量为 236）纯品配制 100mL 含安络血 0.4300mg 的溶液，以 1cm 厚的吸收池在 $\lambda_{max} = 355nm$ 处测得其吸光度 A 值为 0.483，试求安络血在 355nm 的 $E_{1cm}^{1\%}$ 和 ε 值。

解：根据朗伯-比尔定律，$A = E_{1cm}^{1\%} cL$

$$E_{1cm}^{1\%} = \frac{A}{cL} = \frac{0.483 \times 1000}{0.4300 \times 1} = 1123[\mathrm{mL/(g \cdot cm)}]$$

$$\varepsilon = \frac{M}{10} \cdot E_{1cm}^{1\%} = \frac{236}{10} \times 1123 = 2.65 \times 10^4[\mathrm{L/(mol \cdot cm)}]$$

答：安络血在 355nm 的 $E_{1cm}^{1\%}$ 和 ε 值分别为 1123mL/(g・cm) 和 2.65×10^{-4} L/(mol・cm)。

五、偏离光的吸收定律的因素

应用光的吸收定律进行吸光度分析时，常用标准曲线法来进行定量分析或检查待测溶液是否遵循朗伯-比尔定律。

其方法是：首先配制一系列不同浓度的标准溶液，在一定条件下进行显色，固定吸收池厚度，在一定波长时分别测定各溶液的吸光度，然后以吸光度（A）为纵坐标，以浓度（c）为横坐标作图，得到一条曲线，称为标准曲线，或称为工作曲线，也称为 A-c 曲线。如图 4-3 所示。根据朗伯-比尔定律，吸光度和吸光物质的浓度成正比，标准曲线应该是一条通过原点的直线。如果标准工作曲线发生弯曲，这种现象称为偏离光的吸收定律，如图 4-4 所示。

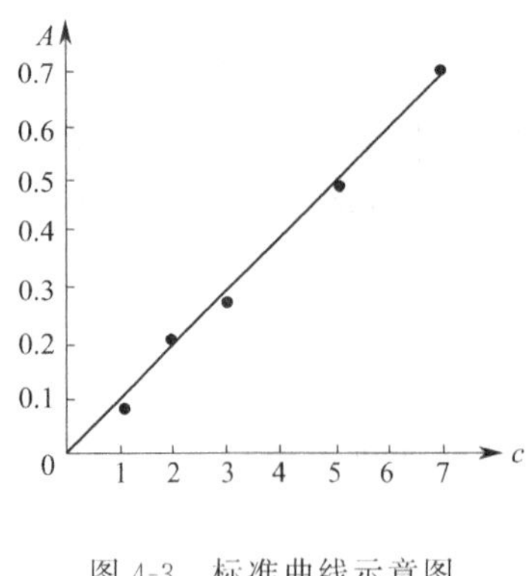

图 4-3 标准曲线示意图

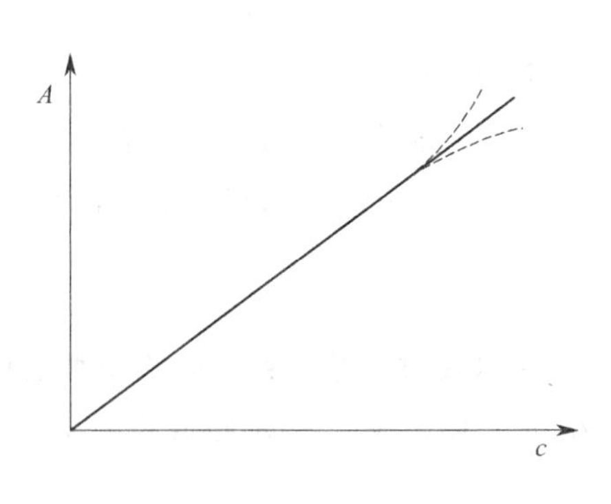

图 4-4 偏离光的吸收定律示意图

导致标准曲线弯曲的因素主要有两个方面。

（一）化学因素

1. 吸光性物质溶液的浓度

严格地说，光的吸收定律通常只适用于稀溶液。当吸光性物质溶液的浓度比较大（一般大于 0.01mol/L）时，会产生偏离光的吸收定律的现象。其原因有二：一是由于浓度较大时，吸光质点间的平均距离缩小，邻近质点彼此的电荷分布会相互影响，使每个质点吸收特定波长光波的能力有所改变，吸收系数随之改变；二是由于浓度较大时，溶液对光的折射率发生改变，致使测定到的吸光度产生偏离。浓度过低时，吸光性物质溶液和参比溶液的吸光性差别过小，测定的吸光度也会发生偏离。

2. 吸光性物质的化学变化

溶液中的吸光性物质常因离解、缔合、形成新化合物或互变异构等化学变化而使待测物质浓度或组成发生改变，导致偏离光的吸收定律。

3. 溶剂的影响

不同种类的溶剂，会对吸光性物质的吸收峰高度、最大吸收波长产生影响，还会对待测物质的物理性质和化学组成产生影响，导致偏离光的吸收定律。

（二）光学因素

1. 非单色光的影响

光的吸收定律通常只适用于单色光。在实际工作中，由紫外-可见分光光度计的单色器所获得的入射光并非纯粹的单色光，而是具有一定波长范围的“复合光”，引起溶液对光的吸收定律发生偏离。

2. 杂散光的影响

由紫外-可见分光光度计的单色器所获得的单色光中，还混杂一些不在谱带宽度范围内（与所需的光波长不符）的光，称为杂散光，会导致偏离光的吸收定律。

3. 非平行光的影响

光的吸收定律通常只适用于平行光。在实际测定中，通过吸收池的入射光，并非真正的平行光，而是稍有倾斜的光束，倾斜光通过吸收池的实际光程（液层厚度）比垂直照射的平行光的光程要长，使吸光度的测定值偏大，导致偏离光的吸收定律。

4. 反射现象的影响

入射光通过折射率不同的两种介质的界面时，有一部分光被反射而损失，使吸光度的测定值偏大，导致偏离光的吸收定律。

5. 散射现象的影响

光波通过溶液时，溶液中的质点对其有散射作用，有一部分光会因散射而损失，使吸光度的测定值偏大。当吸光性物质以胶体、乳浊液或悬浮物形式存在时，散射现象更加严重。

六、吸收光谱曲线

在待测物质溶液浓度和液层厚度一定的条件下，用不同波长的入射光分别测定待测物质溶液的吸光度，以波长（λ）为横坐标，吸光度（A）为纵坐标所描绘的曲线，称为吸收光谱曲线，简称吸收曲线，有时也称为 A-λ 曲线或吸收光谱，如图 4-5 所示。曲线上的凸起部分称为吸收峰；吸收峰所对应的波长称为最大吸收波长，常用 λ_{max} 表示。从图 4-5 可以看出，$KMnO_4$ 溶液的 $\lambda_{max}=525nm$，说明 $KMnO_4$ 溶液对 525nm 附近的绿色光有最大吸收，而对紫色光（400～450nm）和红色光（650～760nm）吸收很少，故 $KMnO_4$ 溶液呈现绿色光的互补色光颜色紫红色。

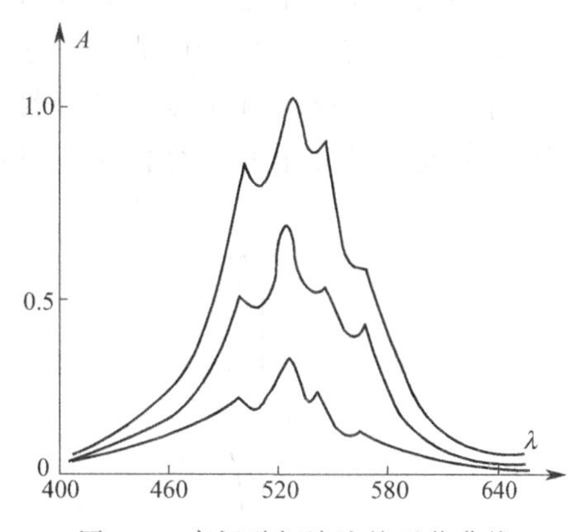

图 4-5　高锰酸钾溶液的吸收曲线

比较图 4-5 中三种不同浓度的 $KMnO_4$ 溶液的吸收光谱曲线后，得到如下结论。

（1）同种溶液对不同波长的光的吸收程度不同，溶液对最大吸收波长（λ_{max}）的光吸收程度最大。为了获得较高的测定灵敏度，常用最大吸收波长（λ_{max}）的光作为入射光。

（2）在相同条件下，同一物质的不同浓度的溶液，其吸收光谱曲线相似，且 λ_{max} 相同，说明物质吸收不同波长光的特性，只与溶液中物质的结构有关，而与浓度无关，这是分光光度分析法进行定性分析的依据。

（3）同一物质的不同浓度的溶液，入射光波长一定时，浓度越大，吸光度也越大，这是分光光度分析法进行定量分析的基础。

第二节　紫外-可见分光光度计

一、基本结构

在紫外-可见光区，能够任意选择不同波长的光用来测定吸光性物质溶液的吸光度（或透光率）的仪器，称为紫外-可见分光光度计，外观见彩色插图 4。这类仪器的型号繁多，外形各异，质量差别很大，但其基本结构和工作原理相似，都是由光源、单色光器、吸收池、检测器和信号处理及显示器五个主要部分组成，如图 4-6 所示。

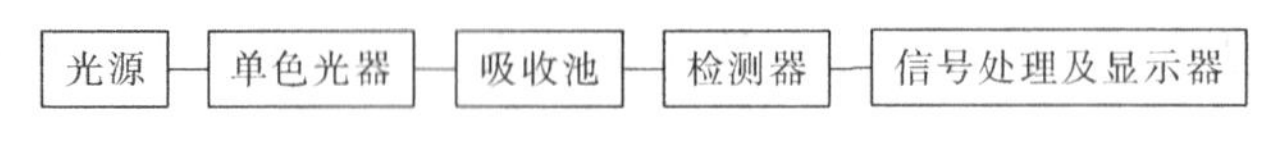

图 4-6 紫外-可见分光光度计的基本结构示意图

1. 光源

光源是提供入射光的装置。一般要求光源能够发射出强度足够而且稳定的连续光谱，辐射能量随波长的变化尽可能小，光源使用寿命长。不同光源可以提供不同波长范围的光波，紫外-可见分光光度计常用的光源有两类。

（1）热辐射光源　在可见光区常用的热辐射光源有钨灯和卤钨灯。钨灯又称白炽灯，卤钨灯是在钨灯灯泡内填充碘或溴的低压蒸气，由于灯内卤元素的存在，减少了钨原子的蒸发，故能够延长灯的使用寿命，且发光效率明显提高。钨灯或卤钨灯可以发射波长范围为 360～800nm 的连续光谱，主要用于可见光区的测定。

（2）气体放电光源　气体放电光源一般用于紫外光区，如氢灯或氘灯，可以发射波长范围为 150～400nm 的连续光谱，主要用于紫外光区的测定。

2. 单色光器

单色光器简称单色器，是将光源发射的复合光按波长顺序色散分解成单色光，并可从中选出所需波长单色光的光学系统。单色器的性能直接影响入射光的单色性，从而影响到测定的灵敏度、准确度、选择性及标准曲线的线性关系等。单色器由进光狭缝、准直镜、色散元件和出光狭缝四个部件组成，其光路原理如图 4-7 所示。

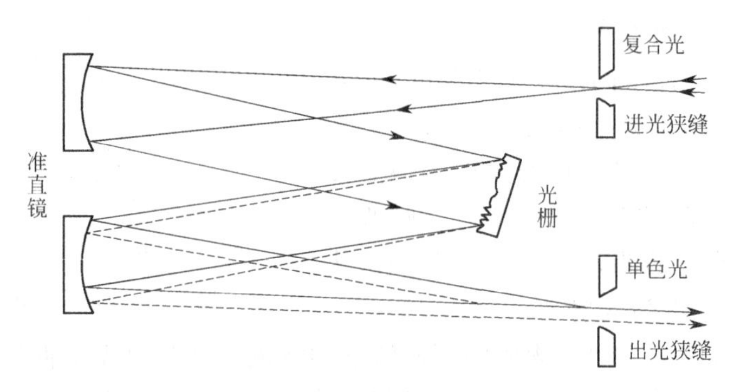

图 4-7 单色器的光路原理示意图

光源发出的复合光，经聚光后进入进光狭缝，经准直镜变成平行光，投射于色散元件，不同波长的平行光有不同的投射方向（或偏转角度）形成按波长顺序排列的光谱，再经准直镜将色散后的单色光聚焦于出光狭缝。转动色散元件的方向，可使所需波长的单色光从出光狭缝射出，再经透镜后变成平行的单色光。

（1）色散元件　色散元件是单色光器的核心部件，起到分光的作用。常用的有棱镜和光栅两种。

棱镜的色散作用是利用棱镜材料对不同波长光的折射率不同，将复合光按波长从短到长依次分散成一个连续光谱。棱镜可用玻璃或石英材料制得，玻璃棱镜对可见光的色散较好，但会吸收紫外光，故只适用于可见光区域；石英棱镜对紫外光的色散好，且不吸收紫外光，所以，适用于紫外光区域。棱镜对光的色散率随波长的不同而改变，按波长排列，疏密不均，短波长区域疏，长波长区域密。

光栅是一种在高度抛光的玻璃或合金表面上刻有许多等宽、等距的平行条痕的色散元件。在紫外-可见光区所用的光栅一般每毫米刻有大约1200个条痕。它是利用复合光通过条痕狭缝反射后，产生光的衍射和干涉作用来对光进行色散的。光栅的分辨率比棱镜高，使用波长范围宽，色散率基本上不随波长而改变，可用于紫外、可见、近红外光等光谱区域。

（2）准直镜　准直镜是以狭缝为焦点的聚光镜。其作用是将进入单色光器的发散光转变成平行光，再将色散后的单色光聚焦于出光狭缝。

（3）狭缝　狭缝是光的进、出口，是单色器的重要组成部分之一，关系到分辨率的优劣，直接影响分光质量。它是由具有很锐刀口的两个金属片精密加工制成的，两个刀口之间必须严格平行，并且处在相同的平面上。进光狭缝的作用是限制杂散光进入单色光器，出光狭缝的作用是将所需要的单色光波射出单色光器。狭缝过宽，获得的单色光不纯，影响吸光度的测定。狭缝的宽度越窄，获得的单色光就越纯，但是，光通量和光的强度同时变小，会降低测定的灵敏度。因此，测定时要调节适当的狭缝宽度。

3. 吸收池

用来盛放溶液的容器称为吸收池，也叫比色皿或比色杯。在可见光区测定时，可用光学玻璃材质制成的吸收池；在紫外光区测定时，必须使用石英材质制成的吸收池。用于盛放参比溶液和待测溶液的吸收池应该相互匹配，即测定条件不变，盛放同一溶液测定透光率，其相对误差应小于0.5%。吸收池有两个透光面，其内壁和外壁都要特别注意保护，避免摩擦，避免留下指纹、痕迹、油腻和污物。如果外壁沾有残液，只能用镜头纸或绢布吸干。

4. 检测器

检测器是将通过吸收池的光信号转换为光电信号的电子元件，常用的有光电池、光电管和光电倍增管。近年来，有些紫外-可见分光光度计采用了二极管阵列检测器和多道检测器。

（1）光电管　光电管是由一个丝状阳极和一个光敏阴极组成的真空（或充少量惰性气体）二极管。光敏阴极的凹面镀有一层碱金属或碱金属氧化物等光敏材料，受光照射时能够发射电子，流向阳极而形成电流，称为光电流。照射光的强度越大，形成的光电流也越大。如图4-8所示。光电管输出的电信号很弱，需经放大后输入显示器。

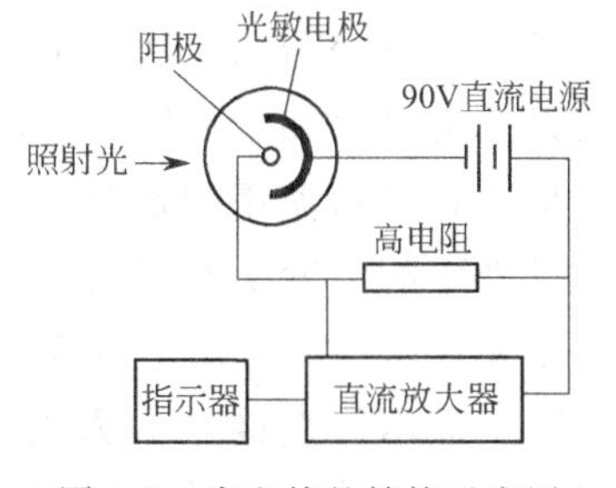

图4-8　光电管的结构示意图

知识拓展

光电管的种类

常用的光电管有两种：一是紫敏光电管，用于检测波长为200～625nm的光；二是红敏光电管，用于检测波长为625～1000nm的光。

（2）光电倍增管　光电倍增管的工作原理与光电管相似，其差别是在光敏阴极和阳极之间多了几个倍增级（一般是九个），各倍增级之间的电压依次增高90V，如图4-9所示。

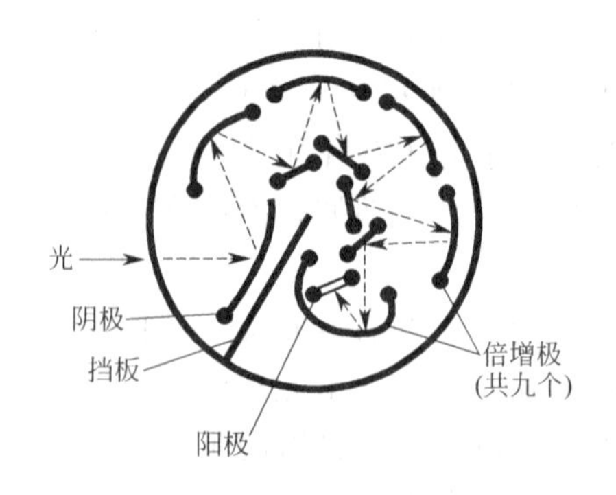

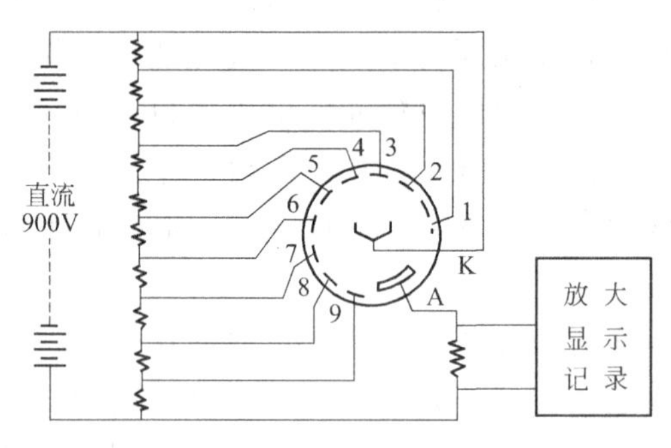

图 4-9 光电倍增管的结构示意图

阴极被光照射后发射电子，电子被第一倍增级的高电压加速并撞击其表面时，能够发射出更多的电子。如此经过多个倍增级后，发射的电子大大增加，被阳极收集后，能够产生较强的光电流。此电流还可以进一步被放大，从而增加检测的灵敏度。光电倍增管可以检测弱光，但不能用于检测强光。

5. 信号处理及显示器

信号处理及显示器可以将检测器的输出信号，以适当的方式显示或记录下来。常用的显示器有电表指示、数字显示、荧光屏显示、曲线描绘和打印输出等。显示的测定数据结果有透光率和吸光度，有的还显示浓度、吸收系数等。

指针式显示器用的是微安电表，在微安电表的标尺上刻有透光率和吸光度两种刻度，透光率的刻度从左到右为 0～100 等分，吸光度的刻度从左到右为∞～0 不等距刻线。据公式(4-4) 得知，当 $T=0$ 时，$A=\infty$；当 $T=100\%$，$A=0$。

数字显示可直接显示透光率（T）或吸光度（A），甚至可以显示溶液浓度（c）。很多型号的紫外-可见分光光度计装配有微机处理机，可以对紫外-可见分光光度计进行操作控制，同时可以进行数据处理。

为什么透光率的刻度为等分刻度，而相对应的吸光度为不等分刻度呢？

二、操作步骤

紫外-可见分光光度计型号不同，操作步骤略有不同，基本步骤如下。

（1）开机前检查仪器是否正常，如检查样品室内有无挡光物。

（2）分别开启紫外-可见分光光度计主机和计算机电源，从计算机桌面进入操作程序。

（3）点击“连接”进入紫外-可见分光光度计自检系统，自检过程中，切勿开启样品室门，自检无误后进入主工作程序。

（4）编辑测定方法，输入所需数据。

（5）用纯化水分别清洗2个石英比色杯（手拿磨砂面）3次，再用空白溶液各洗3次，分别装入2/3的空白溶液，用镜头纸将比色杯外壁溶液吸干。

（6）打开样品室门，分别将比色杯放入样品池及参比池中，即置各自光路中，关好样品室门。进行零点校正。

（7）将样品池中空白溶液更换为供试品溶液，置光路中，关好样品室门，测量吸光度值或吸收光谱曲线。

（8）关闭操作程序、紫外-可见分光光度计和计算机电源。清洗比色杯。

紫外-可见分光光度计使用注意事项如下。

（1）检测器预热时必须等待所有指示灯变为绿色，才可进行下一步操作。

（2）放入比色杯时务必小心轻放，确保比色杯已完全进入光路中。

（3）必须扫描基线，空白溶液即未加样品的溶液，必须与样品溶液一致。

（4）扫描过程中切忌打开或试图打开样品室门。

三、主要性能指标

紫外-可见分光光度计的光学性能可以从以下几个方面进行考查和比较。

1. 测光方式

仪器显示的测定数据结果，如透光率、吸光度、浓度、吸收系数等。

2. 波长范围

仪器可以提供测量光波的波长范围。可见分光光度计的波长范围一般为400～1000nm，紫外-可见分光光度计的波长范围一般为190～1100nm。

3. 狭缝或光谱带宽

狭缝或光谱带宽是仪器单色光纯度指标之一，中档仪器的最小谱带宽度一般小于1nm。棱镜仪器的狭缝连续可调，光栅仪器的狭缝常常固定或分档调节。

4. 杂散光

通常以光强度较弱处（如220nm或340nm处）所含杂散光强度的百分比作为指标。中档仪器一般不超过0.5%。

5. 波长准确度

仪器显示的波长数值与单色光实际波长之间的误差，高档仪器可低于±0.2nm，中档仪器大约为±0.5nm，低档仪器可达±5nm。

6. 吸光度范围

吸光度的测量范围，中档仪器一般为−0.1730～2.00。

7. 波长重复性

重复使用同一波长时，单色光实际波长的变动值大约为波长准确度的1/2。

8. 测光准确度

常以透光率误差范围表示，高档仪器可低于±0.1%，中档仪器不超过±0.5%，低档仪器可达±1%。

9. 光度重复性

在相同测量条件下，重复测量吸光度值的变动性。此值大约为测光准确度的1/2。

10. 分辨率

仪器能够分辨出最靠近的两条谱线间距的能力。高档仪器可低于0.1nm，中档仪器一般小于0.5nm。

四、仪器类型

根据光学系统的不同，将紫外-可见分光光度计分为单波长单光束分光光度计、单波长双光束分光光度计和双波长双光束分光光度计三大类。因为各类仪器的基本结构相似，所以，都配有卤钨灯和氘灯两种光源，卤钨灯的辐射波长为330～1000nm，氘灯的辐射波长为190～330nm，卤钨灯和氘灯的转换用手柄控制；单色光器的色散元件是一个平面光栅；吸收池由石英制成；检测器是PD硅光电池或光电倍增管；终端输出用数字显示浓度（c）、吸光度（A）和透光率（T），甚至显示吸收曲线和标准曲线，同时可以打印测量结果。

1. 单波长单光束分光光度计

这类紫外-可见分光光度计的特点是从光源到检测器只有一束单色光，常用的有国产751型、752型、7530型、754型、UV755B型和TU-1810型，英产UnicamSP500型，美产BDU-2型，日产岛津QR-50型等。以UV 755B型仪器为例，其外形及光路原理分别如图4-10和图4-11所示。

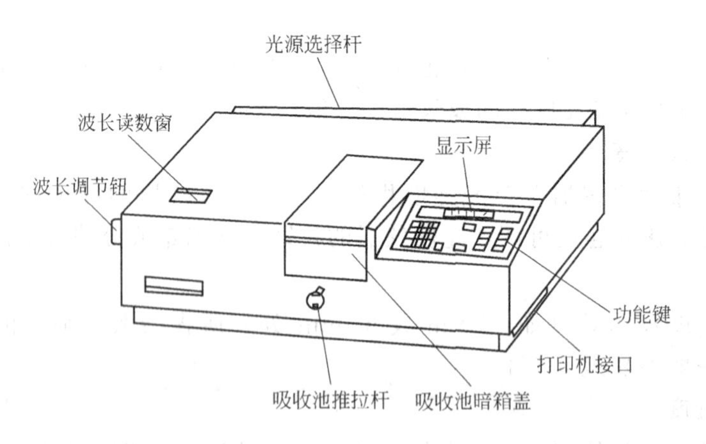

图4-10　UV 755B型仪器外形图

2. 单波长双光束分光光度计

这类紫外-可见分光光度计的特点是从单色光器发射一束单色光，经过一个旋转的扇面镜（斩光器）将它分成波长相同的两束单色光，交替通过参比溶液和样品溶液后，再用一个同步旋转的扇面镜（斩光器）将两束透过光交替地照射到光电倍增管上，使光

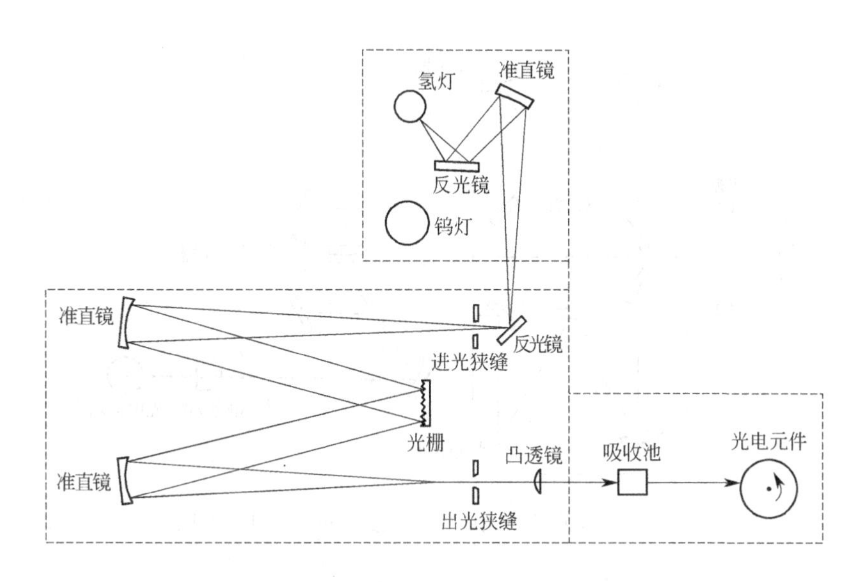

图 4-11 755B 型分光光度计光路原理示意图

电倍增管产生一个交变的脉冲信号，经过比较放大后，由显示器显示出透光率、吸光度和浓度等，或者进行波长扫描，记录吸收光谱。此类仪器有国产 710 型、730 型、740 型等；国外产品有英产 UnicamSP700 型，日产岛津 UV-200 型和 UV-240 型等。这类仪器的光路原理如图 4-12 所示。

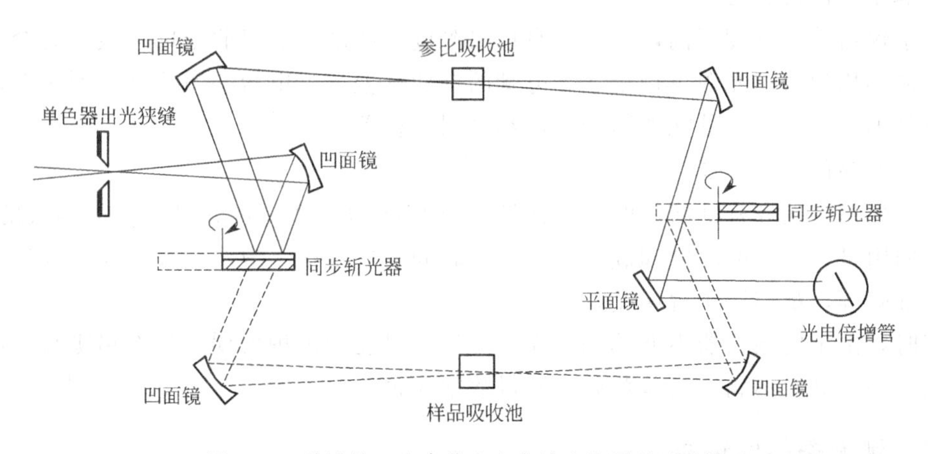

图 4-12 单波长双光束分光光度计光路原理示意图

3. 双波长双光束分光光度计

这类紫外-可见分光光度计的特点是仪器采用两个并列的单色光器，分别产生波长不同的两束单色光，交替照射同一样品溶液，得到同一样品溶液对不同波长单色光的吸光度差值。其优点是，测定时不需要参比池，可以避免吸收池不匹配、参比溶液与试样溶液的折射率和散射作用不同而产生的误差，特别适于在有背景吸收干扰或者有共存组分吸收干扰的情况下，对某组分进行定量测定。另外，此类仪器除了以双波长的方式工作外，还可以用单波长双光束的方式工作。此类仪器有国产 WFZ800-S 型、日产岛津 UV-300 型等。这类仪器的光路原理如图 4-13 所示。

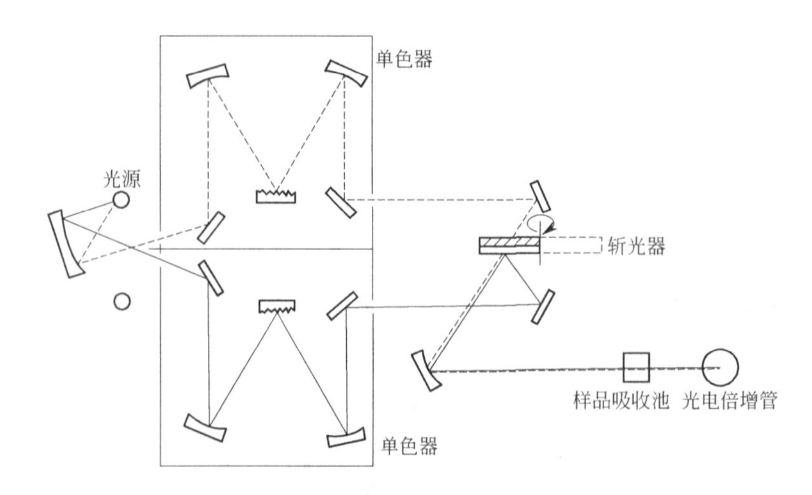

图 4-13 双波长双光束分光光度计光路原理示意图

第三节 误差的来源和测量条件的选择

一、误差的来源

1. 仪器和测量误差

由于仪器的精密度不高，如读数盘标尺刻度不够准确、吸收池的厚度不完全相同及池壁厚薄不均匀等；光源不稳定、光电管的灵敏性差、光电流测量不准、通过单色光器的光波带不够狭窄及杂散光的影响等，都会引入误差。

2. 操作者的主观误差

处理样品溶液和标准溶液时没有按照完全相同的条件和步骤进行，如溶液的稀释、显色剂的用量、反应的酸度和温度、放置的时间前后不很一致，读取吸光度或透光率读数不够准确等，都属于主观误差。

有时，由于使用仪器不够熟练或操作不当，可能会出现失误，如按错键盘、记错读数、溅失溶液等，不属于误差范畴，所得数据应舍弃。

二、测量条件的选择

1. 选择入射光的波长

因为溶液对光的吸收是有选择性的，所以，测定时要根据吸收光谱曲线选择吸光性物质的最大吸收波长 λ_{max} 作为分析波长，这样不仅能够保证测定的灵敏度高，而且此处曲线较为平坦，吸收系数变化不大，对朗伯-比尔定律的偏离程度最小。

2. 选择适当的吸光度读数范围

读数范围应控制在吸光度为 0.3～0.7、透光率为 20%～65%。为了达到此目的，可以通过控制试样的称取量来实现。对于待测组分含量高的试样，可减小取样量或稀释试样溶液；对于待测组分含量低的试样，则可增加取样量或用富集的方法提高待测组分的浓度。如果试液已经显色，则可以通过改变吸收池厚度的方法来改变吸光度值的大小。

为减小光度误差，吸光度的读数范围应控制在0.3～0.7范围内。若吸光度读数不在此范围，可采用哪些方法进行调整?

三、显色反应条件的选择

测定紫外-可见光区非吸收性物质溶液时，需要加入适当的试剂，将待测组分转变成为在紫外-可见光区有较强吸收的物质。这种能与待测组分定量发生化学反应、生成在紫外-可见光区有较强吸收的物质的试剂，称为显色剂。显色剂与待测组分发生的化学反应称为显色反应。

1. 对显色剂及显色反应的要求

（1）显色剂在测定波长处应无明显吸收。

（2）显色剂与生成物之间的颜色须有明显差别，最大吸收波长之差应大于60nm。

（3）选择性好，显色剂应尽可能只与待测组分发生反应。

（4）显色反应必须定量完成，生成足够稳定的吸光性物质。

（5）显色反应所生成的吸光物质的摩尔吸收系数 ε 值应大于 10^4 L/(mol·cm)，以保证较高的测定灵敏度。

2. 控制适当的显色反应条件

要使显色反应达到上述要求，就必须控制显色反应条件，以保证待测组分有效地转变成为适宜于测定的化合物。

（1）显色剂的用量　为使显色反应完全，一般加入适当过量的显色剂，并保持其在标准溶液和样品溶液中的浓度一致。一般通过实验从 A-V 曲线的变化来确定合适的用量。

（2）溶液的酸度　显色剂多为有机弱酸，改变酸度能直接影响显色剂的平衡浓度，从而影响显色反应进行的程度。一般通过实验从 A-pH 曲线的变化来确定合适的酸度。

（3）显色时间和温度　有些显色反应较慢，需要经过一段时间后，溶液对特定波长的光的吸收才能达到稳定；有些化合物放置一段时间后，因空气的氧化、光的照射、试剂的挥发或分解等，使溶液的吸光性发生改变；有些显色反应需要在一定温度下才能顺利进行。所以，应分别通过实验从 A-t（时间）曲线和 A-T（温度）曲线的变化来确定显色反应最适宜的时间和温度。

（4）共存离子的干扰及消除　为消除共存离子的干扰，常常通过控制显色反应的酸度，或加入掩蔽剂，或预先通过离子交换等方法予以掩蔽或分离。

四、选择合适的参比溶液

在测定溶液的吸光度时，为了消除溶液中其他组分的干扰，首先要用参比溶液（空白溶液）调节透光率为100%，然后测定待测溶液的吸光度。通常根据待测溶液的组成和性质，确定合适的参比溶液。

1. 溶剂参比溶液

当溶液中只有待测组分吸收光，溶液中的其他组分、溶剂、试剂和显色剂等几乎不吸收测定波长的光波时，可采用溶剂作为参比溶液。

2. 试样参比溶液

在相同的条件下，用不加显色剂的试样溶液作为参比溶液，适用于试样中存在较多的共存成分、显色剂用量不大且在测定波长处无吸收的情况。

3. 试剂参比溶液

如果显色剂和其他试剂在测定波长处有吸收，可按显色反应相同的条件，不加试样，但加入相同体积的试剂和溶剂混合均匀后，作为参比溶液，能消除试剂中某组分产生吸收而引起的误差。

4. 平行操作参比溶液

用不含待测组分的试样，在完全相同的条件下对待测试样进行处理，由此得到平行操作参比溶液。

此外，样品溶液的浓度必须控制在标准曲线的线性范围内；选择不影响待测物质吸光性质的溶剂；避免采用尖锐的吸收峰进行定量分析等。

第四节　应用与实例

一、定性分析与实例

1. 与对照品比较吸收光谱曲线的一致性

在相同的测量条件下，分别测定未知物和对照品的吸收光谱曲线，对照和比较二者是否一致。当没有对照品时，也可以与该化合物的对照图谱直接比较。

如果两个化合物的结构相同，在相同条件下，两个吸收光谱曲线应完全相同，曲线应能完全重叠，再比较两个化合物的最大吸收波长、最小吸收波长、吸收峰的数目、吸收峰的位置和强度（吸收系数）、吸光度的比值在规定范围内等光谱特征，也应完全一致，才可以初步判断是同一化合物。例如，阿替洛尔的鉴别第一项，《中国药典》2015年版（二部）规定，本品10μg/mL无水乙醇溶液在227nm、276nm和283nm波长处有最大吸收。

如果两个化合物的吸收光谱曲线的形状和光谱特征有差异，则可以肯定认为二者不是同一种化合物。例如，醋酸可的松、醋酸氢化可的松和醋酸泼尼松三种药品的最大吸收波长（240nm）、摩尔吸收系数［1.5×10^4 L/(mol·cm)］和百分吸收系数［390mL/(g·cm)］几乎完全相同，但它们的吸收光谱曲线依然存在某些差别。

特别要注意，吸收光谱曲线完全相同的物质不一定是同一物质。因为吸收光谱曲线是有机物的官能团对紫外光的选择性吸收而产生的，不是整个分子或离子的特征，主要官能团相同的物质可以产生非常相似、甚至雷同的吸收光谱曲线。所以必须得到其他光谱方法或仪器分析方法进一步证实后，才能得出较为肯定的结论。

2. 比较吸收光谱曲线的特征数据

最大吸收波长和吸收系数，是用于定性鉴别的主要光谱特征数据。在不同化合物的吸收光谱中，最大吸收波长可以相同，但因相对分子质量不同，吸收系数的数值会有差别。有些化合物的吸收峰较多，而各吸收峰对应的吸光度或吸收系数的比值是一定的，也可以作为定性鉴别的依据。因此，不同的最大吸收波长处的吸光度的比值是用于鉴别化合物的特性常数之一。

《中国药典》2015 年版（二部）对某些药物的定性鉴别作了相应的规定。如贝诺酯的性状检查第三项（吸收系数），本品加无水乙醇制成 1mL 约含 7.5μg 的溶液，它的吸收光谱曲线在 240nm 处有最大吸收，相应的百分吸收系数应为 730～760mL/(g·cm)；硝西泮的鉴别第二项，它的吸收光谱曲线有三个吸收峰，分别在 220nm、260nm 和 310nm 波长处有最大吸收，260nm 与 310nm 波长处的吸光度的比值应为 1.45～1.65；维生素 B_{12} 的鉴别第二项，它的吸收光谱曲线也有三个吸收峰，分别在 278nm、361nm 和 550nm 波长处有最大吸收，它们的吸光度比值应为 A_{361nm}/A_{278nm} 在 1.70～1.88，A_{361nm}/A_{550nm} 在 3.15～3.45。

目前，已有多种以实验结果为基础的有机化合物的紫外-可见标准谱图以及中国药典中收录的各种药物的对照谱图，均可以作为药物定性鉴别的依据。

二、纯度检查与实例

利用杂质与药物在紫外-可见光区的吸收差异，选择适当波长进行测定，可以检查药物的纯度，具体方法如下。

1. 杂质检查

有些杂质药品中不允许存在，如果杂质在药品无吸收的紫外-可见光区有吸收，或药品在杂质吸收峰处无吸收，则杂质很容易被检查出来。例如，检查乙醇中苯等杂质，乙醇在紫外-可见光区无吸收，无吸收光谱曲线。而杂质苯在紫外-可见光区有吸收，有吸收光谱曲线，在 256nm 处有苯的特征吸收，乙醇中含苯量低达 0.001%也能检出。《中国药典》2015 年版（二部）规定，取本品，以水为空白测定吸光度，在 240nm 的波长处不得过 0.08；250～260nm 的波长范围内不得过 0.06；270～340nm 的波长范围内不得过 0.02。

2. 杂质限量检查

（1）以某个波长的吸光度值表示　当杂质在某一波长处有最大吸收，而药物在该波长处无吸收时，可以通过测定供试品溶液在该波长处的吸光度检查杂质限量。例如，肾上腺素中肾上腺酮的杂质限量检查。由于肾上腺素和肾上腺酮在 0.5mol/L HCl 溶液的紫外吸收光谱曲线有显著不同，肾上腺酮在 310nm 处有最大吸收，而肾上腺素在该波长处几乎无吸收。因此，限定肾上腺素在 0.5mol/L HCl 溶液的吸光度，即可控制肾上腺酮的杂质限量。《中国药典》2015 年版（二部）规定，将肾上腺素用 0.5mol/L HCl 溶液制成 2.0mg/mL 溶液，在 1cm 吸收池中，于 310nm 处测定吸光度，吸光度不得过 0.05。若以肾上腺酮在 310nm 处的 $E_{1cm}^{1\%}=453$ 计算，则肾上腺酮的限量为 0.06%。

课堂互动

肾上腺素用 0.5mol/L HCl 溶液制成 2.0mg/mL 溶液，在 1cm 吸收池中，于 310nm 处测定吸光度，吸光度不得过 0.05。为什么以肾上腺酮在 310nm 处的 $E_{1cm}^{1\%}=453$ 计算，则肾上腺酮的限量为 0.06%？

（2）以峰谷吸光度的比值表示　某些杂质与药物的紫外吸收光谱曲线重叠，可以通过测定供试品溶液的吸光度比值检查杂质限量。例如，苯丙醇中苯丙酮的杂质限量检查。由于苯丙醇和苯丙酮在乙醇中的紫外吸收光谱曲线严重重叠，因此，通过测定供试品溶液在某波长处的吸光度检查杂质限量显然不可能。但是，在苯丙醇纯品中加入不同量的苯丙酮纯品时，发现 $A_{247\,nm}/A_{258\,nm}$ 之比与苯丙酮含量呈线性关系，苯丙醇纯品在 $A_{247\,nm}/A_{258\,nm}$ 之比为 0.59，当苯丙醇中含苯丙酮为 0.5%时，$A_{247\,nm}/A_{258\,nm}$ 之比为 0.79。《中国药典》2015 年版（二部）规定，取本品，加乙醇制成 1mL 中含 0.5mg 的溶液，在 247nm 和 258nm 测吸光度，$A_{247\,nm}/A_{258\,nm}$ 之比不得过 0.79。

知识拓展

苯丙醇中杂质苯丙酮的来源

苯丙醇由苯丙酮还原经减压蒸馏制得，两者的沸点接近，因此会有少量的苯丙酮混入成品中。此外，苯丙醇在储存过程中被氧化生成苯丙酮。

三、定量分析与实例

根据光的吸收定律，可以选择适当波长的光作为入射光，通过测定溶液的吸光度进行定量分析。对于在紫外-可见光区有吸收的物质，可直接进行定量测定；对于在紫外-可见光区无吸收的物质，可以在溶液中加入适当的显色剂，使之生成在紫外-可见光区有吸收的物质，实现定量测定。常用的定量方法如下。

1. 单组分溶液分析

（1）标准曲线法　标准曲线法是紫外-可见分光光度法中最经典的定量方法，特别适合于大批量样品的定量测定。具体测定的方法和步骤如下。

① 配制一系列不同浓度的标准溶液，用不含待测组分的空白溶液作为参比，在相同的条件下，以待测组分的最大吸收波长（λ_{max}）作为入射光，分别测定各标准溶液对应的吸光度。

② 以溶液浓度（c）为横坐标，吸光度（A）为纵坐标，绘制标准曲线。根据光的吸收定律可知，如果标准系列的浓度适当、测定条件合适，标准曲线是一条通过原点的直线，如图 4-3 所示。

③ 按照相同的实验条件和操作程序，用待测物质溶液稀释后配制成供试品溶液并测定其吸光度（$A_{样}$），在标准曲线上找到与之对应的供试品溶液的浓度（$c_{样}$），则待测物质溶液的浓度 $c_{原样}$ 为：

$$c_{原样}=c_{样}\times 稀释倍数 \tag{4-13}$$

由此可见，测定大批量样品时，只重复最后一步操作，即可完成工作任务。

（2）吸收系数法　吸收系数法又称绝对法，是直接利用光的吸收定律进行计算的定量分析方法。在有关资料中查出待测物质在最大吸收波长（λ_{max}）处的吸收系数 ε 或 $E_{1cm}^{1\%}$，并在相同条件下测量供试品溶液的吸光度（A），根据光的吸收定律计算待测溶液的浓度，即：

$$c=\frac{A}{E_{1cm}^{1\%}L} \quad 或 \quad c=\frac{A}{\varepsilon L} \tag{4-14}$$

【例 4-3】 维生素 B_{12} 注射液，在 $\lambda_{max}=361nm$ 处的 $E_{1cm}^{1\%}=207mL/(g \cdot cm)$。若用 1cm 厚度的吸收池，测得供试品溶液的吸光度为 0.621，求该溶液的浓度。

解：$c=\frac{A}{E_{1cm}^{1\%}L}=\frac{0.621}{207\times1.00}=0.00300(g/100mL)=3.00\times10^{-5}(g/mL)$

答：该维生素 B_{12} 注射液的浓度为 $3.00\times10^{-5}g/mL$。

《中国药典》2015 年版（二部）规定，精密量取本品适量，加水定量稀释成 1mL 中约含维生素 B_{12} 25μg 的溶液，在 361nm 波长处测定吸光度，按 $C_{63}H_{88}CoN_{14}O_{14}P$ 的百分吸收系数（$E_{1cm}^{1\%}$）为 207 计算，含维生素 B_{12}（$C_{63}H_{88}CoN_{14}O_{14}P$）应为标示量的 90.0%～110.0%。

注意，应用本法测定，百分吸收系数（$E_{1cm}^{1\%}$）通常应大于 100。

（3）对照品比较法（或标准对照法）　在相同的条件下，配制浓度为 c_s 的对照品溶液（或标准溶液）和浓度为 c_x 的供试品溶液，在最大吸收波长（λ_{max}）处，分别测定二者的吸光度值为 A_s、A_x，依据光的吸收定律得：

$$A_s=kc_sL \tag{4-15}$$

$$A_x=kc_xL \tag{4-16}$$

因为对照品溶液与供试品溶液中的吸光性物质是同一化合物，所以，在相同的条件下，液层厚度 L 和吸收系数 k 的数值相等，由式(4-15) 和式(4-16) 得

$$\frac{A_s}{A_x}=\frac{c_s}{c_x} \tag{4-17}$$

$$c_x=\frac{A_xc_s}{A_s} \tag{4-18}$$

【例 4-4】 有一浓度为 6.00μg/mL 的 Fe^{3+} 对照品溶液，在 480nm 处测得其吸光度为 0.304，在同一条件下测得供试品溶液吸光度为 0.510，求试样溶液中 Fe^{3+} 的含量。

解：$c_x=\frac{A_xc_s}{A_s}=\frac{0.510\times6.00}{0.304}=10.1\ (\mu g/mL)$

答：供试品溶液中 Fe^{3+} 的含量为 10.1μg/mL。

2. 多组分溶液分析

当试样溶液中存在多种吸光性组分时，溶液的吸光度具有加和性，以此可以对多组分溶液进行定量分析。下面以含有两个吸光性组分 a 和 b 的溶液为例说明之。

当试样溶液中各待测组分相互干扰不太严重时，如果分别绘制待测组分 a 和 b 的纯物质的吸收光谱曲线，则有下列三种情况，如图 4-14 所示。

图 4-14(a) 表明，两个待测组分彼此几乎不干扰，即在待测组分各自的最大吸收波

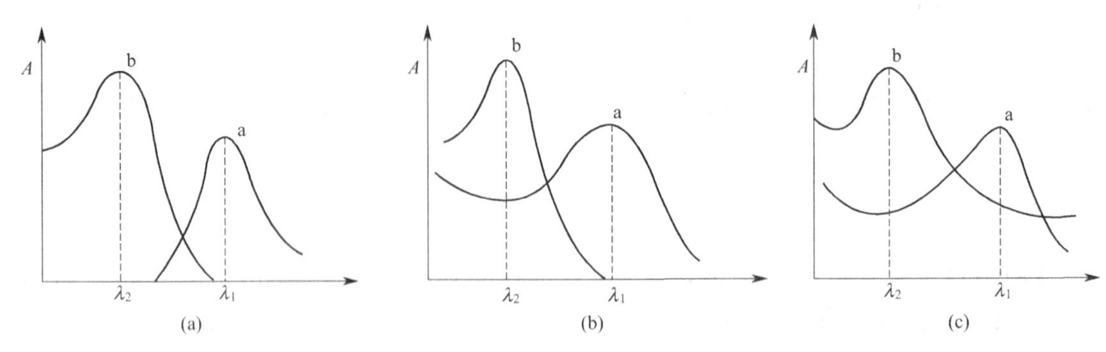

图 4-14　两个待测组分相互干扰情况的示意图

长处进行测定，而另一个待测组分无吸收，这种情况可以用单组分的定量分析方法，在 λ_1 波长处测定组分 a，在 λ_2 波长处测定组分 b，测定时，彼此不产生干扰。

图 4-14(b) 表明，在待测组分 a 的最大吸收波长 λ_1 处，组分 b 无吸收，而在待测组分 b 的最大吸收波长 λ_2 处，组分 a 有吸收，即待测组分 b 对待测组分 a 的测定无干扰，待测组分 a 对待测组分 b 的测定有干扰。这种情况可以先用单组分的定量分析方法，在波长 λ_1 处测定组分 a，然后在波长 λ_2 处测量溶液的总吸光度 A_2^{a+b} 及 a、b 纯物质的 ε_2^a 和 ε_2^b 值，根据吸光度的加和性，则

$$A_2^{a+b}=A_2^a+A_2^b=\varepsilon_2^a Lc_a+\varepsilon_2^b Lc_b \tag{4-19}$$

在式(4-19) 中，c_a、A_2^{a+b}、ε_2^a 和 ε_2^b 已经测得，当用 1cm 的比色皿进行测定时，即可以求算出 c_b。

图 4-14(c) 表明，两个待测组分彼此相互干扰，此时有几种测定方法。

(1) 解联立方程组法　在波长 λ_1 和 λ_2 处分别测定试样溶液的总吸光度 A_1^{a+b} 及 A_2^{a+b}，同时测定 a、b 纯物质的 ε_1^a、ε_2^a 及 ε_1^b、ε_2^b，根据朗伯-比尔定律和吸光度的加和性，则

$$A_1^{a+b}=\varepsilon_1^a Lc_a+\varepsilon_1^b Lc_b \tag{4-20}$$

$$A_2^{a+b}=\varepsilon_2^a Lc_a+\varepsilon_2^b Lc_b \tag{4-21}$$

当用 1cm 的比色皿进行测定时，联立式(4-20) 和式(4-21) 方程组，即可求算出 c_a 和 c_b。

很显然，如果溶液中有 n 个待测组分，且光谱互相有干扰，就必须在 n 个波长处分别测定试样溶液的总吸光度（吸光度加和值），以及各波长处 n 个纯物质的摩尔吸收系数，然后解 n 元一次方程组，进而求出各待测组分的浓度。但是，在实际测定时，试样中待测组分越多、彼此干扰越严重，测定结果的误差就越大。

(2) 双波长分光光度法　当试样中两个待测组分的相互干扰比较严重时，用解联立方程组的方法进行定量分析会产生较大的误差，这时可以用双波长分光光度法进行测定，主要有以下两种方法。

① 等吸收波长消去法　试样中的两个待测组分 a 和 b 相互干扰比较严重时，若要测定试样中的待测组分 b，则应设法消除组分 a 的吸收干扰。

首先，分别绘制待测组分 a 和 b 的纯物质的吸收光谱曲线，选择待测组分 b 的最大吸收波长 λ_2 作为测量波长，测定试样溶液的吸光度 A_2^{a+b}，然后用作图的方法选择参比

波长 λ_1，使组分 a 在这两个波长处的吸光度相等，即 $A_1^a=A_2^a$，且使待测组分 b 在 λ_2 和 λ_1 这两个波长处的吸光度有尽可能大的差别，以 λ_1 作为测量波长，测定试样溶液的吸光度 A_1^{a+b}，如图 4-15(a) 所示。

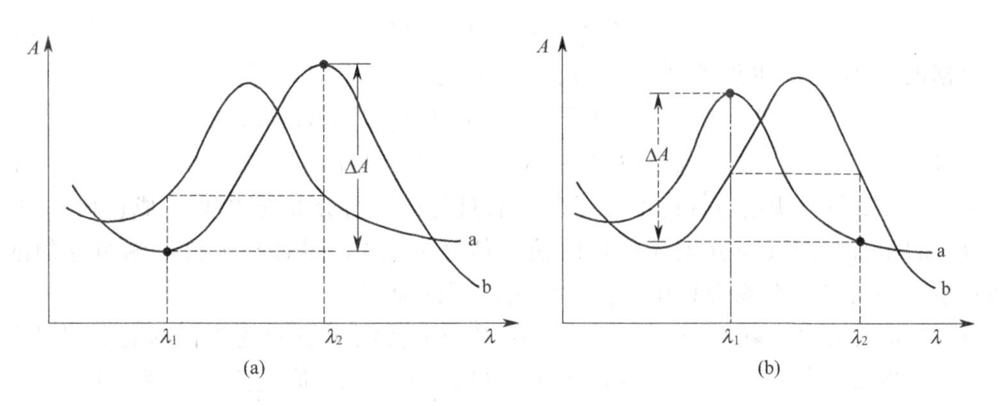

图 4-15　等吸收波长消去法示意图

根据吸光度的加和性，试样溶液在 λ_2 和 λ_1 波长处的吸光度分别为：

$$A_2^{a+b}=A_2^a+A_2^b \tag{4-22}$$

$$A_1^{a+b}=A_1^a+A_1^b \tag{4-23}$$

因为 $A_1^a=A_2^a$，所以，根据朗伯-比尔定律可得：

$$\Delta A=A_2^{a+b}-A_1^{a+b}=(\varepsilon_2^b-\varepsilon_1^b)Lc_b \tag{4-24}$$

式(4-24) 表明，试样溶液在 λ_2 和 λ_1 波长处的吸光度之差 ΔA 与待测组分 b 的浓度成正比，而与组分 a 的浓度无关，即消除了组分 a 的干扰，可以根据 ΔA 求得待测组分 b 的浓度。

用双波长分光光度计测定时，输出信号是 ΔA，计算很方便。

同理，若要测定组分 a，而组分 b 有干扰时，如图 4-15(b) 所示，可用上述同样的方法求得待测组分 a 的浓度。

用等吸收波长消去法测定时，干扰组分的吸收光谱至少应有一个吸收峰或谷，才有可能找到干扰组分吸收度相等的两个波长。否则，无法用这种方法进行定量测定。

② 系数倍率法（倍率减差法）　当干扰组分 a 的吸收光谱曲线没有吸收峰或谷，仅是陡坡状时，无法找到组分 a 的吸光度相等的两个波长，如图 4-16 所示。在这种情况下，可采用系数倍率法测定待测组分 b 的浓度。

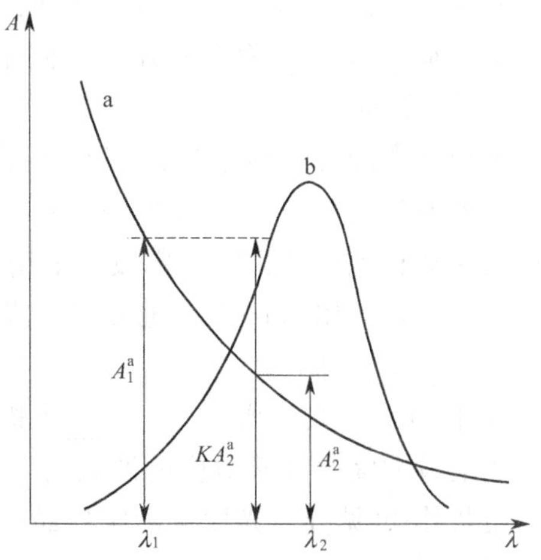

图 4-16　系数倍率法示意图

具体做法是：选择两个波长 λ_1、λ_2，分别测定试样溶液的总吸光度 A_1^{a+b} 和 A_2^{a+b}，由于组分 a 在 λ_2 波长处的吸光度 A_2^a 小于该组分在 λ_1 波长处的吸光度 A_1^a，故令 $A_1^a/A_2^a=K$（称为掩蔽系数），利用双波长分光光度计中差分函数放大器，把 A_2^a 放大 K 倍，则：

$$KA_2^a = A_1^a \tag{4-25}$$

$$A_1^{a+b} = A_1^a + A_1^b \tag{4-26}$$

$$KA_2^{a+b} = K(A_2^a + A_2^b) \tag{4-27}$$

根据朗伯-比尔定律和式(4-25)～式(4-27) 得：

$$\Delta A = KA_2^{a+b} - A_1^{a+b} = K(A_2^a + A_2^b) - (A_1^a + A_1^b) \tag{4-28}$$

所以

$$\Delta A = KA_2^b - A_1^b = (K\varepsilon_2^b - \varepsilon_1^b)Lc_b \tag{4-29}$$

可见，ΔA 与干扰组分 a 的浓度无关，而只与待测组分 b 的浓度 c_b 成正比，即消除了组分 a 的干扰。双波长分光光度计的输出信号为 ΔA，很容易求得待测组分的浓度，故系数倍率法已经在药物分析中得到了较为广泛的应用。

将 A_2^a 放大 K（掩蔽系数）倍时，干扰组分和待测组分吸光度同时也被放大了 K 倍，使测得的 ΔA 值增大，从而提高了灵敏度。但是，K 值过大时，噪声被放大，故控制适宜的 K 值一般应在 5～7 为宜。

（马纪伟）

习　题

一、填空题

1. 朗伯定律是指在一定条件下，溶液的吸光度与______ 成正比；比尔定律是指在一定条件下，溶液的吸光度与________ 成正比，二者合为一体称为朗伯-比尔定律，其数学表达式为__________。
2. 摩尔吸收系数的单位是__________，它表示物质的浓度为__________，液层厚度为______ 时，在一定波长下溶液的吸光度，常用符号______ 表示。
3. 紫外-可见分光光度计，可见光区使用的光源是______ 灯，用的棱镜和比色皿的材质可以是______；而在紫外光区使用的光源是____ 或____ 灯，用的棱镜和比色皿的材质一定是______。
4. 影响有色配合物的摩尔吸收系数的因素是______。
5. 二苯硫腙的 CCl_4 溶液吸收 560～620nm 范围内的光，溶液呈____ 色。
6. 已知某有色配合物在一定波长下用 2cm 吸收池测定时其透光度 $T = 0.50$。若在相同条件下，改用 1cm 吸收池测定，吸光度 A 为__________，用 3cm 吸收池测量，T 为________。
7. 紫外-可见吸收光谱，以______ 为横坐标，以________ 为纵坐标绘制的曲线，吸收曲线上最大吸收峰所对应的波长为____________，用______ 表示。
8. 用紫外-可见分光光度法测定样品含量，常用的方法有______________、__________ 和______________。

二、单项选择题

1. 紫外-可见分光光度法的缩写符号是（　　）。

A. UV-VIS　B. IR　C. HPLC　D. GC　E. NMR

2. 物质的颜色是由于选择吸收了白光中的某些波长的光所致。$CuSO_4$溶液呈蓝色是由于它吸收了白光中的（　　）。

A. 蓝色光波　B. 绿色光波　C. 黄色光波
D. 紫色光波　E. 红色光波

3. 对符合光的吸收定律的溶液稀释时，其最大吸收峰波长位置（　　）。

A. 向长波移动　B. 向短波移动　C. 不移动，吸收峰值升高
D. 不移动，吸收峰值降低　E. 无法判断

4. 当吸光度 $A=0$ 时，T 为（　　）。

A. 0　B. 10%　C. 100%　D. ∞　E. 1

5. 某有色溶液浓度为 c，测得透光率为 T，将浓度稀释到原来的一半，在同样条件下测得的透光率应为（　　）。

A. T　B. $2T$　C. $T/2$　D. T^2　E. $\sqrt{T}$

6. 在符合朗伯-比尔定律的范围内，有色物的浓度、最大吸收波长、吸光度三者的关系是（　　）。

A. 增加，增加，增加　B. 减小，不变，减小　C. 减小，增加，增加
D. 增加，不变，减小　E. 增加，减小，增加

7. 某吸光物质（$M=180$）的 $\varepsilon=6\times10^3$ L/(mol·cm)，则百分吸收系数 $E_{1cm}^{1\%}$ 为（　　）。

A. 33.3mL/(g·cm)　B. 333.3mL/(g·cm)　C. 1.08×10^6 mL/(g·cm)
D. 1.08×10^3 mL/(g·cm)　E. 1.08mL/(g·cm)

8. 下列说法正确的是（　　）。

A. 吸收曲线与物质的性质无关
B. 吸收曲线的基本形状与溶液浓度无关
C. 浓度越大，吸收系数越大
D. 在其他因素一定时，吸光度与测定波长成正比
E. 吸收曲线是一条通过原点的直线

9. 紫外-可见分光光度分析法误差的主要来源是（　　）。

A. 标准溶液浓度不准确　B. 存在干扰物质　C. 显色剂过量
D. 单色光不纯　E. 读数不准确

10. 钨灯或卤钨灯发射的光，波长范围是（　　）。

A. 760～1000nm　B. 360～800nm　C. 400～760nm
D. 400nm 以下　E. 350～1000nm

11. 紫外-可见光的波长范围是（　　）。

A. 200～400nm　B. 400～760nm　C. 200～760nm
D. 360～800nm　E. 小于 200nm

12. 某有色溶液的物质的量浓度为 c，在一定条件下用 1cm 比色杯测得吸光度为 A，则摩尔吸收系数为（　　）。

A. cA　B. cM　C. A/c　D. c/A　E. c/M

13. 某吸光物质的吸收系数很大，则表明（　　）。

A. 该物质溶液的浓度很大　B. 测定该物质的灵敏度高
C. 入射光的波长很大　D. 该物质的相对分子质量很大
E. 该物质的性质稳定

14. 吸收曲线是在一定条件下以入射光波长为横坐标、吸光度为纵坐标所描绘的曲线，又称为（　　）。
A. 工作曲线　B. A-λ 曲线　C. A-c 曲线
D. 滴定曲线　E. 色谱图

15. 标准曲线是在一定条件下以吸光度为横坐标、溶液浓度为纵坐标所描绘的曲线，也可称为（　　）。
A. A-λ 曲线　B. A-c 曲线　C. 滴定曲线
D. E-V 曲线　E. 色谱图

16. 紫外-可见分光光度法定量分析的理论依据是（　　）。
A. 吸收曲线　B. 吸收系数　C. 光的吸收定律
D. 能斯特方程　E. 吸收光谱的特征数据

17. 某种溶液的吸光度（　　）。
A. 与比色杯厚度成正比　B. 与溶液的浓度成反比
C. 与溶液体积成正比　D. 与入射光的波长成正比
E. 与入射光的强度成正比

18. 相同条件下，测定甲、乙两份同一有色物质溶液的吸光度。若甲溶液以 1cm 吸收池，乙溶液以 2cm 吸收池进行测定，结果吸光度相同，甲、乙两溶液浓度的关系（　　）。
A. $c_{甲}=c_{乙}$　B. $c_{乙}=4\ c_{甲}$　C. $c_{乙}=2\ c_{甲}$
D. $c_{甲}=2c_{乙}$　E. $c_{甲}=\lg c_{乙}$

19. 光的吸收定律通常适用于（　　）。
A. 散射光　B. 复合光　C. 单色光
D. 折射光　E. 浓溶液

三、简答题

1. 紫外-可见分光光度法具有什么特点？
2. 紫外-可见分光光度计由哪几个主要部件组成？各部件的作用是什么？
3. 紫外-可见分光光度法测定物质含量时，当显色反应确定以后，应从哪几个方面选择实验条件？
4. 测量吸光度时，应如何选择参比溶液？
5. 什么是紫外-可见分光光度法中的吸收曲线？制作吸收曲线的目的是什么？
6. 为什么最好在 λ_{max} 处测定化合物的含量？

四、计算题

1. 某试液用 2.0cm 的吸收池测量透光率时 $T=60\%$，若用 1.0cm、3.0cm 和 4.0cm 吸收池测定时，透光率各是多少？
2. K_2CrO_4 的碱性溶液在 372nm 处有最大吸收，若其浓度 $c=3.00\times10^{-5}$ mol/L，吸收池厚度为 1.0cm，在此波长下测得透光率为 71.6%。试计算：(1) 该溶液的吸光度；

(2) 摩尔吸收系数;(3) 若吸收池厚度为 3cm,则透光率为多大?

3. 用安络血(相对分子质量为 236)纯品配制 100mL 含安络血 0.4300mg 的溶液,以 1.00cm 厚的吸收池在 λ_{max} =355nm 处测得其吸光度 A 值为 0.483,试求安络血在 355nm 的 $E_{1cm}^{1\%}$ 和 ε 值。

4. 有一标准 Fe^{3+} 溶液,浓度为 6μg/mL,其吸光度为 0.304,而试样溶液在同一条件下测得吸光度为 0.510,求试样溶液中 Fe^{3+} 的含量(mg/L)。

5. 称取维生素 C 0.05g 溶于 100mL 的 0.005mol/L 硫酸溶液中,再准确量取此溶液 2.00mL 稀释至 100mL,取此溶液于 1cm 吸收池中,在 λ_{max} 245nm 处测得 A 值为 0.551,求试样中维生素 C 的含量 [$E_{1cm}^{1\%}$(245nm)=560]

6. 某化合物的摩尔质量为 125g/mol,摩尔吸收系数为 2.5×10^5 L/(mol·cm),配制该化合物溶液 1L,将其稀释 200 倍,于 1.00cm 吸收池中测得其吸光度为 0.6000,问需要该化合物的质量是多少?

第五章

红外分光光度法

重点知识

红外光的分区；红外吸收光谱；基频峰、特征峰和相关峰；分子振动的类型；红外吸收的条件；振动自由度与峰数；影响红外吸收峰峰位的因素；特征区和指纹区；红外分光光度计的主要部件及作用；试样处理的方法；定性分析方法。

以红外吸收光谱为基础建立起来的分析方法称为红外分光光度法（infrared spectroscopy，IR），也称为红外吸收光谱法。依据红外吸收光谱中吸收峰的峰位及其强度，可以对物质进行定性鉴定和结构分析，有时还可以进行定量测定。在有机化合物的结构分析中，该方法与紫外光谱法、质谱法和核磁共振波谱法合称“四大谱”，其重要地位由此可见一斑。

第一节　红外吸收光谱

一、红外吸收光谱的表示方法

在光谱分析中，通常将波长在 0.76～2.5μm 的电磁辐射波段称为近红外光区；波长在 2.5～50μm 的电磁辐射波段称为中红外光区，其中最常用的是 2.5～25μm 波段；波长在 50～1000μm 的电磁辐射波段称为远红外光区。分子受到频率连续变化的红外光照射时，吸收某特定频率的红外光，发生分子振动能级和转动能级的跃迁，产生的吸收光谱，称为红外吸收光谱，通常用透光率 T(%) 随红外线波数 σ（波长的倒数，单位为 cm^{-1}）或波长 λ（单位为 μm）变化而变化的曲线来表示，即红外吸收光谱常用红外吸收曲线（T-λ 曲线或 T-σ 曲线）来表示。在红外吸收光谱中，吸收峰的位置常用波数来表示，吸收峰向下，“谷”向上，如图 5-1 所示。

根据红外光的波段不同，红外吸收光谱可以细分为近红外光谱、中红外光谱和远红

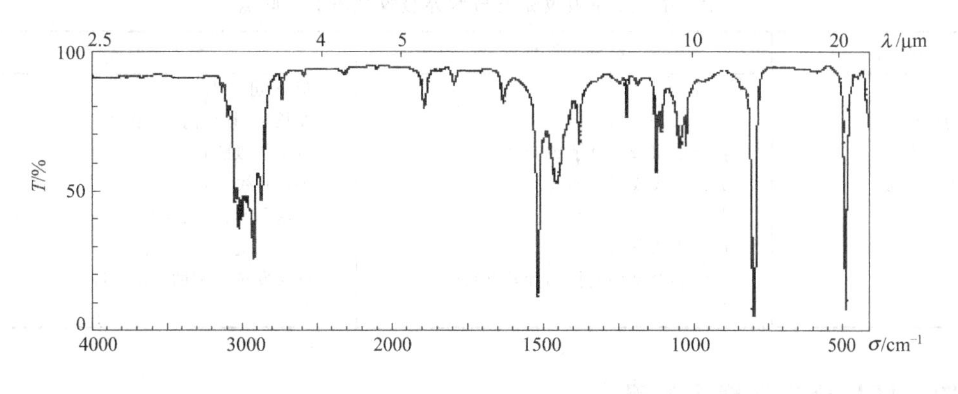

图 5-1　某化合物的红外光谱

外光谱。因为最常用的中红外辐射能够引起分子的振动能级跃迁，同时又伴随着许多转动能级跃迁，故这种因分子的振动及转动能级的跃迁而产生的中红外光谱，称为振-转光谱，简称红外光谱。

二、红外吸收光谱的有关概念

分子从基态跃迁到第一激发态，对应的吸收光谱带称为基频峰。分子中基团的能级从基态向第二、第三……激发态跃迁，对应的吸收光谱带称为二倍频峰、三倍频峰……统称倍频峰。有些吸收峰是由两个或多个基频峰频率的和或差形成，分别称为合频峰或差频峰，如合频峰（$\nu_1+\nu_2$，$2\nu_1+\nu_2$），差频峰（$\nu_1-\nu_2$，$2\nu_1-\nu_2$）等。倍频峰、合频峰及差频峰统称泛频峰。虽然泛频峰多数为弱峰，在红外光谱上不易辨认，但泛频峰使图谱变得复杂化，从而增加了特征性。

红外吸收光谱的形状是分子结构的反映，吸收峰的强度和位置与分子中各基团的振动形式密切相关。能够用于鉴定原子团存在的吸收峰，称为特征峰。例如，在 $1700cm^{-1}$附近的强大吸收峰，一般就是羰基的伸缩振动吸收峰。如果图谱上出现这种吸收峰，就可以判定化合物结构中存在羰基。因此，$1700cm^{-1}$附近的强大吸收峰称为羰基的特征峰。

由一个官能团产生的一组相互依存的吸收峰，称为相关峰。在多原子分子中，一个官能团可能有多种振动形式，而每一种红外活性振动，一般均能相应产生一个吸收峰，有时还能产生各种泛频峰，表现为一组相互依存的吸收峰。

在实际工作中，常用光谱中不存在某官能团的特征峰，来否定某些官能团的存在，用一组相关峰来确定某个官能团的存在，这是红外光谱解析的一条重要原则。

三、红外吸收光谱与紫外吸收光谱的比较

1. 相同点

红外吸收光谱与紫外吸收光谱都属于分子吸收光谱，都反映分子结构的某些特性。

2. 不同点

红外吸收光谱与紫外吸收光谱的不同之处见表 5-1。

表 5-1 红外吸收光谱与紫外吸收光谱的不同点

项　目	红外吸收光谱	紫外吸收光谱
辐射源	红外光	紫外-可见光
辐射的特点	波长长、频率低、能量小	波长短、频率高、能量大
吸收的原因	振动能级及转动能级跃迁	电子能级跃迁
光谱表示方法	T-λ 曲线或 T-σ 曲线	A-λ 曲线
研究对象	几乎所有的有机物 许多无机化合物	不饱和有机化合物 共轭双键、芳香族等
特色	反映各个基团的振动和转动特性	反映发色团和助色团情况
特征性	强	弱

四、红外分光光度法的用途

红外分光光度法的用途非常广泛，除单原子分子及同核的双原子分子外，几乎所有的有机化合物都能在红外光区产生吸收；固态、液态或气态试样均可用于测定，且用样量少，分析速度快，不破坏试样。因此，在有机化学、药物化学、药物分析和天然药物化学中占有重要地位。

在定性和结构分析方面，用于未知物的鉴别、化学结构的确定、化学反应和环境污染的监测等；在理论研究方面，可以计算化合物的键力常数、键长、键角等物理常数；在定量分析方面，虽然可供选择的波长比较多，但实际操作比较麻烦，其准确度不如紫外-可见分光光度法，有时可用于异构体的相对含量测定。

知识拓展

红外分光光度法在药学专业的应用

红外吸收光谱能反映分子结构的细微性和专属性，其特征性强，是鉴别药物真伪的有效方法。因此，为各国药典广泛采用。特别是用其他理化方法难以鉴别与区别的化学结构比较复杂、化学结构相互之间差别较小的药物，常用红外吸收光谱法比较、鉴别与区分。

《中国药典》1977 年版（二部）最早应用红外吸收光谱对甾体激素类原料药进行鉴别。之后，除用于其他原料药鉴别以外，也用于某些制剂的鉴别，偶尔用于杂质检查。

《中国药典》2010 年版（二部）还没有收载用红外吸收光谱测定含量的药品，而在美国药典（USP36）中有收载。

第二节　基 本 原 理

一、分子振动的类型

分子的振动可以分为伸缩振动和弯曲振动两个类型。

（一）伸缩振动

伸缩振动是原子沿着键轴方向伸缩，键长发生周期性变化，而键角不发生变化的振动。原子数大于等于 3 的基团，可以有对称伸缩振动和不对称伸缩振动两种形式，如图 5-2 所示。

图 5-2　伸缩振动示意图

1. 对称伸缩振动

指振动时各个键沿键轴方向同时伸长或同时缩短的振动，用 ν_s 表示。

2. 不对称伸缩振动

指振动时，有的键沿键轴方向伸长、有的键沿键轴方向缩短的振动，用 ν_{as} 表示。

（二）弯曲振动

弯曲振动，又叫变形或变角振动，是指基团键角发生周期性变化而键长不发生变化的振动。这种类型的振动又可细分为面内弯曲振动和面外弯曲振动。每种弯曲振动也可细分，如图 5-3 所示。

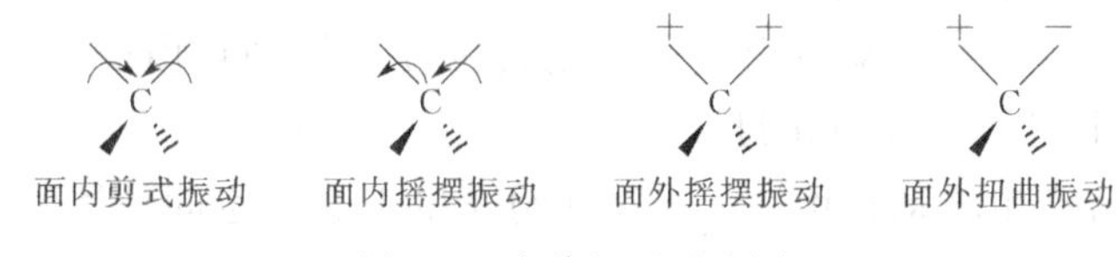

图 5-3　弯曲振动示意图

1. 面内弯曲振动

两个化学键在其所在的平面内振动，用 β 表示。

（1）面内剪式振动　两个化学键的键角发生周期性变化，用 δ 表示。

（2）面内摇摆振动　两个化学键作为一个整体在其所在的平面内左右摇摆，但键角不发生变化，用 ρ 表示。

2. 面外弯曲振动

化学键的振动方向垂直于两个化学键所在的平面，用 γ 表示。

（1）面外摇摆振动　这种振动，两个化学键同时向两个化学键所在的平面之上或之下作周期性振动，键角不发生变化，用 ω 表示。

（2）面外扭曲振动　这种振动，某个化学键向两个化学键所在的平面之上或之下作周期性振动，另一个化学键的振动方向恰恰相反，用 τ 表示。

（3）变形振动　如果是三个化学键组成的体系，除面外摇摆振动和面外扭曲振动之外，还会出现更为复杂的振动形式，如三个化学键与轴线组成的夹角对称地增大或缩小，好像花瓣的闭、开一样，称为对称变形振动，用 δ_s 表示。若三个化学键与轴线组成的夹角非对称地增大或缩小，称为不对称变形振动，用 δ_{as} 表示。

二、红外吸收的条件

当用红外光照射物质分子时，必须同时满足下列两个条件才能产生红外吸收。

1. 辐射光子的能量与振动跃迁所需能量相等

光是有能量的，即：

$$E=h\nu \tag{5-1}$$

式中，h 为普朗克常数；ν 为光的频率。

当光的能量与分子发生振动-转动能级跃迁所需要的能量相等时，才有可能被吸收。

2. 分子振动时偶极矩发生改变

分子在振动过程中，由于键长和键角的变化，而引起分子的偶极矩的变化，结果产生交变的电场，这个交变电场会与红外电磁辐射相互作用，从而产生红外吸收。

三、分子振动自由度与峰数

分子在三维空间的位置，可用 x、y、z 三个坐标来表示，即由三个因素来决定。对于含有 N 个原子的分子，其空间位置取决于每个原子的空间位置，也就是说，由 $3N$ 个独立因素决定。每个独立因素称为一个自由度。含有 N 个原子的分子，其自由度的总数为 $3N$ 个。

由于分子始终处于运动状态，运动的形式可分为平动、转动和振动，因此，含有 N 个原子的分子，其自由度的总数可以表示为：

$$3N=平动自由度+转动自由度+振动自由度$$

分子平动时产生三个平动自由度。

分子转动时能否产生转动自由度，取决于分子的形状，空间位置发生变化的转动才能产生转动自由度。线型分子以化学键为轴的方式转动时原子的空间位置不发生变化，转动自由度为 0，因而线型分子只有两个转动自由度，其振动自由度 $=3N-3-2=3N-5$。非线型分子以任一种方式转动，都能产生 3 个转动自由度，其振动自由度 $=3N-3-3=3N-6$。

理论上讲，每个振动自由度代表一个独立的振动，在红外光谱区就能产生一个吸收峰。但实际上，峰数往往少于基本振动（振动自由度）的数目，这是由于以下情况的发生。

1. 简并

频率相同的不同振动形式吸收峰重叠，这种现象称为简并。简并是基本振动吸收峰数小于振动自由度的首要原因。

2. 非红外活性振动

分子振动能否产生吸收峰，与振动分子偶极矩是否变化有关。偶极矩发生变化的振动，能吸收红外辐射，在红外光谱中出现吸收峰，称为红外活性振动；偶极矩不发生变化的振动，不产生红外吸收，称为非红外活性振动。

3. 仪器性能的限制

有些仪器分辨率较低，不能区别那些频率十分相近的振动。有些仪器灵敏度不够高，对较弱的吸收峰检测不出。还有些仪器检测范围较窄，部分吸收带落在检测范围之外。

例如，水分子为非线型分子，振动自由度为 $3\times3-6=3$，即水分子有三种基本振动形式，如图 5-4 所示，各种振动形式有其特定的振动频率，在红外光谱中应该产生三个吸收峰。

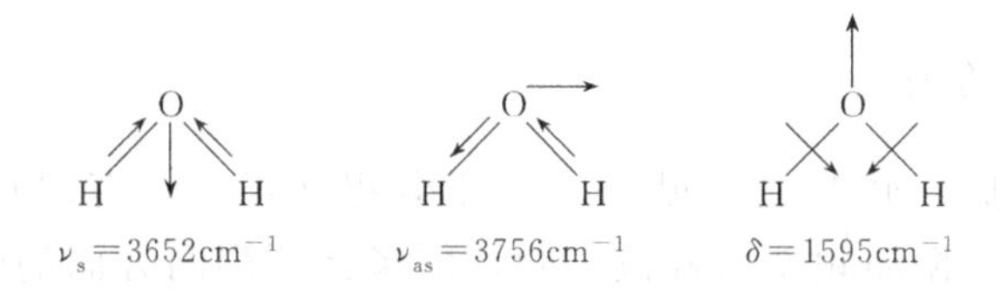

图 5-4　水分子的三种基本振动形式

键长变化比键角变化所需要的能量大，不对称伸缩振动比对称伸缩振动所需要的能量大，上述三种振动形式所需能量大小顺序是：$\nu_{as}>\nu_s>\delta$。所以，伸缩振动吸收出现在红外光谱中的高波数区，而弯曲振动吸收则在低波数区。

再如，CO_2为线型分子，振动自由度为 $3\times3-5=4$，但红外光谱上只出现了两个吸收峰（$2349cm^{-1}$和 $667cm^{-1}$），这是因为 CO_2的对称伸缩振动是非红外活性的振动，面内弯曲振动（$667cm^{-1}$）和面外弯曲振动（$667cm^{-1}$）谱带发生简并。

四、红外吸收峰的峰位及强度

（一）分子的基本振动频率及波数

以双原子分子（或基团）的伸缩振动为例，两个不同的原子分别以 m_1、m_2代表其质量，把连接二者的化学键视为质量可以忽略不计的弹簧，则双原子分子可近似视为谐振子，两个原子的伸缩振动大致可视为沿键轴方向的简谐振动。根据 Hooke 定律，谐振子的振动频率 ν 与键力常数 K 和双原子分子折合质量 u 之间的关系为：

$$\nu=\frac{1}{2\pi}\sqrt{\frac{K}{u}} \tag{5-2}$$

式中，$u=\dfrac{m_1\times m_2}{m_1+m_2}$；$K$ 的意义是将化学键两端的原子由平衡位置拉伸 1Å 后的恢复力，N/cm。K 越大，u 越小，谐振子的振动频率越大。

若用波数 σ 代替频率 ν，用折合原子量 μ 代替折合质量 u，则式(5-2) 即为：

$$\sigma=1302\sqrt{\frac{K}{\mu}}\quad(cm^{-1}) \tag{5-3}$$

依此可以计算出双原子分子的基本振动波数（波长的倒数）。

例如，碳碳之间可以形成单间、双键和三键，其折合原子量均为 6，查有关资料可知，它们的键力常数分别约为 5N/cm、10N/cm 和 15N/cm，根据式(5-3) 可以计算出它们的基频峰峰位分别约为 $1190cm^{-1}$、$1680cm^{-1}$和 $2060cm^{-1}$。同理，可以计算出羰基 C═O 的基频峰峰位约为 $1700cm^{-1}$。

再如，C—C—H、C═C—H 和 C≡C—H 三个类型的碳氢键，其折合原子量均为 0.92，键力常数分别约为 4.8N/cm、5.1N/cm 和 5.9N/cm，根据式(5-3) 可以计算出它们的基频峰峰位分别为 $2974cm^{-1}$、$3066cm^{-1}$和 $3297cm^{-1}$。也就是说，饱和碳氢的基频峰在 $3000\sim2900cm^{-1}$区域、双键碳氢的基频峰在 $3100\sim3000cm^{-1}$区域、三键碳氢的基频峰在 $3300\sim3100cm^{-1}$区域。这是鉴别烷、烯、炔类化合物的依据。

（二）影响峰位的因素

分子内各基团的振动并非完全孤立，往往会相互影响，有时还要受到外部因素影响，因此，确定基团的振动频率（峰位）时，应考虑下列两方面的因素。

1. 内部因素

指分子内部的影响因素，主要包括：

（1）电子效应　包括诱导效应和共轭效应。

诱导效应是由于取代基的电负性不同，通过静电诱导作用，引起分子中电荷分布的变化，从而引起化学键力常数的改变，导致基团的特征频率改变。但这种效应只沿着化学键发生作用，与分子的几何形状无关。一般来讲，供电诱导效应（$+I$）可使吸收峰向低波数移动（红移），吸电诱导效应（$-I$）可使吸收峰向高波数移动（蓝移）。

例如，下列三种化合物的羰基伸缩振动波数

	R—C(=O)—R′	R—C(=O)—Cl	R—C(=O)—F
$\nu_{C=O}$	1715cm^{-1}	1807cm^{-1}	1920cm^{-1}

共轭效应是由于 π-π 或 p-π 共轭引起 π 电子的“离域”，使整个共轭体系的电子云分布趋于平均化，双键的电子云密度降低，键力常数减小，振动频率向低频方向移动。

例如，下列两种化合物的羰基伸缩振动波数，

	R—C(R′)=O	C$_6$H$_5$—C(CH$_3$)=O
$\nu_{C=O}$	1715cm^{-1}	1680cm^{-1}

（2）空间效应　由于取代基的空间位阻效应，使分子平面与双键不在同一平面，导致共轭效应下降，红外吸收峰移向高波数。

（3）氢键效应　由于氢键的形成，使电子云密度平均化（缔合态），体系能量下降，X—H 伸缩振动频率降低，吸收谱带变宽、强度增大。例如，乙醇的浓度小于 0.01mol/L 时，乙醇分子间不形成氢键，羟基的伸缩振动 ν_{OH} 为 3640cm^{-1}；乙醇浓度大于 0.1mol/L 时，乙醇分子间发生氢键缔合，生成二聚体和多聚体，ν_{OH} 依次降低为 3515cm^{-1} 和 3350cm^{-1}。

2. 外部因素

主要指试样状态及溶剂的影响。试样状态影响主要表现为物质由固态向气态变化时，其波数将增加。如丙酮在液态时，$\nu_{C=O}$ 为 1718cm^{-1}，气态时 $\nu_{C=O}$ 为 1742cm^{-1}，因此在查阅标准红外图谱时，应注意试样状态和制样方法。溶剂的影响主要表现为极性基团的伸缩振动频率通常随溶剂极性增加而降低，峰的强度增大。

（三）红外吸收峰的强度

物质吸收红外辐射所产生的吸收峰的强度决定于两个因素。一是跃迁概率，从基态向第一激发态跃迁，概率大，则基频吸收带一般较强；二是振动时偶极矩的变化，化学键两端所连接的原子电负性差别越大（C═O＞C═C），分子的对称性越差，振动时偶极矩的变化就越大。故羰基 C═O 吸收峰的强度大于烯键 C═C 吸收峰的强度。

五、特征区和指纹区

（一）特征区

在红外光谱中，4000～1300cm^{-1}区域有一个明显特点：每一个吸收峰常常与一定的官能团相对应。换一种说法，有机化合物分子中的主要官能团的特征吸收，多发生在该区域内，吸收峰比较稀疏，容易辨认，故称为特征区。

1. 4000～2500cm^{-1}为X—H伸缩振动特征区

X可以是O、N或C等原子，在此区域出现强吸收峰，可以作为判断有无羟基、羧基、氨（胺）基或碳氢键类型的重要依据。

ν_{OH}：3700～2500cm^{-1}，是判断醇、酚、羧酸的重要依据。

ν_{NH}：3500～3300cm^{-1}。若N上有两个H，可在此波数范围出现两个峰。

ν_{CH}：饱和ν_{CH}峰在3000cm^{-1}以下；不饱和ν_{CH}峰在3300～3000cm^{-1}波数范围。

2. 2500～1900cm^{-1}为三键和聚集双键区

主要包括—C≡C 、—C≡N 等三键的伸缩振动，以及—C=C=C、—C=C=O等聚集双键的不对称伸缩振动。端基炔的碳氢伸缩振动吸收峰出现在2140～2100cm^{-1}。

3. 1900～1200cm^{-1}为双键伸缩振动区

主要包括碳氧双键和碳碳双键的伸缩振动，前者往往是谱图中的最强峰，中等宽度，常作为判断酸酐、酰卤、酯类、醛类、酮类、酸类、酰胺等化合物的重要依据。反过来说，此区域内没有这样的峰，便可推断被测物无羰基。饱和脂肪族羰基化合物的$\nu_{C=O}$吸收峰位见表5-2。

表5-2 饱和脂肪族羰基化合物的$\nu_{C=O}$吸收峰位 单位：cm^{-1}

化合物	酸酐	酰卤	酯类	醛类	酮类	酸类	酰胺
峰位	约1810、约1760	约1800	约1735	约1725	约1715	约1710	约1690

4. 1500～1300cm^{-1}主要为C—H变形振动

甲基碳氢的不对称变形振动吸收峰出现在1470～1430cm^{-1}范围内。其对称变形振动吸收峰出现在1380～1370cm^{-1}范围内。

异丙基有两个甲基，C—H的对称变形振动吸收峰裂分为两个强度差不多的峰。

叔丁基有三个甲基，C—H的对称变形振动吸收峰也裂分为两个，较低频峰是较高频峰的两倍。

（二）指纹区

红外光谱中，1300～400cm^{-1}区域的吸收峰，是由于C—C、C—O、C—X单键的伸缩振动以及分子骨架中多数基团的弯曲振动所引起。在该区域内，虽然有一些吸收峰（如单键的伸缩振动）也对应着某些官能团，但是由于这些单键的强度相差不大，键两端的原子质量又相近，振动吸收峰出现的位置邻近，互相之间的振动耦合等影响较大，再加上各种弯曲振动的能级差较小，所以在该区域内吸收峰密集、多变。当分子结构稍有不同时，红外吸收就有细微的不同，犹如人的指纹一样，故称为指纹区。

除 X—H 以外的单键伸缩振动，如分子骨架振动 ν_{C-C}、ν_{C-O}等。其中 ν_{C-O}与其他振动强烈耦合，位置变动较大。

例如，酯的 ν_{C-O}在 1300～1100cm^{-1}范围，醇的 ν_{C-O}在 1260～1000cm^{-1}范围。

苯环上碳氢弯曲振动的吸收峰与环上的取代类型有关，见表 5-3。

表 5-3　取代苯环上的碳氢弯曲振动的峰位　　单位：cm^{-1}

分类	单取代	邻位双取代	间位双取代(双峰)	对位双取代
峰位	770～730	770～730	810～750 和 725～680	860～800

例如，乙酰水杨酸（阿司匹林）的结构式为：

COOH
O—C—CH$_3$
‖
O

其红外吸收光谱见图 5-5，很容易判断 3200～2800cm^{-1}区域的吸收峰是羧基氢，1700cm^{-1}附近的吸收峰是酯的 C═O，1200cm^{-1}附近的吸收峰是酯的 C—O 等。

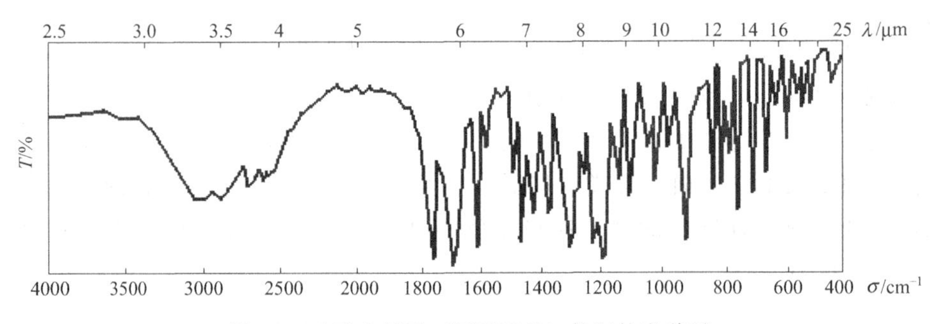

图 5-5　乙酰水杨酸（阿司匹林）的红外光谱图

第三节　红外分光光度计

红外分光光度计，外观见彩色插图 5，也称为红外光谱仪，是用于测量和记录红外吸收光谱的仪器。目前常用的红外分光光度计有色散型和干涉型（FTIR）两类，色散型红外分光光度计主要由光源、吸收池、单色器、检测器和放大记录系统组成，如图 5-6 所示，干涉型红外分光光度计主要由光源、干涉仪、吸收池、检测器和计算机及记录仪组成，如图 5-7 所示，二者的区别是后者用干涉仪代替了前者的色散光栅，并采用傅里叶变换技术。

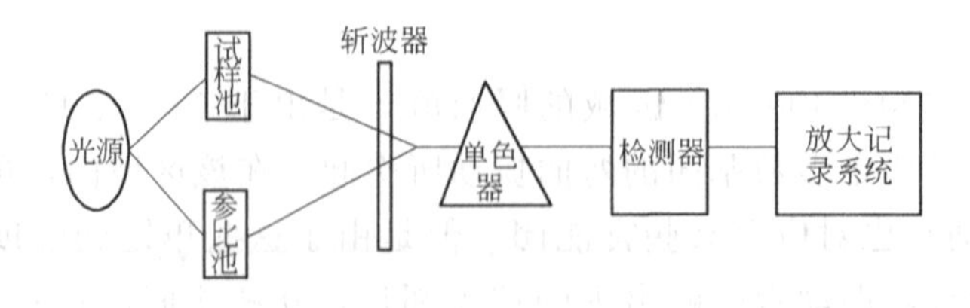

图 5-6　双光束色散型红外分光光度计示意图

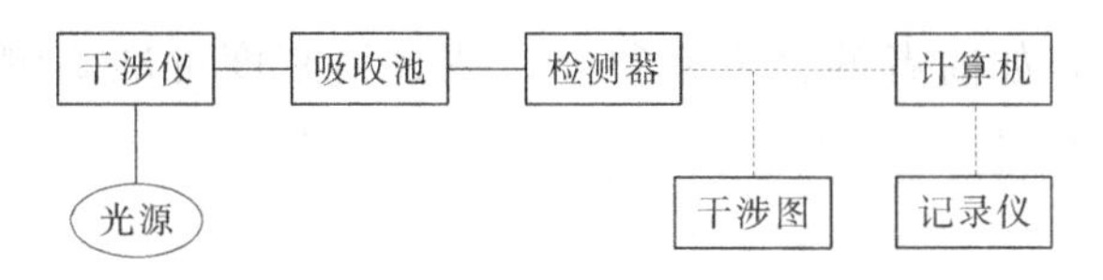

图 5-7 干涉型红外分光光度计示意图

一、主要部件

（一）光源

能发射连续红外光辐射的部件称为红外分光光度计的光源，也称为红外辐射源。常用的红外光源有能斯特灯和硅碳棒。

1. 能斯特灯

能斯特灯是由粉末状氧化锆、氧化钇和氧化钍等稀土元素氧化物的混合物烧结制成的中空或实心圆棒，直径约 1～3mm，长度约 20～50mm。使用前需要预热，工作温度为 1750℃，最大辐射波数为 7100cm^{-1}。优点是发光强度大，缺点是机械强度差、寿命短。

2. 硅碳棒

硅碳棒是由硅碳砂压制煅烧而成的两端粗中间细的实心棒，直径约 5mm，长约 20～50mm。使用前不需预热，工作温度为 1200～1500℃，最大辐射波数为 5500～5000cm^{-1}。优点是机械强度大、寿命长、稳定性好，缺点是需用冷却水，用于防止棒体升华。

（二）吸收池

试样室中用于放置试样或参比的部件。根据试样的状态和性质，采用适当的制样技术，将试样制成适于测试的形式，例如，固态试样可与岩盐晶体（如 KBr、NaCl 等，在 4000～250cm^{-1}范围内不产生红外吸收）混合压片，或者制成薄膜；气体及低沸点液体试样可盛于两端为岩盐窗片的玻璃筒内；高沸点液体试样盛于拆卸式液体池内，然后测定试样的红外光谱。

（三）单色器

色散型红外分光光度计的单色器与紫外-可见分光光度计的类似，由进光狭缝、色散元件（常用反射式平面光栅）、准直镜和出光狭缝构成，其功能是获得单一波长的红外光。

（四）干涉仪

傅里叶变换红外分光光度计不需要分光，而是用干涉仪代替单色光器获得一束干涉光，该干涉光通过试样后成为带有光谱信息的干涉光进入检测器，检测器将带有光谱信息的干涉光转换为带有光谱信息的电信号，但是这种电信号难以进行光谱解析，此时利用计算机进行傅里叶变换将检测器获得的测量信号转变成红外光谱。干涉仪与散射光栅相比，具有很多优点，如前者的分辨率很高，波数精密度可准确测量到 0.01cm^{-1}，而后者的仅能达到 0.2cm^{-1}。

（五）检测器

常用检测器有真空热电偶、测热辐射计、热释电检测器或高莱池等，实际是一类灵敏度较高的光电转换元件。

1. 真空热电偶

真空热电偶是利用两种不同导体构成回路时的温差电现象，将温差转变为电位差的装置。为保证热电偶的高灵敏度及减少热传导造成热损失，将它安装在高真空的玻璃管中。

2. 测热辐射计

测热辐射计是将极薄的黑化金属片作为受光面，并作为惠斯顿电桥的一臂。当红外辐射投射到受光面而使它的温度改变，进而引起电阻值改变，电桥就有信号输出，此信号大小与红外辐射强度成比例。

3. 热释电检测器

热释电检测器是利用热电材料的单晶薄片作为检测元件。

4. 高莱池（气胀式检测器）

高莱池是利用低热容量薄膜吸收红外辐射而升温，导致某种气体膨胀，使射出光的强度发生改变而被检测。这是目前红外光谱仪中灵敏度比较高的一种检测器。

（六）显示器

目前的红外分光光度计都配有微处理机，能够快速而准确地处理各种参数、记录数据（透光率、吸光度、峰位等）、绘制红外吸收光谱图等。

二、试样的处理方法

为了得到正确可靠的红外分析数据，必须对试样做适当的处理，方法如下。

（一）固体试样的处理方法

1. 压片法

粉末状试样常采用压片法。将 1～2mg 固体样品与 200mg 纯 KBr 混合研细，其粒度应小于 2μm（因为中红外区的波长是从 2.5μm 开始的），在油压机上压成薄片，即可用于测定。

2. 糊状法

在玛瑙研钵中将干燥的粉末研细，加入几滴悬浮剂（常用石蜡油或氟化煤油）研成均匀的糊状，涂在岩盐窗片上测定。注意：试样中不能含有—OH（避免 KBr 中水的影响），此法不能用来研究饱和烷烃的红外吸收（液体石蜡本身有红外吸收）。

（二）液体试样的处理方法

1. 液膜法

沸点高于 100℃的液态试样可采用液膜法测定。取 1～2 滴试样滴在两块岩盐窗片之间，压成厚度适当、没有气泡的液膜进行测定。

2. 液体池法

对于低沸点液体试样的测定或定量分析，要用固定密封液体池。制样时液体池倾斜放置，样品从下口注入，直至液体被充满为止，用聚四氟乙烯塞子依次堵塞池的入口和出口，进行测试。

（三）气态试样的处理方法

气态试样一般都灌注于气体池内进行测试。

（四）特殊试样的处理方法

1. 熔融法制成薄膜

对熔点低，在熔融时不发生分解、升华和其他化学变化的物质，用熔融法制备。可将试样直接用红外灯或电吹风加热熔融后涂于岩盐窗片上，制成薄膜，冷却后测定。

2. 热压法制成薄膜

对于某些聚合物可把它们放在两块具有抛光面的金属块间加热，样品熔融后立即用油压机加压，冷却后揭下薄膜，夹在夹具中直接测试。

3. 溶液法制成薄膜

将试样溶解在低沸点的易挥发溶剂中，涂于岩盐窗片上，待溶剂挥发后测定。如果溶剂和试样不溶于水，使它们在水面上成膜也是可行的。比水重的溶剂可在汞表面成膜。

三、操作步骤

1. 仪器准备

（1）检查仪器室内温度及湿度是否符合要求。

（2）检查样品室内有无挡光物。

（3）检查各线路连接是否正确。

2. 操作程序

（1）接通电源，分别打开稳压器和光谱仪电源开关，开启电脑，进入仪器操作界面，预热 15min。

（2）进行红外光谱测定。仪器显示采集背景光谱。确认仪器状态。参数设定。

（3）分别采集空白背景和样品的红外吸收光谱图，并分别打印光谱图。

（4）关机。测定工作结束后，退出操作系统，关闭主机电源及计算机，登记仪器使用情况。

3. 操作注意事项

（1）仪器应与精密净化稳压器连接，与大功率设备分开。

（2）仪器室通过除湿控制，相对湿度应符合要求。

（3）经常观察仪器的干燥指示器是否正常，如发现变白，应及时更换干燥剂。样品仓中也应放置干燥剂。

（4）每周至少开机两次（尤其是阴雨天，多开机）。

第四节 应用与实例

一、鉴别与实例

红外光谱的定性鉴别一般采用两种方法，一种是用已知标准品对照法，即在完全相同的条件下，分别检测已知标准品和试样的红外光谱图，并认真比对，若二者谱图相同，则肯定为同一化合物。另一种是标准谱图查对法，即在与标准图谱完全相同的条件下检测试样的红外光谱图，将它与标准谱图认真比对，当谱图上的特征吸收带位置、强度及形状与标准谱图相一致时，试样与标准品为同一化合物。

【例 5-1】 甲苯咪唑是一种广谱驱肠虫药，有 A、B、C 三种晶型，其中，A 晶型是无效晶型，红外最大吸收波数为 1119.9 cm^{-1}；B 晶型未经药理试验，红外最大吸收波数为 1099.8 cm^{-1}；C 晶型为有效晶型，红外最大吸收波数为 834.6 cm^{-1}。检测时，采用石蜡糊状法，分别测定试样及含有 10%A 晶型的甲苯咪唑对照品的红外光谱图，即可鉴别供试品。

【例 5-2】《中国药典》2015 年版（二部）规定，醋酸地塞米松片的鉴别第二项采用红外吸收光谱法。取本品细粉适量（约相当于地塞米松 15mg），加丙酮 20mL，振摇使醋酸地塞米松溶解，滤过，滤液水浴蒸干，取残渣经常温减压干燥 12h，依法测定。醋酸地塞米松片的红外吸收光谱图应与对照品的图谱（药品红外光谱集 546 图）一致。

知识链接

《药品红外光谱集》

《中国药典》（二部）自 1977 年版开始采用红外光谱法用于一些药品的鉴别。1995 年版配套出版了《药品红外光谱集》第一卷，2000 年版配套出版第二卷，2005 年版配套出版第三卷，2015 年版明确规定了红外光谱法作为药品检验方法的重要地位，并在之前四部的基础上出版了《药品红外光谱集》第五卷。凡在《中国药典》和国家药品标准中收载红外鉴别或检查的品种，除特殊情况外，《药品红外光谱集》均收载其相应的红外光谱，以供对比。

《药品红外光谱集》分为三个部分，即说明、光谱图和索引。每幅光谱图均有序号，并记载有该药品的中文名、英文名、结构式、分子式、光谱号及试样的制备方法等；索引中列出的数字系指光谱序号。

二、结构分析与实例

根据红外吸收光谱可以对未知化合物的结构进行分析，这是红外分光光度法在药物研究中的优势。首先，要了解试样的来源、性质、纯度、分子式及其他相关分析数据，计算不饱和度 Ω，然后对红外吸收光谱中特征吸收的位置、强度及峰形逐一解析，找出与结构有关的信息，推断试样的可能结构。最后与标准谱图进行比较，确定化合物结构。

$$\Omega=\frac{2n_4+n_3+2-n_1}{2} \tag{5-4}$$

式中，n_4、n_3、n_1分别为分子式中四价元素、三价元素、一价元素的数目。

一般来说，常见的不饱和度的数目与分子结构的关系如下：

$\Omega=0$，表示链状饱和化合物；

$\Omega=1$，表示一个双键，或一个饱和脂环；

$\Omega=2$，表示两个双键，或一个三键，或一个双键脂环；

$\Omega=3$，表示三个双键，或两个脂环加一个双键；

$\Omega=4$，表示一个苯环或苯环有不饱和基团。

【例 5-3】 某化合物的分子式为C_6H_{14}，其红外光谱如图 5-8 所示。试推测该化合物的结构式。

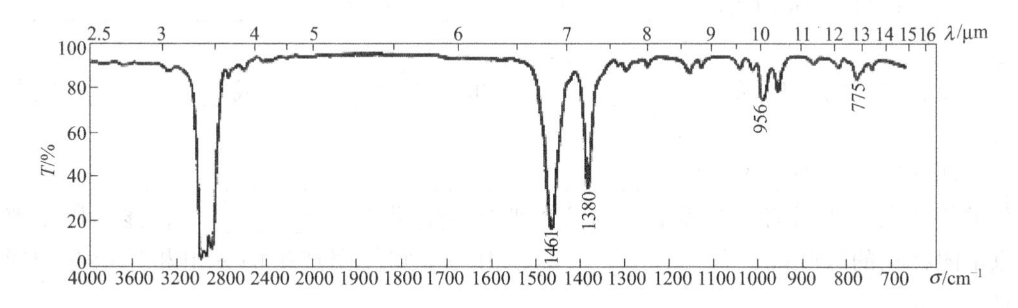

图 5-8 某化合物的红外光谱

解： 从分子式可知，该化合物为烃类。

从图 5-8 可以看到，该红外吸收光谱的吸收峰数目比较少，峰形尖锐，图谱相对简单，化合物可能具有对称结构。

根据式(5-4) 计算其不饱和度为：

$$\Omega=(6\times2+2-14)\div 2=0$$

表明该化合物为饱和烃类。

由于 $1380cm^{-1}$的吸收峰为单峰，表明无偕二甲基存在，即该化合物分子中无$—CH(CH_3)_2$结构。740～$720cm^{-1}$范围内无吸收峰，即无 $\leftarrow\!CH_2\!\rightarrow_n$ 结构（n 为自然数），而 $775cm^{-1}$处有一个单峰，表明亚甲基是独立存在的。因此，该化合物的结构式应为：

$$CH_3—CH_2—CH(CH_3)CH_2—CH_3$$

吸收峰的归属如下。

3000～$2800cm^{-1}$：饱和 C—H 的反对称和对称伸缩振动（甲基为 $2960cm^{-1}$ 和 $2872cm^{-1}$，亚甲基为 $2926cm^{-1}$和 $2853cm^{-1}$）。

$1461cm^{-1}$：亚甲基和次甲基弯曲振动（分别为 $1470cm^{-1}$和 $1460cm^{-1}$）。

$1380cm^{-1}$：甲基弯曲振动。

$775cm^{-1}$：独立亚甲基$—CH_2—$的平面摇摆振动。

对于简单的化合物，红外吸收光谱的精细结构较为明显，易于解析。对于复杂化合物或新化合物，红外光谱解析比较困难，应结合紫外光谱、核磁共振波谱、质谱等手段进行综合光谱解析，结论要与标准光谱相对照。

（闫冬良）

习　题

一、填空题

1. 近红外光区的波长为__________，远红外光区的波长为__________。最常用的中红外光区的波长为__________，对应的波数为__________。
2. 分子振动的两种形式分别是__________和__________。前者可分为__________和________；后者可分为________和________，又分为__________、__________、__________、__________和__________。
3. 红外吸收光谱的纵坐标为__________，横坐标为__________或__________；吸收峰向__________。
4. 产生红外吸收光谱的条件是____________________、____________________。
5. 分子从基态跃迁到第一激发态，对应的吸收光谱带称为__________；能够用于鉴定原子团存在的吸收峰，称为__________；由一个官能团产生的一组相互依存的吸收峰，称为__________。
6. 有机化合物分子中的主要官能团的特征吸收，多发生在__________区域内，吸收峰比较稀疏，容易辨认，故称为__________。红外光谱中，__________区域的吸收峰密集、多变，犹如人的指纹一样，故称为__________。
7. 含有 N 个原子的分子，其运动自由度的总数可以表示为__________。线型分子的振动自由度为__________，非线型分子的振动自由度为__________。
8. 红外光谱的吸收峰数少于基本振动（振动自由度）的数目，其原因是__________、__________、__________。
9. 干涉型红外分光光度计主要由__________、__________、__________、__________、__________和__________等部件组成。
10. 分子式为 C_7H_8 和 C_7H_7NO 的不饱和度分别为__________、__________。

二、单项选择题

1. 关于红外光描述正确的是（　　）。
   A. 能量比紫外光大、波长比紫外光长　B. 能量比紫外光小、波长比紫外光长
   C. 能量比紫外光小、波长比紫外光短　D. 能量比紫外光大、波长比紫外光短
   E. 能够引起电子能级跃迁
2. 分子产生红外光谱，吸收的电磁辐射是（　　）。
   A. 微波　B. 可见光　C. 红外光
   D. 无线电波　E. 紫外-可见光
3. 产生红外光谱的原因是（　　）。
   A. 原子内层电子能级跃迁　B. 分子外层价电子跃迁

C. 以分子转动能级跃迁为主　　D. 分子振动-转动能级跃迁
E. 原子发射红外辐射

4. 当用红外光激发分子振动能级跃迁时，其化学键越强，折合原子量越小，则（　　）。
A. 吸收光子的波数越大　　B. 吸收光子的波长越长
C. 吸收光子的频率越小　　D. 吸收光子的数目越多
E. 无法判断

5. 红外光谱图中横坐标和纵坐标的标度分别是（　　）。
A. 透光率 T 和吸光度 A　　B. 光强度 I 和浓度 c
C. 吸光度 A 和波数 σ　　D. 浓度 c 和波长 λ
E. 波数 σ 或波长 λ 和透光率 T

6. 红外光谱与紫外光谱比较（　　）。
A. 红外光谱的特征性强　　B. 紫外光谱的特征性强
C. 二者的特征性均强　　D. 二者的特征性均不强
E. 红外光谱与紫外光谱的表示方式相同

7. 伸缩振动指的是（　　）。
A. 吸收频率发生变化的振动　　B. 键角发生变化的振动
C. 分子平面发生变化的振动　　D. 吸收峰强度发生变化的振动
E. 键长沿键轴方向发生周期性变化的振动

8. 弯曲振动指的是（　　）。
A. 原子折合质量较小的振动　　B. 振动时分子的偶极矩无变化
C. 化学键力常数较小的振动　　D. 键角发生周期性变化的振动
E. 化学键力常数较大的振动

9. 振动能级由基态跃迁至第一激发态所产生的吸收峰是（　　）。
A. 基频峰　　B. 合频峰　　C. 差频峰　　D. 倍频峰　　E. 泛频峰

10. 红外非活性振动是指（　　）。
A. 分子的偶极矩为零　　B. 非极性分子
C. 分子振动时偶极矩无变化　　D. 分子没有振动
E. 化学键力常数较大的振动

11. 下列叙述不正确的是（　　）。
A. 共轭效应使红外吸收峰向低波数方向移动
B. 吸电子诱导效应使红外吸收峰向高波数方向移动
C. 分子的振动自由度数等于红外吸收光谱上的吸收峰数
D. 红外吸收峰的强度取决于跃迁概率和振动过程中偶极矩的变化
E. 形成氢键时，X—H 伸缩振动频率降低，吸收谱带变宽、强度增大

12. 红外吸收峰数目常小于振动自由度数的原因是（　　）。
A. 红外活性振动　　B. 简并及非红外活性振动
C. 产生泛频峰　　D. 分子振动时偶极矩变化不为零
E. 上述全部正确

13. CO_2分子的振动自由度数和不饱和度分别是（　　）。

A. 4；3　　B. 3；2　　C. 4；2　　D. 3；3　　E. 2；5

14. 乙炔分子的平动、转动和振动自由度的数目分别为（　　）。

A. 3；2；7　　B. 3；2；8　　C. 2；3；3　　D. 2；3；7　　E. 2；5；4

15. 双原子分子的振动形式有（　　）。

A. 五种　　B. 四种　　C. 三种　　D. 两种　　E. 一种

16. 傅里叶变换红外光谱仪获得红外光的部件是（　　）。

A. 玻璃棱镜　　B. 石英棱镜　　C. 平面光栅　　D. 干涉仪　　E. 硅碳棒

17. 红外分光光度计的光源常用（　　）。

A. 玻璃棱镜　　B. 石英棱镜　　C. 能斯特灯　　D. 热电偶　　E. 氢灯

18. 在醇类化合物中，—O—H 伸缩振动频率随溶液浓度增加，向低波数位移的原因是（　　）。

A. 溶液极性变大　　B. 形成分子间氢键随之加强

C. 诱导效应随之变大　　D. 易产生振动偶合

E. 上述全部正确

19. 有一含氧化合物，如用红外光谱判断它是否为羰基化合物，主要依据的谱带范围为（　　）。

A. $1900\sim1650\text{cm}^{-1}$　　B. $3500\sim3200\text{cm}^{-1}$

C. $1500\sim1300\text{cm}^{-1}$　　D. $1000\sim650\text{cm}^{-1}$

E. $2500\sim1900\text{cm}^{-1}$

20. 在药物分析中，红外分光光度法较少应用于（　　）。

A. 定性鉴别　　B. 定量测定　　C. 杂质检查　　D. 结构分析

E. 真伪鉴定

三、简答题

1. 简述红外光谱的表示方法。
2. 红外光谱仪由哪些基本部件构成？
3. 产生红外吸收光谱必须同时满足哪些条件？
4. 简述红外分光光度法处理试样的方法。
5. 解析阿司匹林的红外光谱图。

第六章

荧光分析法

重点知识

光致发光；激发光；单线激发态和三线激发态；振动弛豫；内部能量转换；荧光；荧光效率；荧光产生的条件；影响荧光强度的因素；荧光强度与溶液浓度的关系；荧光光谱；荧光分光光度计主要结构及作用；定量分析方法。

当物质的分子受到紫外-可见光照射激发后，能够发射出比原来所吸收光的波长更长的光，这种发光现象称为光致发光。光致发光通常有两种形式，即荧光和磷光。当紫外-可见光停止照射后，发射光线也随之很快消失的称为荧光。当紫外光-可见光停止照射后，发射光线能够延续 10^{-3}～10s 才消失的称为磷光。

荧光分析法（fluorometry）是根据物质的荧光谱线位置及其强度进行物质定性和定量分析的方法。根据测定对象是分子或原子，可分为分子荧光光谱法或原子荧光光谱法；根据激发光的波长范围不同，可分为紫外-可见荧光光谱法、红外荧光光谱法和 X 射线荧光光谱法。在药物分析和临床检验中，常用紫外-可见光作为激发光，对药物分子和临床检验物质进行荧光测定，因此本章仅介绍这种荧光分析方法。

荧光分析法的主要特点是灵敏度高，选择性好，其检测限达 10^{-10} g/mL，甚至 10^{-12} g/mL，比紫外-可见分光光度法低 3 个数量级以上。由于该方法只能用于荧光物质或处理后能产生荧光的物质的分析，故应用范围不如紫外-可见分光光度法广。

目前，各式各样的新型荧光分析仪器相继问世，使荧光分析法不断朝着高效、痕量、微观和自动化的方向发展，方法的灵敏度、准确度和选择性日益提高，方法的应用范围逐步扩展，遍及于工业、农业、医药卫生、环境保护、公安情报和科学研究等领域，已经发展成为一种重要且有效的光谱化学分析手段。

知识拓展

荧光分析法的发现

第一次记录荧光现象的是西班牙的一位内科医生和植物学家，他于 1575 年提到，在含有某种木头切片的水溶液中，呈现出极为可爱的天蓝色。1852 年，有人在考察奎宁和绿色素的荧光时，用分光计观察到其荧光的波长比入射光的波长稍长些，而不是由光的漫反射引起的，从而导入荧光是发射光的概念，还研究了荧光强度与荧光物质浓度之间的关系，并描述了在高浓度或某些外来物质存在时的荧光猝灭现象。这是第一个提出应用荧光作为分析手段的人。1867 年，有人应用铝-桑色素配位化合物的荧光测定铝，成为历史上首次开展荧光分析工作的人。

第一节 基本原理

一、荧光和磷光

通过学习紫外-可见分光光度法的有关知识可知，具有共轭结构的分子能够吸收紫外-可见光，这些分子受到光照射时，处于基态最低振动能级的电子发生能级跃迁，变成激发态。如图 6-1 所示。能使基态分子变成激发态分子的光称为激发光。

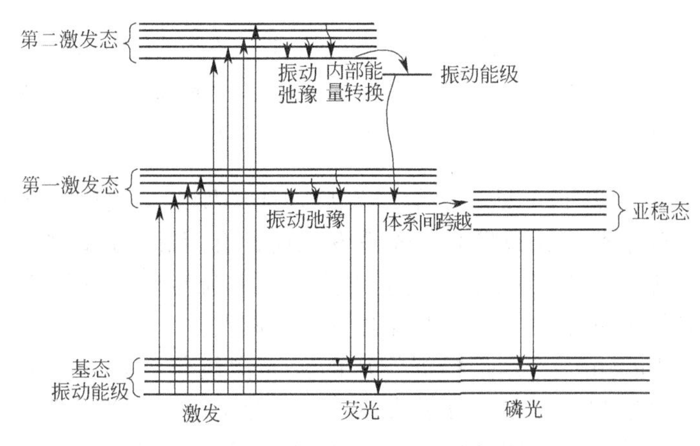

图 6-1 荧光和磷光产生示意图

在电子跃迁过程中，电子的自旋方向不发生改变，称分子处于单线激发态；伴有电子自旋方向的改变（自旋方向变为相同），称分子处于三线激发态。单线激发态与相应三线激发态的区别在于自旋方向不同及三线激发态的能级稍低一些。处于激发态的分子不稳定，可以通过多种方式失去能量。

处于激发态各振动能级的分子通过与溶剂分子的碰撞而将部分振动能量传递给溶剂分子，其电子则返回到同一电子激发态的最低振动能级，这种以非光辐射的形式释放能量的过程称为振动弛豫，振动弛豫只发生在同一电子能级内，如图 6-1 所示。

两个电子激发态之间的能量相差较小，激发态分子以无辐射方式失去部分能量，下降至电子第一激发态的最低振动能级，这种转移过程称为内部能量转换，如图 6-1 所示。

处于第一激发态的最低振动能级的电子（寿命为 10^{-9}～10^{-6}s），以发射一定波长的光的形式返回电子基态的任一振动能级，所发射的光称为荧光，如图 6-1 所示。

有些激发态分子通过振动弛豫和内部能量转换下降到第一激发态的最低振动能级

后，有可能经过无辐射方式失去部分能量转移至激发三线态的高振动能级上，这一过程称为体系间跨越，如图 6-1 所示。

处于激发三线态的电子存活一定时间（寿命为 10^{-3}～10s）后，以发射一定波长的光的形式返回电子基态的任一振动能级，所发射的光称为磷光，如图 6-1 所示。

显然，荧光的平均寿命很短，除去激发光源，荧光立即熄灭，磷光的平均寿命相对稍长一些。就光的能量而言，磷光＜荧光＜激发光；就光的波长而言，激发光＜荧光＜磷光。

请谈谈荧光和磷光的异同点。

二、荧光效率

荧光效率又称为荧光量子产率，是指激发态分子发射荧光的量子数与基态分子吸收激发光的量子数之比，通常用 φ_f 表示。

$$\varphi_f = \frac{\text{发射荧光的量子数}}{\text{吸收激发光的量子数}}$$

一般物质的荧光效率在 0～1。荧光效率是荧光物质的重要发光参数之一。一般来说，长共轭分子，如绝大多数芳香环和杂环物质，分子结构中具有长共轭的 π-π^* 跃迁，有较强的紫外吸收，能产生荧光。

有些物质虽然有较强的紫外吸收，但吸收的能量都以无辐射跃迁形式释放，荧光效率很低，所以没有荧光发射。比如，物质吸收光的能量之后，将能量消耗于与溶剂分子或其他溶液分子之间的相互碰撞等，因此就无法发出荧光。

三、影响荧光强度的因素

能够发射荧光的物质，必须同时具备两个条件，一是强烈吸收紫外-可见光，二是荧光效率足够大。荧光强度是指发射荧光的光量子数，其影响因素可以分为内部因素和外部因素。

1. 内部因素

荧光强度的大小与分子的结构有关。分子中 π 电子共轭程度越大，荧光效率越大，荧光强度越大，反之就越小。如蒽的荧光效率和荧光强度要高于萘和苯。

苯 $\varphi_f=0.11$　　萘 $\varphi_f=0.29$　　蒽 $\varphi_f=0.36$

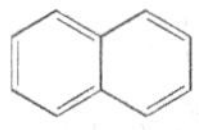

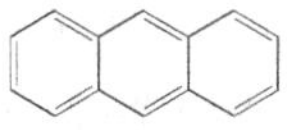

在同样的长共轭分子中，分子的刚性越强，共平面性越大，荧光效率越大，荧光强度越大，反之就越小。如芴的荧光效率和荧光强度要高于联苯。

联苯 $\varphi_f=0.2$　　芴 $\varphi_f=1.0$

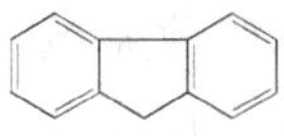

对于顺反异构体，顺式分子的两个基团在同一侧，由于位阻效应使分子不能共平面而没有荧光。例如，1,2-二苯乙烯的反式异构体有强烈荧光，而顺式异构体则没有荧光。

不产生荧光或荧光较弱的物质与金属离子形成配位化合物后，如果刚性和共平面性增强，那么就可以发射荧光或增强荧光。相反，如果原分子结构中共平面性较好，但由于空间位阻效应使分子共平面性下降后，则荧光减弱。

另外，在共轭体系上的取代基对荧光光谱和荧光强度也有很大影响，一般情况下，给电子取代基使荧光增强，吸电子取代基会使荧光减弱甚至破坏。对 π 电子共轭体系作用较小的取代基，对荧光影响不明显。

在实际工作中，为了测定弱荧光物质或无荧光的无机离子，可以让待测组分与某些荧光试剂作用，使之转化成为强荧光性产物进行测定。常见的荧光试剂有荧光胺、邻苯二甲醛、丹酰氯等。从而提高测定的灵敏度和选择性，扩大荧光分析法的应用范围。

2. 外部因素

分子所处的外界环境，如温度、酸度、溶剂、荧光熄灭剂等都会影响荧光效率，甚至影响分子结构及立体构象，从而影响荧光光谱的形状和强度。了解和利用这些因素的影响，可以提高荧光分析的灵敏度和选择性。

（1）温度　对于溶液的荧光强度存在显著的影响。一般情况下，随着温度的升高，溶液中荧光物质的荧光效率和荧光强度将降低。这主要是因为温度升高时，分子运动的速率加快，分子间的碰撞概率增加，使无辐射跃迁增大，从而降低了荧光效率。

（2）溶剂　同一物质在不同溶剂中，其荧光光谱的形状和强度都有差别。通常荧光波长随着溶剂极性的增强而长移，荧光强度也增大。

（3）pH 值　当荧光物质本身是弱酸或弱碱时，溶液的 pH 值对其荧光强度有较大的影响。主要是因为在不同 pH 值中分子和离子间的平衡改变，因此荧光强度也有差异。每一种荧光物质都有它最适宜的发射荧光的存在形式，即最适宜的 pH 值范围。例如，苯胺在 pH 值为 7～12 的溶液中主要以分子形式存在，由于—NH_2 是提高荧光效率的取代基，故苯胺分子会发出蓝色荧光。但在 pH$<$2 和 pH$>$13 的情况下均以离子形式存在，故不能发出荧光。

除此之外，还有荧光熄灭剂、散射光及激发光源等因素都能影响荧光的强度。所以，在使用荧光分析法时，应严格控制测定条件。

四、荧光强度与溶液浓度的关系

如前所述，荧光强度的大小与该溶液中荧光物质吸收光能的程度及荧光效率有关。实验证明，当激发光的波长、强度，测定用溶剂、温度等条件一定时，物质在低浓度范围内的荧光强度 F 与溶液中荧光物质的浓度 c 成正比。

$$F=2.3\varphi_f I_0 \varepsilon c L=Kc \tag{6-1}$$

式中　φ_f——荧光效率；

I_0——激发光的强度；

ε——荧光物质的摩尔吸收系数；

L——荧光物质溶液的液层厚度；

K——比例常数。

在一定条件下，上述各项均为常数。当溶液中荧光物质的浓度很小时，εcL 也很小，若 $\varepsilon cL \leqslant 0.05$ 时，则式(6-1) 成立，这就是荧光分析法用于物质定量分析的理论依据。

五、荧光光谱

能进行荧光分析的物质同时具有两张特征光谱，即激发光谱（excitation spectrum）和发射光谱（fluorescence spectrum）或称荧光光谱。

固定荧光波长不变，以不同波长的入射光激发荧光物质，记录激发波长 λ_{ex} 对应的荧光强度 F，绘制的 F-λ_{ex} 曲线，即为激发光谱，其形状与吸收光谱极为相似。

保持激发光的波长和强度固定不变，记录不同发射光（即荧光）波长 λ_{em} 对应的荧光强度 F，绘制 F-λ_{em} 曲线，即为荧光光谱。激发光谱与荧光光谱大体呈镜像关系。例如，硫酸奎宁的激发光谱和荧光光谱，见图 6-2。

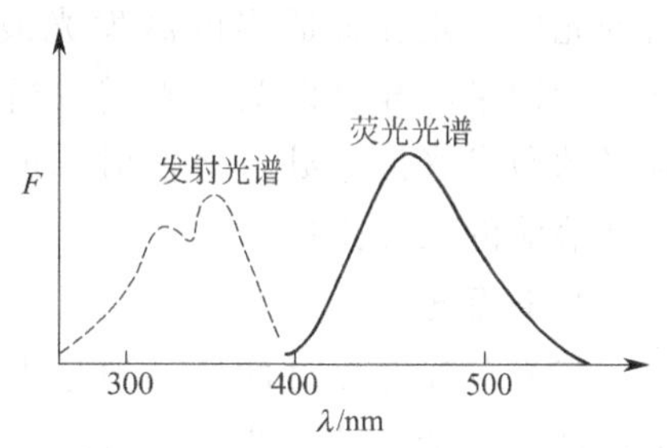

图 6-2　硫酸奎宁的激发光谱和荧光光谱

化合物的结构不同，其激发光谱和荧光光谱也不同，据此可以对物质进行定性鉴别。在定量分析时，可以利用激发光谱和荧光光谱选择最佳的激发光波长和测定光波长。

第二节　荧光分光光度计

荧光分光光度计是用于测量荧光强度的仪器装置，外观见彩色插图 6。主要由光源、激发单色器、样品池、荧光单色器、荧光检测器、放大器、记录与显色器等部件组成，如图 6-3 所示。

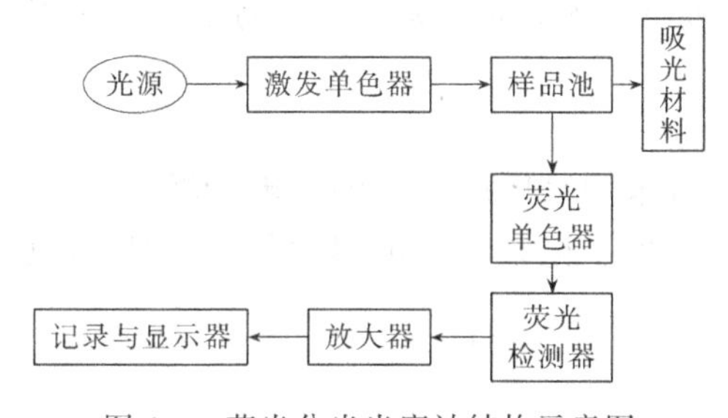

图 6-3　荧光分光光度计结构示意图

针对荧光检测器在光路中的位置，试比较荧光分光光度计与紫外-可见分光光度计有何不同。

一、主要结构

1. 光源

荧光分光光度计发射光源应具备辐射强度大、在所需光谱范围内有连续光源、光强平稳的特点。高压氙弧灯（即氙灯）所发射的谱线强度大，在 200～800nm 波长范围内为连续光谱，且在 300～400nm 波长的谱线强度几乎相等，能满足荧光分析的要求，是荧光分光光度计广泛采用的一种激发光源，宜连续使用，忌频繁启动。

2. 单色器

荧光分光光度计有两个单色器，分别是置于样品池之前的激发单色器和样品池之后的发射（即荧光）单色器。单色器的色散元件通常采用滤光片或光栅。当测定激发光谱时，将发射单色器的光栅固定在最适当的发射光波长处，让激发光单色扫描，检测各波长激发光对应的荧光强度，所记录的光谱即激发光谱；当测定荧光光谱时，将激发单色器的光栅固定在最适当的激发光波长处，让发射单色器扫描，检测不同波长的荧光强度，所记录的光谱即荧光光谱。当对试样溶液进行定量分析时，将激发单色器调节至所选择的激发光波长处，将发射单色器调节至所选择的荧光波长处，仪器测得的信号就是试样溶液的荧光强度。

3. 样品池

荧光分光光度计的样品池是由低荧光材料（常用石英）制成的四面透光的方形小杯子，这与其荧光的检测方向有关。样品池中的荧光物质吸收光能被激发后，向溶液的各个方向发射荧光，为避免透过溶液的激发光的干扰，常把检测器置于激发光垂直的方向，如图 6-3 所示。

知识拓展

荧光分析法测定灵敏度高

由于荧光分析法是测定很弱背景上的荧光强度，测定的灵敏度取决于检测器的灵敏度，只要检测器的灵敏度高，就可以测定很稀的溶液，因此，荧光分析法的灵敏度很高。而紫外-可见分光光度法测定的是透过光强度与入射光强度的比值，即使将光强度信号放大，其比值仍然不变，故荧光分析法的测定灵敏度高于紫外-可见分光光度法。

4. 检测器

即光电转换元件，通常采用灵敏度较高的光电倍增管。

荧光分光光度计的放大器、记录与显示器类似于紫外-可见分光光度计，此不赘述。

二、操作步骤

1. 开机

分别开启计算机和仪器主机。进入操作系统。预热 15～20min。

2. 选择测试模式

设置仪器参数和扫描参数。主要参数选项如下。①扫描模式是发射光谱或激发光谱或同步荧光。②数据模式是荧光测量或磷光测量或化学发光。③波长扫描范围。一是扫描荧光激发光谱：需设定激发光的起始/终止波长和荧光发射波长；二是扫描荧光发射光谱：需设定发射光的起始/终止波长和荧光激发波长；三是扫描同步荧光：需设定激发光的起始/终止波长和荧光发射波长。④扫描速度。⑤激发/发射狭缝。⑥光电倍增管负高压。⑦仪器响应时间。⑧设定输出数据信息、仪器采集数据的步长及输出数据的起始和终止波长。

3. 设置文件存储路径

略。

4. 扫描测试

（1）打开样品室盖，放入待测样品后，盖上盖子（请勿用力）。

（2）测试，窗口在线出现扫描谱图。

5. 数据处理

略。

6. 关机

（1）关闭运行软件，退出操作系统。

（2）约 10min 后，关闭仪器主机电源，即按下仪器主机左侧面板下方的黑色按钮（POWER）。目的是仅让风扇工作，使氙灯室散热。

（3）关闭计算机。

三、仪器类型

常用的荧光分光光度计有三个类型，即滤光片荧光计、滤光片-单色器荧光计和荧光分光光度计。滤光片荧光计的激发滤光片让激发光通过，发射滤光片常用截止滤光片，截去所有的激发光和散射光，只允许试样的荧光通过，这种荧光计不能测定光谱，但可用于定量分析。滤光片-单色器荧光计是用光栅代替发射滤光片，这种仪器不能测定激发光谱，但可测定荧光光谱。荧光分光光度计用两个光栅替代滤光片，这样，既可测量某一波长处的荧光强度，又可测定激发光谱和荧光光谱。

第三节　定量分析方法与实例

荧光分析法定量分析的理论基础是式(6-1)，即 $F=Kc$，所以，与紫外-可见分光法相似，常用的方法也是标准曲线法、对照品比较法和联立方程法等。

一、对照品比较法与实例

如果荧光分析法的标准曲线通过原点，就可以在其线性范围内用对照品比较法进行测定。具体做法是：取对照品溶液及其空白溶液与供试品溶液及其空白溶液适量，分别在相同条件下处理、测定其荧光强度，则有

$$F_{对照品}-F_{对照品,空白}=Kc_{对照品} \quad 和 \quad F_{供试品}-F_{供试品,空白}=Kc_{供试品}$$

$$c_{供试品}=\frac{F_{供试品}-F_{供试品,空白}}{F_{对照品}-F_{对照品,空白}}\times c_{对照品} \tag{6-2}$$

【例 6-1】《中国药典》2015 年版（二部）规定，测定利血平片的溶出度采用荧光分析法。因为利血平中的三甲氧基苯甲酰结构被氧化后产生的物质具有较高的荧光效率。测定时，精密量取对照品溶液与供试品溶液各 5mL，分别置具塞试管中，加无水乙醇 5.0mL、五氧化二钒试液 1.0mL，振摇后，在 30℃ 放置 1h，在激发光波长 400nm、发射光波长 500nm 处测定荧光强度，计算每片的溶出度。限度为标示量的

70%，应符合规定。

二、标准曲线法与实例

用荧光分析法测定某药品溶液时，如果其荧光强度与浓度完全符合 $F=Kc$ 关系，就可以用标准曲线法进行大批量测定，具体做法是：首先用对照品配制标准系列，选定空白溶液，设置测定参数，测定标准系列的荧光强度，绘制标准曲线。然后在相同条件下制备供试品溶液并测定荧光强度。最后根据供试品溶液的荧光强度，在标准曲线上找到对应的浓度即可。

在现代的实际工作中，通常使用的荧光分光光度计具有智能化的特点，不用人工记录数据和绘制标准曲线，测定非常简便快速。

知识拓展

荧光分析法的应用

在中药真伪鉴别和有效成分含量测定方面，荧光分析法有着独特优势。

药材不同，其化学成分不同，产生荧光的颜色亦有所不同，据此可用于药材真伪的鉴别；同一药物，有效化学成分的含量不同，产生荧光的强弱不同，据此可用于药物优劣的鉴别。如川牛膝显淡绿黄色荧光，其伪品红牛膝显红棕色荧光；再如三七粉末显亮黄绿色荧光，其伪品菊三七显土白色荧光。

中药的化学成分复杂，有效成分难以分离和进行含量测定，如果某中药的有效成分具有荧光而其他成分没有，则可以用荧光分析法测定其含量。

（闫冬良）

习　题

一、填空题

1. 最常见的光致发光现象是__________和__________。磷光辐射的能量比荧光更小，所以磷光的波长比荧光__________，磷光的寿命比荧光__________。
2. 能够发射荧光的物质，必须同时具备两个条件，一是__________，二是__________。
3. 激发光谱的形状与吸收光谱形状极为__________，荧光光谱的形状与激发光谱的形状，常形成__________。
4. 荧光分光光度计主要由__________、__________、__________、__________、__________、__________和__________组成。
5. 影响荧光强度的外部因素包括__________、__________、__________等。其中__________对于溶液的荧光强度有显著作用。
6. 荧光量子产率越__________，荧光强度越大。具有__________结构的物质有较高的荧光量子产率。
7. 荧光分析法的主要特点是__________和__________。

二、单项选择题

1. 分子荧光分析法比紫外-可见分光光度法选择性高的原因是（　　）。
   A. 分子荧光光谱为线状光谱，而分子吸收光谱为带状光谱
   B. 能发射荧光的物质比较少
   C. 荧光波长比相应的吸收波长稍长
   D. 荧光光度计有两个单色器，可以更好地消除组分间的相互干扰
   E. 分子荧光分析线性范围更宽
2. 荧光量子产率是指（　　）。
   A. 荧光强度与吸收光强度之比
   B. 发射荧光的量子数与吸收激发光的量子数之比
   C. 发射荧光的分子数与物质的总分子数之比
   D. 激发态的分子数与基态的分子数之比
   E. 物质的总分子数与吸收激发光的分子数之比
3. 激发光波长和强度固定后，荧光强度与荧光波长的关系曲线称为（　　）。
   A. 吸收光谱　　B. 激发光谱　　C. 荧光光谱　　D. 工作曲线　　E. 滴定曲线
4. 荧光波长固定后，荧光强度与激发光波长的关系曲线称为（　　）。
   A. 吸收光谱　　B. 激发光谱　　C. 荧光光谱　　D. 工作曲线　　E. 红外光谱
5. 荧光效率是指（　　）。
   A. 荧光强度与吸收光强度之比
   B. 发射荧光的量子数与吸收激发光的量子数之比
   C. 发射荧光的分子数与物质的总分子数之比
   D. 激发态的分子数与基态的分子数之比
   E. 荧光强度与溶液浓度之比
6. 一种物质能否发出荧光主要取决于（　　）。
   A. 分子结构　　B. 激发光波长　　C. 溶液温度
   D. 溶剂的极性　　E. 激发光强度
7. 下列说法正确的是（　　）。
   A. 荧光发射波长永远大于激发波长　　B. 荧光发射波长永远小于激发波长
   C. 荧光光谱形状与激发波长相同　　D. 荧光光谱形状与激发光谱形状相似
   E. 在一定条件下，稀溶液的荧光强度与荧光物质的浓度成反比
8. 下列因素能够导致荧光效率下降的有（　　）。
   A. 激发光强度增大　　B. 溶剂极性变小
   C. 溶液的温度降低　　D. 溶剂极性变大
   E. 分子中的共轭体系增加
9. 为使荧光强度和荧光物质溶液的浓度成正比，必须使（　　）。
   A. 激发光足够强　　B. 吸收系数足够大　　C. 试液浓度足够稀
   D. 仪器灵敏度足够高　　E. 仪器选择性足够好
10. 荧光分光光度计与紫外分光光度计的主要区别在于（　　）。
   A. 光源　　B. 光路　　C. 单色器　　D. 检测器　　E. 吸收池

11. 荧光分光光度计常用的光源是（　　）。

A. 空心阴极灯　B. 能斯特灯　C. 钨灯　D. 硅碳棒　E. 氙灯

12. 荧光物质的荧光强度与该物质的浓度呈线性关系的条件是（　　）。

A. 激发光为复合光　B. 样品池厚度一定

C. 入射光强度 I_0 一定　D. $\varepsilon cL \leqslant 0.05$

E. 激发光波长与荧光波长相等

三、简答题

1. 荧光和磷光的主要区别是什么？何谓荧光效率？
2. 荧光物质的分子结构特点是什么？分子结构对荧光强度有哪些影响？

四、计算题

用荧光分析法测定复方炔诺酮片中炔雌醇的含量时，取供试品 20 片（每片含炔诺酮应为 0.66mg，含炔雌醇应为 31.5～38.5μg），研细溶于无水乙醇中，稀释至 250mL，滤过，取滤液 5mL，稀释至 10mL，在激发波长 285nm 和发射波长 307nm 处测定荧光强度。如炔雌醇对照品的乙醇溶液（1.4μg/mL）在同样测定条件下荧光强度为 65，则合格片的荧光读数应在什么范围内？

第七章 原子吸收分光光度法

重点知识

原子吸收法及特点；原子吸收光谱的产生及展宽的主要因素；定量分析基础；测量峰值吸收系数的原因；原子吸收分光光度计基本结构及作用；原子化器的分类；灵敏度；检出限；定量分析方法。

原子吸收分光光度法（atomic absorption spectrophotometry，AAS），简称原子吸收法，它是基于由光源发射的待测元素特征谱线通过试样气态原子蒸气时，被蒸气中待测元素的基态原子所吸收，根据特征谱线的透射光强度减弱程度以求得供试品中待测元素含量的分析方法。它是20世纪60年代发展起来的一种仪器分析方法。

1802年，伍朗斯顿（W. H. Wollaston）在研究太阳连续光谱时，曾指出在太阳连续光谱中存在着许多条暗线。1817年，弗兰霍夫（J. Fraunhofer）在研究太阳连续光谱时，再次发现了这些暗线，由于当时尚不了解产生这些暗线的原因，于是就将这些暗线称为弗兰霍夫。1859年，本生（R. Bunson）与科尔希霍夫（G. Kirchoff）研究发现太阳连续光谱中的暗线，正是太阳外围大气圈中的钠原子对太阳光谱中的钠辐射吸收的结果。1955年，澳大利亚的物理学家沃尔什（A. walas）发表著名论文《原子吸收光谱在化学分析中的应用》，奠定了此方法的理论基础——峰值吸收系数与待测原子浓度存在线性关系。1959年，里沃夫提出电热石墨炉原子化技术，提高了原子吸收的灵敏度。1965年，威利斯（J. B. Willis）成功地将氧化亚氮-乙炔用于火焰原子化法，测定的元素由30多种扩大到70多种。之后，随着计算机技术的引入，自动化水平和智能化程度不断提高，原子吸收法得到了飞速的发展。

依据原子化方法不同，原子吸收法主要分为火焰原子吸收法、非火焰原子吸收法和低温原子吸收法三类，主要有以下特点。

1. 灵敏度高

火焰原子化法灵敏度是10^{-9}～10^{-6}g数量级，无火焰高温石墨炉法绝对灵敏度可达10^{-14}～10^{-10}g数量级。所以原子吸收法非常适用于痕量分析，特别是药物分析、临床检验和环境分析中各种元素的痕量分析。

2. 精密度好

火焰原子化法相对标准偏差一般可达1%，无火焰高温石墨炉法相对标准偏差一般可达5%，如果采用自动进样器，相对标准偏差可达3%以下。

3. 选择性高

一般不存在共存元素的光谱干扰，主要来自化学干扰。样品只需简单处理，就可直接进行测定，从而避免复杂的分离和富集。

4. 分析速度快

使用自动进样器，每小时可测定几十个样品。

5. 应用范围广

可测定的元素已达73种。既可测定低含量和主含量元素，又可测定微量、痕量甚至超痕量元素。既可直接测定金属元素，又可间接测定某些非金属元素和有机化合物。广泛应用于药物分析、临床检验、卫生检验、食品检验、环境分析、石油化工、地质、冶金等领域。

原子吸收法的劣势主要有二：一是现在还不能测定共振线处于真空紫外区域的元素，如磷、硫等；二是标准曲线的线性范围窄（一般小于2个数量级范围），这给实际分析工作带来不便。

原子吸收法的优缺点是什么？

第一节 基本原理

一、气态基态原子的产生

试样溶液进入仪器的原子化器后，待测元素被原子化，主要过程有雾化、干燥、蒸发、离解，试样中的待测元素转化为气态的基态原子。以金属盐MX为例，原子化过程示意如下：

MX（试样溶液）$\xrightarrow{\text{雾化}}$ MX（雾粒）$\xrightarrow{\text{干燥}}$ MX（干气溶胶）$\xrightarrow{\text{蒸发}}$ MX（气态）$\xrightarrow{\text{离解}}$ M（基态原子）

基态原子在高温下还可进一步发生激发和电离作用，生成激发态原子和离子。

虽然激发过程需要的能量较低，但是在原子吸收法中，大多数元素的特征谱线都低于600nm，原子化温度一般小于3000K，激发态原子数与基态原子数之比，数值绝大部分在10^{-3}以下，因此，激发态原子数可以忽略不计，基态原子数近似等于待测元素的总原子数。

电离过程需要的能量较高，电离使原子吸收分析的灵敏度降低。因此，在试样原子化过程中，要控制适当的温度，既使待测元素的原子有效转变为基态原子，又要避免电离的发生。

二、原子吸收光谱的产生

原子吸收是原子受激吸收跃迁的过程。试样溶液在高温（火焰或非火焰）作用下产生气态原子蒸气（主要是基态原子），当入射光源通过原子蒸气时，基态原子从光源辐射中吸收能量，原子外层电子由基态跃迁至激发态，产生共振吸收，从而产生原子吸收光谱。

原子外层电子从基态跃迁至第一激发态时，产生的吸收谱线称为共振吸收线，反之则称为共振发射线。由于共振吸收线所需能量最低，最容易发生，产生的共振吸收最强。又由于每种元素的原子结构和外层电子排布不同，从基态跃迁至第一激发态所需能量不同，产生的共振吸收线不同，因此，共振吸收线是大多数元素所有吸收谱线中最灵敏的谱线，它是元素的特征谱线，原子吸收法常用元素的特征谱线作为分析线进行定量分析。

简述原子吸收光谱产生的过程？共振吸收线的定义是什么？共振吸收线为什么是元素的特征谱线？简述它在原子吸收法中的应用？

三、原子吸收谱线的轮廓与谱线展宽

原子吸收光谱是线状光谱，但是原子吸收谱线并不是严格几何意义上的线，有一定的宽度，只是宽度很窄。原子吸收（或发射）谱线的轮廓，用中心频率和半宽度表征。

以吸收系数（K_ν）为纵坐标，频率（ν）为横坐标，作图所得曲线为原子吸收谱线的轮廓。如图 7-1 吸收线所示。曲线中，吸收系数极大值对应的频率为中心频率（ν_0），取决于原子的能级分布特征；中心频率处的吸收系数为峰值吸收系数（K_0）；峰值吸收系数一半处吸收曲线的宽度为半宽度（$\Delta\nu$）。

以发射系数（I_ν）为纵坐标，频率（ν）为横坐标，作图所得曲线为原子发射谱线的轮廓。如图 7-1 发射线所示。曲线中，发射系数极大值对应的频率为中心频率（ν_0），中心频率处的吸收系数为峰值吸收系数（I_0）；峰值吸收系数一半处发射曲线的宽度为半宽度（$\Delta\nu$）。

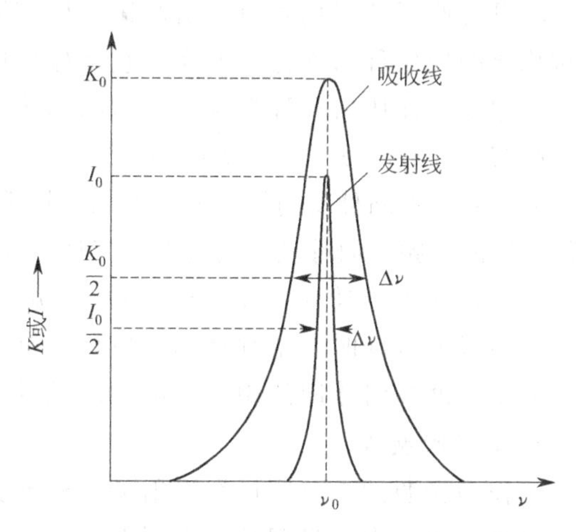

图 7-1 原子吸收谱线和原子发射谱线

比较原子吸收谱线与原子发射谱线的轮廓可知，2 个谱线的中心频率重合，且发射谱线的半宽度比吸收谱线的半宽度小得多。

影响原子吸收谱线展宽的主要因素有以下几种。

1. 自然宽度（$\Delta\nu_N$）

无同位素效应和外界因素影响下谱线的宽度称为自然宽度。它与激发态原子的寿命有关，激发态原子的平均寿命越短，原子吸收谱线自然宽度越宽，通常自然宽度约为

10^{-5}nm 数量级，与谱线的其他展宽因素相比，可以忽略不计。

2. 热展宽（$\Delta\nu_D$）

当试样溶液的待测元素在火焰或石墨炉里，气态的基态原子处于无规则的热运动中，这种运动着的气体原子产生的多普勒效应，引起谱线展宽的现象称为热展宽，又称为多普勒（Doppler）展宽。热展宽随温度升高、待测元素的原子量减小、吸收波长的增大而增宽。大多数元素的热展宽约为 10^{-3}nm，是谱线展宽的主要因素。对于光源发射谱线的热展宽应尽量减小。而对于待测元素的基态原子的吸收谱线，只要中心频率不发生位移，热展宽对分析结果影响不大。

知识拓展

多普勒效应

多普勒展宽是运动波源（运动着的原子发出的光）表现出来的频率位移效应。当运动波源“背离”检测器运动时，被检测到的频率较静止波源发出的频率低；当运动波源“向着”检测器运动时，被检测到的频率较静止波源发出的频率高，此即多普勒效应。

3. 碰撞展宽（又称压力展宽）

待测元素的原子间或与其他粒子（原子、分子、离子、电子等）发生碰撞，引起谱线展宽的现象称为碰撞展宽。它又分为两种。

（1）洛伦兹（Lorentz）展宽（$\Delta\nu_L$）　待测元素的原子与其他粒子发生碰撞，缩短了激发态原子的平均寿命，引起谱线展宽同时发生频移（即谱线的中心频率位移）和非对称化的现象称为洛伦兹展宽。它是碰撞展宽的主要部分。

它受气体压力和种类两个因素的影响。它与气体压力成正比，当气体压力增大，谱线频移，吸收强度下降，谱线展宽，约为 10^{-3}nm。若此时在中心频率处测量，可产生较大的误差。不同种类的气体影响不同，较重的气体（相对分子质量大），如氩气、氮气等，使谱线向低频方向移动，而较轻的气体（相对分子质量小），使谱线向高频方向移动。

（2）赫尔兹马克（Holtzmark）展宽（$\Delta\nu_R$）　待测元素的原子间发生非弹性碰撞，引起谱线展宽同时发生频移的现象称为赫尔兹马克展宽，也称为共振展宽。它只有在待测元素浓度高时才起作用，一般测定条件下可忽略不计。

4. 自吸展宽

作为光源的空心阴极灯发射的待测元素的特征谱线被灯内同种原子所吸收的现象称为自吸现象，由自吸现象引起的谱线展宽称为自吸展宽。灯电流越大，自吸展宽越严重。如果合理选择灯电流，自吸展宽影响很小。

在通常的实验条件下，原子吸收谱线的轮廓主要受多普勒展宽和洛伦兹展宽的影响。当用火焰原子吸收法时，洛伦兹展宽为主要因素；当用非火焰原子吸收法时，因在低压或真空条件下，待测元素的原子与其他粒子发生碰撞概率很小，则主要受多普勒展宽的影响。

原子吸收谱线展宽的主要因素有哪些？

四、原子吸收法定量分析基础

知识拓展

积分吸收系数与峰值吸收系数

在原子吸收谱线轮廓内，吸收系数的积分称为积分吸收系数，数学表示为 $\int K_{\nu} d\nu$，即图 7-1 中吸收线曲线下面积。在一定的条件下，$\int K_{\nu} d\nu = KN_0$，即积分吸收系数与单位体积原子蒸气中吸收辐射的待测元素的基态原子数 N_0 成正比，这是原子吸收法定量分析的基础，只要测得积分吸收系数，即可计算出待测元素的含量。但是，由于原子吸收谱线很窄，半宽度约为 10^{-3}nm，测量积分吸收系数需要单色器的分辨率达 50 万以上的色散元件，这是长期以来未能实现测量积分吸收系数的原因，这也是 100 多年前就已经发现原子吸收现象，却一直未能用于仪器分析的原因。虽然现代科技已经解决了积分吸收系数测量的技术问题，但是，为了降低成本，仍用低分辨率的色散元件。

1955 年澳大利亚的沃尔什从理论上解决了上述困难。他提出用测量峰值吸收系数代替测量积分吸收系数。他认为，用发射谱线的半宽度比吸收谱线的半宽度小得多的锐线光源（即空心阴极灯），并且发射线与吸收线的中心频率相一致时，便可测出峰值吸收系数。实践证明，在火焰温度低于 3000K 的恒定温度下，峰值吸收系数 K_0 与单位体积原子蒸气中吸收辐射的待测元素的基态原子数 N_0 成正比。

在实验条件一定时，原子吸收法常用的定量分析公式为

$$A = Kc \tag{7-1}$$

即峰值吸收系数测量的吸光度（A）与供试品中待测元素的浓度（c）呈线性关系。式(7-1) 中 K 为常数。

第二节　原子吸收分光光度计

原子吸收分光光度法所用仪器称原子吸收分光光度计，外观见彩色插图 7。它与紫外-可见分光光度计的结构基本相同，只是光源用空心阴极灯的锐线光源代替了连续光源，吸收池用原子化系统代替，因此，它主要由锐线光源、原子化系统、单色器和检测系统 4 个部分组成，如图 7-2 所示。

一、基本结构

（一）锐线光源

锐线光源的作用是发射待测元素基态原子所吸收的特征谱线。它必须满足以下要求：①发射谱线半宽度要窄，一般小于 0.02nm；②发射谱线强度稳定，30min 漂移不超过 1%；③发射谱线强度大，背景小，低于特征谱线强度的 1%；④结构牢固，寿命长，在正常使用条件下，保证工作寿命在 5000mA·h 以上。

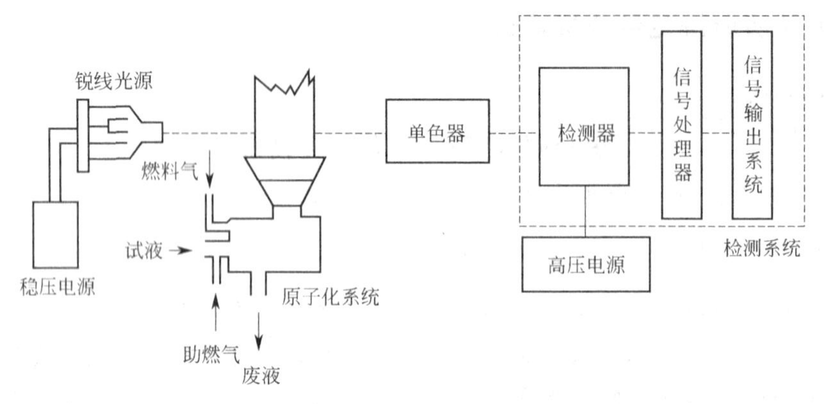

图 7-2 原子吸收分光光度计结构示意图

空心阴极灯、蒸气放电灯、高频无极放电灯及可调激光器等均符合上述要求。其中应用最广泛的是空心阴极灯。

空心阴极灯是一种低压气体放电管，如图 7-3 所示，主要有阳极和空腔圆筒形的阴极。阳极由钨棒或钛棒制成，上端连有钛、锆、钽等吸气性金属。阴极由待测元素的纯金属或合金制成。两电极密封于带有石英窗的硬质玻璃管内，管中充有低压惰性气体，常用氖或氩。当两极间加上 200～500V 电压时，电子由阴极高速射向阳极，途中遇管内的惰性气体原子发生碰撞，使部分惰性气体原子电离为正离子，便开始辉光放电。正离子在电场作用下飞向阴极，轰击阴极表面的待测元素的原子，使其以激发态的形式溅射出来，处于激发态的原子很不稳定，当它返回基态时，发射出待测元素的特征谱线。阴极只有一种元素，称为单元素空心阴极灯；当有多种元素时，称为多元素空心阴极灯。

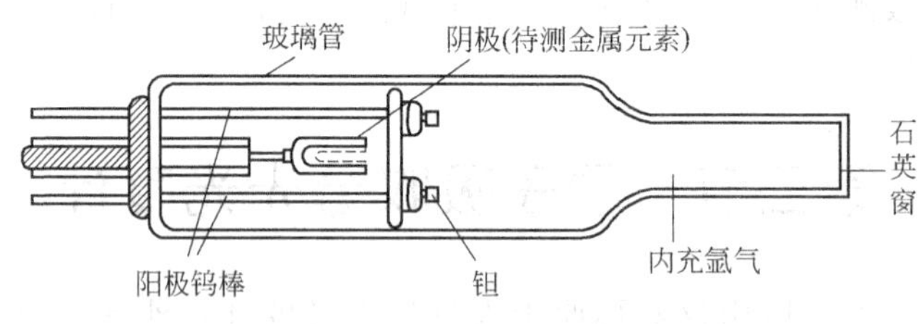

图 7-3 空心阴极灯结构示意图

（二）原子化系统

原子化系统又称原子化器，其作用是提供能量，使待测元素转化为能吸收特征谱线的气态基态原子。它使试样干燥、蒸发并原子化，影响测定的灵敏度和准确度，是原子吸收分光光度计中关键部件。对其要求如下：①灵敏度高，使试样原子化的效率尽可能高，并且基态原子在测定区内要有适当长的停留时间；②准确度高且记忆效应要小；③稳定性高，数据重现性好，背景及噪声要小；④前一份样品不影响后一份样品的测定。

原子化系统主要分为火焰原子化系统和非火焰原子化系统两大类。此外，还有低温原子化系统，主要有氢化物原子化系统和冷蒸气发生器原子化系统。

1. 火焰原子化系统

火焰原子化系统的作用是将试样溶液雾化成气溶胶后，气溶胶与燃气混合，进入燃烧的火焰中，试样被干燥、蒸发、离解，其中的待测元素转化为气态的基态原子。它结构简单、操作方便、快速，重现性和准确度都比较好，对大多数元素都有较高的灵敏度，适用范围广。

火焰原子化系统分全消耗型和预混合型两种类型。全消耗型燃烧系统将试液直接喷入火焰进行原子化。预混合型燃烧系统是先将试液的雾滴、燃气和助燃气在进入火焰前，于雾化室内预先混合均匀，然后再进入火焰进行原子化。它气流稳定，噪声小，原子化效率较高，所以一般仪器都采用。它主要由雾化器、雾化室和燃烧器三个部分组成。如图 7-4 所示。

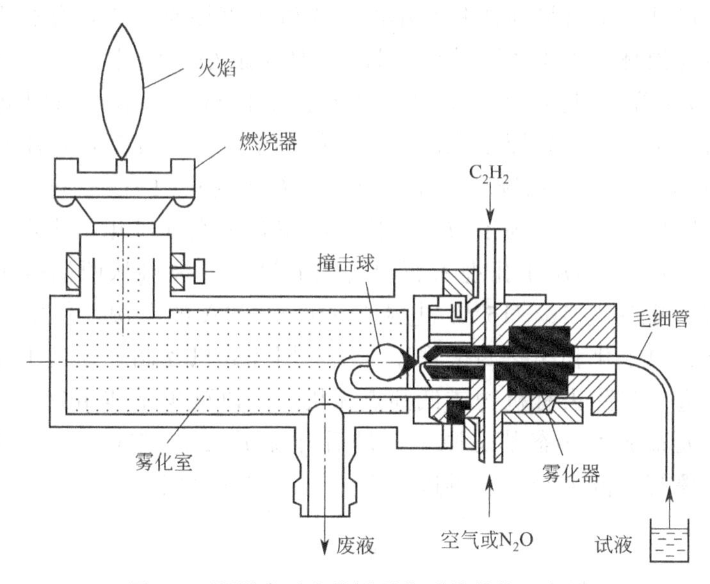

图 7-4 预混合型火焰原子化系统结构示意图

(1) 雾化器 雾化器的作用是将试样溶液雾化，使其在火焰中产生更多的基态原子。它是火焰原子化系统的重要部件。要求雾化器喷雾稳定、雾滴微小而均匀以及雾化效率高。目前普遍采用的是同心型雾化器，它的雾化效率一般为 5%～15%，这是影响火焰原子化法灵敏度和检出限低的主要原因。雾化器采用特种不锈钢或聚四氟乙烯塑料制成，其中毛细管则多用贵金属（铂、铱、锗）的合金制成，能耐腐蚀。

(2) 雾化室 雾化室的作用是使雾粒进一步雾化，同时与燃气、助燃气均匀混合后进入燃烧器。其中较大的雾滴凝结在壁上，经预混合室下方废液管排出，而较细的雾滴则进入火焰中。

(3) 燃烧器 燃烧器的作用是产生火焰，使试样气溶胶原子化。它用不锈钢、金属钛等耐腐蚀、耐高温的材料制成，有孔型和长缝型两种。长缝型又有单缝和三缝两种。最常用的两种规格的单缝燃烧器，一种是适用乙炔-空气火焰的 100mm×0.5mm 单缝燃烧器，另一种是适用乙炔-氧化亚氮火焰的 50mm×0.5mm 单缝燃烧器。燃烧器可以旋转一定的角度以获得最合适的吸收光程长度，它的高度也能上下调节以获得最大的吸收灵敏度。燃烧器应具有原子化效率高、火焰稳定、噪声小、热效应好、耐腐蚀和燃烧安全等特点，以保证测定的灵敏度和精密度。

在火焰原子化法中，火焰是使试样中的待测元素原子化的能源。火焰应有适当高的温度，使之既能保证待测元素原子化，又要尽量避免发生电离和激发。同时要求火焰的燃烧速度适中，使基态原子在火焰中有较长的停留时间。Ph、Cd、Zn、Sn、碱金属及碱土金属等元素，应使用低温且燃烧速度较慢的火焰。而对易生成耐高温难离解化合物的元素（如 Al、V、Mo、Ti 及 W 等）应使用氧化亚氮-乙炔高温火焰。

2. 非火焰原子化系统

非火焰原子化系统有许多种，如电热高温石墨管、石墨粉润、阴极溅射等离子体、激光等。下面对应用较多的电热高温石墨管原子化系统作简单介绍。实际上，它是一个电加热装置，利用电能加热盛放样品的石墨容器，使之达到高温，以实现试样的蒸发和原子化。它的特点是：①试样在体积很小的石墨管里直接原子化，有利于难熔氧化物的分解，固体样品与液体样品均可直接应用；②取样量小（固体 0.1～10mg，液体 1～50μL)，原子化效率高，可达 100%；③原子在测定区域的有效停留时间长，测定灵敏度高；④测定精度稍差于火焰原子化法，有强的背景，设备复杂，费用较高。

电热高温石墨管原子化系统如图 7-5 所示。石墨管中央有一小孔，直径 1～2mm，试样用微量注射器从此注入，为了防止试样及石墨管被空气氧化，测定时要不断地通入惰性气体（氮或氩）。气体从小孔进入石墨管，通过铜电极再从两端排出。通过铜电极向石墨管两端提供电压为 10～15V、电流为 400～600A 的电源，供电加热试样。测定时分干燥、灰化、原子化和净化四个程序升温，用计算机控制。通过干燥先蒸发试液的溶剂；然后灰化进一步除去有机物或低沸点无机物，以减少基体组分对测定的干扰；之后原子化使待测元素成为气态基态原子；最后升温至大于 3000℃ 的高温数秒钟，以除去残渣，净化石墨管。流水冷却后再进行下一个试样的测定。

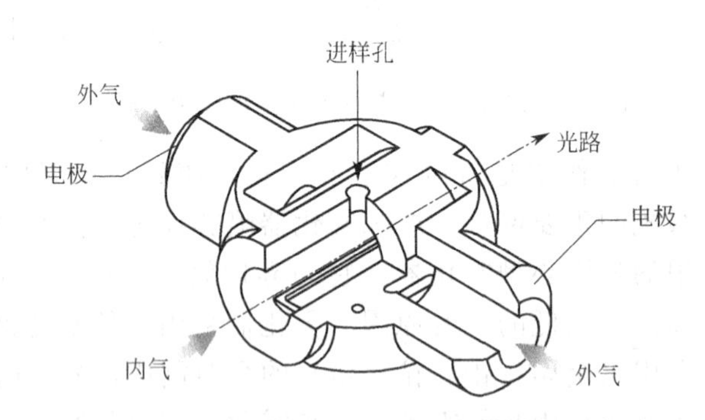

图 7-5　电热高温石墨管原子化系统结构示意图

（三）单色器

单色器的作用是将待测元素的特征谱线和邻近谱线分开。因为在原子吸收所用的光源发射谱线中，除了待测元素的特征谱线外，还有该元素的其他非吸收线，以及充入气体、杂质元素和杂质气体的发射谱线。如果不将它们分开，测定时就要受到干扰。为了阻止来自原子化器的所有辐射不加选择地都进入检测器，单色器通常配置在原子化器以后的光路中，波长范围为 190～900nm 的紫外-可见光区。单色器有多种形式，单色器中的关键部件是色散元件，现多用光栅。

（四）检测系统

检测系统的作用是将单色器分出的光信号转换成为电信号，经信号处理器处理后，由信号输出系统显示分析结果。它主要由检测器、信号处理器和信号输出系统三部分组成。原子吸收分光光度计常用光电倍增管作为检测器，使用时，不要让太强的光照射，否则会引起“疲劳效应”，使检测灵敏度降低。新仪器也用电荷耦合器件（CCD）、电荷注入器件（CID）和光电二极管阵列等其他类型的检测器。

知识拓展

原子吸收仪器的新技术

随着原子吸收技术的发展，推动了原子吸收仪器的不断更新和发展，而其他科学技术进步，为原子吸收仪器的不断更新和发展提供了技术和物质基础。近年来，塞曼效应和自吸效应扣除背景技术的发展，使原子吸收在很高背景下可顺利的测定。基体改进技术的应用、平台及探针技术的应用以及在此基础上发展起来的稳定温度平台石墨炉技术（STPF）的应用，使原子吸收法对许多复杂组成的试样有效地实现原子吸收测定。用连续光源和中阶梯光栅，结合使用光导摄像管、二极管阵列多元素分析检测器，设计制成了微机控制的原子吸收分光光度计，为解决多元素同时测定开辟了新的前景。联用技术（色谱-原子吸收联用、流动注射-原子吸收联用）日益受到人们的重视。特别是色谱-原子吸收联用，不仅在元素的化学形态分析，而且在有机化合物的复杂混合物分析，均有重要的用途，是一个非常有前途的发展方向。

二、操作步骤

1. 火焰原子吸收分光光度计

（1）开机　安装待测元素的空心阴极灯，打开电源开关，开主机开关，打开计算机，进入仪器工作界面。

（2）开空气压缩机开关，开乙炔气钢瓶开关。

（3）编辑仪器操作方法　打开空心阴极灯，调整灯的位置及电流强度。设定空气及乙炔气体流量。点火，调整燃烧头位置。选择测定方法，如标准曲线法，输入标准溶液的浓度。输入试样溶液信息。

（4）测试　先测空白溶液，再测标准溶液，最后测定供试品溶液。打印分析结果。

（5）关机　用超纯水洗涤进样管路，关火，关灯，关乙炔气钢瓶开关，关空气压缩机开关，退出仪器工作界面。关计算机。关主机。关电源开关。

2. 非火焰原子吸收分光光度计

（1）开机　安装待测元素的空心阴极灯，打开电源开关，开主机开关，打开计算机，进入仪器工作界面。

（2）开氩气钢瓶开关，开循环冷却水开关。

（3）编辑仪器操作方法　打开空心阴极灯，调整灯的位置及电流强度。设定氩气流量及压力。调整石墨炉及进样针的位置。选择测定方法，如标准曲线法，输入标准溶液的浓度。输入试样溶液信息。

（4）测试　先测空白溶液，再测标准溶液，最后测定供试品溶液。打印分析结果。

（5）关机　用超纯水洗涤进样管路，关氩气钢瓶开关，关循环冷却水开关，关灯，退出仪器工作界面。关计算机。关主机。关电源开关。

3. 原子吸收分光光度计的使用注意事项

（1）空心阴极灯安装或取放时，应拿灯座。测定完毕，空心阴极灯冷却后，才能取下。空心阴极灯应定期检查质量，用光谱扫描法测定光强、背景及稳定性，定性检查灯的辉光颜色，测定灵敏度。对于单光束仪器空心阴极灯预热 20～30min 后，方可使用。

（2）火焰原子吸收分光光度计应定期清洗雾化室和燃烧头，检查撞击球是否缺损和毛细管是否堵塞。检查管路是否漏气，气体钢瓶及表头是否正常。

（3）非火焰原子吸收分光光度计更换石墨管时，要清洗石墨锥的内表面。新的石墨管安装后，要进行热处理，即空烧。对基体较复杂的试样，要进行灰化处理。为获得最佳性能，热解石墨管的原子化温度一般不应超过 2650℃。定期检查管路是否漏气或漏水，气体钢瓶及表头是否正常。

（4）对照品溶液和供试品溶液的浓度应在线性范围内，用超纯水配制溶液。

（5）标准溶液应在国家指定部门购买，使用时不要超过保质期。

（6）实验室应保持清洁，防止供试品及器皿被污染。

三、主要性能指标

1. 灵敏度（s）

灵敏度是标准曲线的斜率。在原子吸收法中，常用 1%吸收灵敏度表示，称为特征灵敏度。它是指能产生 1%吸收（即吸光度为 0.0044）信号时所对应的待测元素的浓度或质量。

火焰原子吸收分光光度计，特征灵敏度以特征浓度 s_c 表示。

$$s_c=\frac{0.0044c_x}{A} \tag{7-2}$$

式中，c_x 为待测元素的原子浓度，单位为 μg/mL；A 为其对应的吸光度平均值；s_c 单位为 μg/(mL·1%)。

非火焰原子吸收分光光度计，特征灵敏度以特征质量 s_m 表示。

$$s_m=\frac{0.0044m_x}{A} \tag{7-3}$$

式中，m_x 为待测元素质量，单位为 ng 或 pg；A 为其对应的吸光度平均值；s_m 单位为 ng 或 pg/1%。

特征浓度或特征质量越小，灵敏度越高。影响灵敏度的主要因素有：待测元素本身的性质、仪器性能（包括光源特性、单色器的分辨率、检测器的灵敏度等）及实验条件。当待测元素和实验条件一定时，灵敏度只与仪器性能有关。

2. 检出限

检出限是原子吸收分光光度计很重要的综合性指标，它既反映仪器质量和稳定性，也反映仪器对某元素在一定条件下的检测能力。

检出限是指在给定的分析条件和某一置信水平下可被检出的最低浓度（c_L）或最小质量（m_L）。一般推荐，连续测量 10 次以上空白溶液吸光度的标准差（σ）的 3 倍时，对应的待测元素的浓度或质量，单位分别为 μg/mL、g（或 μg），计算公式如下。

$$c_L=\frac{c\times 3\sigma}{\bar{A}}\text{或}m_L=\frac{m\times 3\sigma}{\bar{A}} \tag{7-4}$$

检测限越低，说明仪器的性能越好，对待测元素的检出能力越强。

四、仪器类型

原子吸收分光光度计按照光束数分为单光束原子吸收分光光度计和双光束原子吸收分光光度计。

1. 单光束原子吸收分光光度计

单光束原子吸收分光光度计光路系统结构简单、价格低廉、便于维护，共振吸收线在传播过程中光能量损失较小，单色器能获得较大光亮度，检测系统接收到的信号较强，检测灵敏度高。如图 7-6 所示。其缺点是不能消除因空心阴极灯辐射不稳定性引起的仪器基线漂移，空心阴极灯要预热一定时间，待稳定后才能测定，影响分析速度。

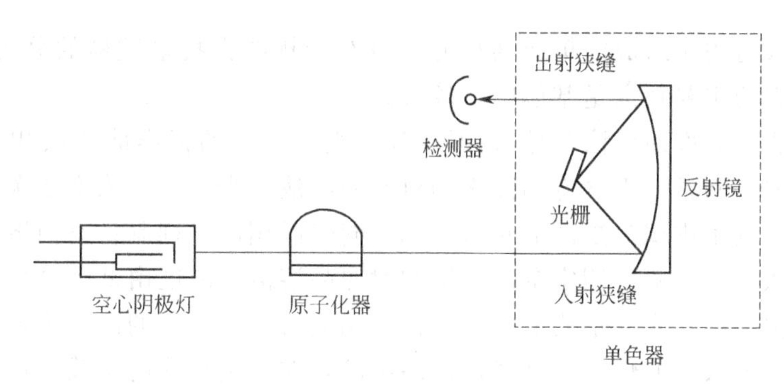

图 7-6　单光束原子吸收分光光度计光路示意图

2. 双光束原子吸收分光光度计

双光束原子吸收分光光度计将空心阴极灯光源发出的光束分为两束。其中一束光通过原子化器，称为试样光束；另一束光则不通过原子化器，称为参比光束，两束光交替由同一光路分别进入单色器和检测系统。如图 7-7 所示。由于两束光来自于同一光源，检测系统输出的信号又是这两束光的信号差，因此，光源不稳定产生的基线漂移及检测器灵敏度的变动，都由于参比光束的作用得到补偿，使仪器的信噪比提高，检测限降低，测定的精密度和准确度均比单光束原子吸收分光光度计高。又由于空心阴极灯光源不需要预热就能进行分析，提高了分析速度，延长了空心阴极灯的使用寿命。其缺点是仍不能消除原子化器的不稳定和背景吸收的影响，结构复杂，价格昂贵。此外，由于空心阴极灯光源发出的光束被分为两束，共振吸收线在传播过程中光能量减弱一半，从而使测定的灵敏度降低。

比较原子吸收分光光度计与紫外-可见分光光度计有哪些不同？

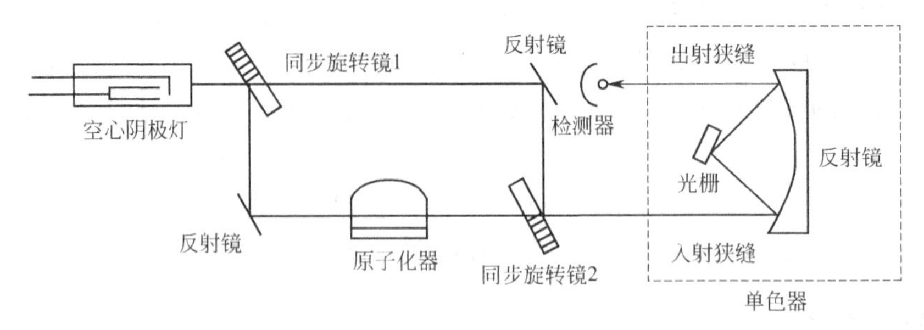

图 7-7 双光束原子吸收分光光度计光路示意图

第三节 定量分析方法与实例

原子吸收法定量分析方法较多，《中国药典》2015 年版（四部）收录的方法是标准曲线法和标准加入法。

一、标准曲线法与实例

标准曲线法适用于组成简单或共存元素没有干扰的大批量试样的分析，具有简单、快速的特点。它的主要缺点是基体影响较大。

原子吸收法的标准曲线法与紫外-可见分光光度法中的标准曲线法相似。在仪器推荐的浓度范围内，制备一组含待测元素的对照品溶液至少 3 份，浓度依次递增，并分别加入各品种项下制备供试品溶液的相应试剂，同时以相应试剂制备空白溶液。将仪器调节在最佳测定条件下，依次测定空白溶液和对照品溶液（浓度由低到高）的吸光度，每一溶液测定 3 次，以吸光度平均值为纵坐标，相应对照品溶液的浓度为横坐标，绘制标准曲线。按各品种项下的规定，制备供试品溶液，在完全相同的实验条件下，测定供试品溶液 3 次，取吸光度平均值，从标准曲线上查得相应的浓度，计算待测元素的含量。

【例 7-1】《中国药典》2015 年版（二部）中口服补液盐散（Ⅱ）的钾和总钠的含量测定。

供试品储备溶液的制备，精密量取本品约 3.7g，置 100mL 容量瓶中，加超纯水溶解并稀释至标线，摇匀；精密量取 2mL，置 100mL 容量瓶中，用超纯水稀释至标线，摇匀，即得。

测定总钠含量时，用氯化钠对照品制备对照品溶液储备液浓度为 1g/L，精密量取 3mL，置 100mL 容量瓶中，用超纯水稀释至标线，摇匀。分别精密量取 0、3、4、5（mL），置 100mL 容量瓶中，各加 2%氯化锶溶液 5.0mL，用超纯水稀释至标线，摇匀，即得空白溶液和对照品溶液。精密量取供试品储备溶液 2mL，置 250mL 容量瓶中，加 2%氯化锶溶液 12.5mL，用超纯水稀释至标线，摇匀，即得供试品溶液。在 589.0nm 的波长处分别测定对照品溶液吸光度，绘制标准曲线，在相同实验条件下测定供试品溶液的吸光度，从标准曲线上查得相应的浓度，计算总钠的含量。

测定钾元素含量时，用氯化钾对照品制备对照品溶液储备液浓度为 1g/L，精密量取 5mL，置 100mL 容量瓶中，用超纯水稀释至标线，摇匀。分别精密量取 0、3、4、5

(mL)，置 100mL 容量瓶中，各加 2%氯化锶溶液 3.0mL，用超纯水稀释至标线，摇匀，即得空白溶液和对照品溶液。精密量取供试品储备溶液 5mL，置 100mL 容量瓶中，加 2%氯化锶溶液 3.0mL，用超纯水稀释至标线，摇匀，即得供试品溶液。在 766.5nm 的波长处分别测定对照品溶液吸光度，绘制标准曲线，在相同实验条件下测定供试品溶液的吸光度，从标准曲线上查得相应的浓度，计算钾元素的含量。

【例 7-2】 血清中镁元素的含量测定。

取 0.5mL 血清置 25mL 容量瓶中，用 1% EDTA 二钠溶液稀释 20～50 倍，加入氯化镧溶液至 25mL，使溶液保持氯化镧浓度为 0.5%。分别取镁标准溶液（含镁 10μg/mL）0.0、0.2、0.4、0.8、2.0（mL）置 25mL 容量瓶中，加入氯化镧溶液至 25mL 标线，使溶液保持氯化镧浓度为 0.5%，摇匀。在 285.2nm 处用乙炔-空气火焰原子吸收分光光度计分别测定镁标准溶液吸光度，绘制标准曲线，在相同实验条件下测定血清试样溶液吸光度，从标准曲线上查得相应的浓度，计算血清中镁元素的含量。为了抑制磷酸根的干扰，在试样和标准溶液中，均要保持 0.5%氯化镧或 0.25%氯化锶的溶液浓度。氯化镧溶液只能在血清稀释之后再加，否则将使蛋白质凝固。

为保证标准曲线法测定的准确度，使用时应当注意以下几点。

（1）所配制的对照品溶液或标准溶液浓度，应在吸光度与浓度成直线关系的范围内，其吸光度值应在 0.05～0.70，以减小读数误差。

（2）对照品溶液或标准溶液的基体组成与供试品溶液应尽可能一致，以减小因基体不同而产生的误差。

（3）整个测定过程中，操作条件应当保持不变。

（4）每次测定都应同时绘制标准曲线。

二、标准加入法与实例

若试样的基体组成复杂，而且对测定又有明显的影响，这时可采用标准加入法进行定量分析，它能够克服试样基体的干扰。但必须采用校正背景后的测量值，因为它本质上并不能消除与浓度不相关的干扰。标准加入法的缺点是操作比较麻烦，特别是试样数量多时，工作量较大。

标准加入法的方法是取同体积按各品种项下规定制备的供试品溶液 4 份，分别置 4 个体积相同的容量瓶中，并依次加入浓度为 0、c、$2c$、$4c$ 的对照品溶液（浓度由低到高），分别用溶剂稀释至标线。将仪器调节在最佳测定条件下，依次测定溶液的吸光度，每一溶液测定 3 次，以吸光度平均值为纵坐标，相应溶液的浓度为横坐标作图，应得一条直线。延长此直线至与横坐标的延长线相交，此交点与原点间的距离即相当于供试品溶液取用量中待测元素的含量。如图 7-8 所示。再以此计算供试品中待测元素的含量。此法仅适用于标准曲线法的标准曲线呈线性并通过原点的情况。

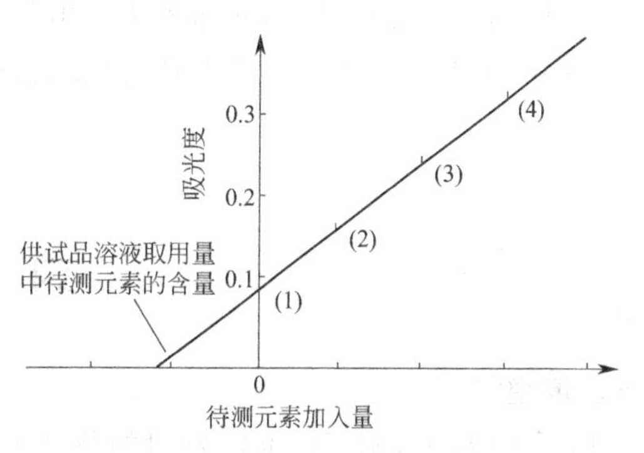

图 7-8　标准加入法测定示意图

取同体积按各品种项下规定制备的供试品溶液2份，分别置2个体积相同的容量瓶中，一份用溶剂稀释至标线，摇匀，作为供试品溶液；另一份中加入浓度为c的对照品储备溶液，用溶剂稀释至标线，摇匀，作为对照品溶液。将仪器调节在最佳测定条件下，依次测定供试品溶液和对照品溶液的吸光度，每一溶液测定3次，吸光度平均值为测定值。此法称为单点标准加入法。按下式计算供试品溶液中待测元素的浓度，从而计算出供试品中待测元素的含量。

$$c=\frac{Ac_0}{A_0-A} \tag{7-5}$$

式中，c为供试品溶液中待测元素的浓度；c_0为对照品溶液的浓度；A为供试品溶液吸光度；A_0为对照品溶液吸光度。

【例7-3】《中国药典》2015年版（二部）碳酸氢钠中铜盐的检查。

取本品1.0g（供血液透析用）两份，分别置100mL聚乙烯容量瓶中，小心加入硝酸4mL，超声30min使溶解，一份用超纯水稀释至标线，摇匀，作为供试品溶液；另一份中加入铜标准溶液（含铜1μg/mL）1.0mL，用超纯水稀释至标线，摇匀，作为对照品溶液。以4%硝酸溶液为空白溶液。在324.8nm的波长处分别测定其吸光度，计算供试品中铜元素的含量，应符合规定（0.0001%）。

【例7-4】 血样中铬元素的含量测定。

取血样1mL加超纯水9mL，混匀为试样前处理溶液。取试样前处理溶液4份，每份0.9mL，其中1份加0.1mL超纯水，另3份分别加浓度为0.1、0.5、1.0（μg/mL）的铬标准溶液0.1mL，再用超纯水稀释1倍，分别取20μL注入石墨炉，在357.9nm处用原子吸收分光光度计分别测定吸光度，按标准加入法作图，计算血样中铬元素的含量。

使用标准加入法时应注意以下几点。

（1）先制备标准曲线，且标准曲线呈线性并通过原点。

（2）至少采用四个点（包括供试品溶液）作外推曲线，并且第一份加入的对照品溶液与供试品溶液中待测元素的浓度应相当。

（3）本方法只能消除基体效应带来的影响，不能清除背景吸收所造成的影响。

（4）空白溶液要用标准加入法求出其含量，再从供试品溶液中扣除。

（5）在本方法中，作图得到的直线斜率不宜太小，否则将引进较大的误差。

（赵世芬）

习　题

一、填空题

1. 原子吸收法是基于由光源发射的待测元素__________通过试样气态原子蒸气时，被蒸气中待测元素的__________所吸收，根据____________________减弱程度以求得供试品中待测元素含量的分析方法。
2. 原子吸收法的主要特点有______________、______________、________________、

________________、________________。

3. 原子外层______从______跃迁至____________时，产生的吸收谱线称为共振吸收线。反之，______从____________跃迁回______时，产生的发射谱线称为共振发射线。
4. 原子吸收（或发射）谱线的轮廓，用__________和__________表征。
5. 原子吸收谱线展宽的主要因素有____________、____________、____________、____________。
6. 原子化系统主要分为________________和________________两大类。
7. 原子吸收法的主要性能指标有________________和________________。
8. 原子吸收法定量分析方法有________________和________________。

二、单项选择题

1. 原子吸收分光光度计产生的光谱是（　　）。
   A. 电子光谱　B. 振动光谱　C. 转动光谱
   D. 原子发射光谱　E. 原子吸收光谱
2. 原子吸收光谱是（　　）。
   A. 带状光谱　B. 线状光谱　C. 转动光谱
   D. 振动光谱　E. 平动光谱
3. 原子吸收分光光度计最常见光源为（　　）。
   A. 空心阴极灯　B. 钨灯　C. 氙灯
   D. 高压汞灯　E. 氘灯
4. 空心阴极灯可以提供（　　）。
   A. 紫外光源　B. 可见光源　C. 红外光源
   D. 锐线光源　E. 微波光源
5. 峰值吸收系数测量的吸光度与供试品中待测元素的浓度呈（　　）。
   A. 对数关系　B. 指数关系　C. 线性关系
   D. 非线性关系　E. 反比关系
6. 峰值吸收系数测量的是待测元素的（　　）。
   A. 分子总数　B. 离子总数　C. 原子总数
   D. 基态原子总数　E. 激发态原子总数

三、简答题

1. 什么是元素的特征谱线？原子吸收法为什么常选择元素的特征谱线作为分析线进行定量分析？
2. 原子吸收法为什么常采用测量峰值吸收系数而不是测量积分吸收系数？
3. 简述原子吸收分光光度计的基本结构及作用。

四、计算题

1. 取 20mL 试样溶液 4 份，分别置 4 个 50mL 的容量瓶中，并依次加入 10μg/mL 镉的对照品溶液 0、1、2、4（mL），分别用超纯水稀释至标线。测得吸光度分别为 0.040、0.082、0.120、0.189，求试样溶液中镉的浓度（分别用作图法和公式法做题）。

2. 测定每包包重5.58g口服补液盐散（Ⅱ）中钾元素含量。分别精密量取含钾26μg/mL对照品储备溶液0、3、4、5（mL），置100mL容量瓶中，各加2%氯化锶溶液3.0mL，用超纯水稀释至标线，摇匀，即得空白溶液和对照品溶液。精密称取本品约3.7g（应含钾0.0942～0.115g），置100mL容量瓶中，加水溶解并稀释至标线，摇匀；精密量取2mL，置100mL容量瓶中，用水稀释至标线，摇匀，即得供试品储备溶液。精密量取供试品储备溶液5mL，置100mL容量瓶中，加2%氯化锶溶液3.0mL，用超纯水稀释至标线，摇匀，即得供试品溶液。测定对照品溶液吸光度分别为0、0.125、0.167、0.208，供试品溶液吸光度为0.174，求口服补液盐散（Ⅱ）中钾元素含量，并确定本品是否符合要求。

第八章 色谱分析法概论

重点知识

色谱分析法的定义和分类；固定相、流动相和色谱柱；色谱图和基本参数；色谱分析法的基本理论及定性定量分析方法。

色谱分析法，又称色谱法（chromatography），是一种利用混合物中各组分在两相间的不同分配原理进行分离分析的方法。色谱法具有取样量少、灵敏度高、分离效能高、分离效果好、用途广泛等特点，目前已广泛应用于化学研究、医药卫生、环境保护、工农业生产等各个领域。

色谱分析法是俄国植物学家米哈伊尔·茨维特（M. Tsweet）在1906年发现并命名的方法。他将植物叶子的色素通过装填有吸附剂的柱子，各种色素以不同的速率流动后形成不同的色带而被分开，由此得名为“色谱法”。后来无色物质也可利用此法分离。

1944年出现纸色谱法以后，色谱分析法不断发展，相继出现薄层色谱法、亲和色谱法、凝胶色谱法、气相色谱法、高效液相色谱法等，并发展出一个独立的三级学科——色谱学。

第一节　色谱分析法的分类

色谱分析法的特点是存在两相。一个是固定不动的相称为固定相，固定相是色谱分析法的一个基质，通常装在玻璃或不锈钢管内，可以是固体物质（如吸附剂、凝胶、离子交换剂等），也可以是液体物质（如固定在硅胶或纤维素上的溶液），这些基质能与待分离的组分进行可逆的吸附、溶解和交换等作用。另一个是携带试样混合物流过固定相的流体（气体或液体），称为流动相。色谱分析法中，将装有固定相的柱子称为色谱柱。

知识拓展

相

相是物理化学名词，是指体系内物理性质和化学性质完全均匀一致的部分。通常情况下，任何气体均能无限混合，所以体系内无论含有多少种气体都是一个相，称为气相。均匀的溶液也是一个相，称为液相。均匀的固态体系也是一个相，称为固相。

色谱分析法利用混合物中各组分物理或物理化学性质的差异（如吸附力、分子形状及大小、分子亲和力、分配系数等），使各组分在固定相和流动相中的分布程度不同，从而使各组分以不同的速率移动而达到分离的目的。

色谱分析法通常有如下几种分类方法。

一、按两相所处的状态分类

1. 气相色谱法（GC）

气相色谱法是用气体作为流动相的色谱法。根据固定相所处的不同状态又分为两类：一是固定相是液体时，称为气-液色谱法；二是用固体吸附剂作为固定相时，称为气-固色谱法。在实际工作中，气-液色谱最为常用。

2. 液相色谱法（LC）

液相色谱法是用液体作为流动相的色谱法。根据固定相的不同，液相色谱分为液-固色谱、液-液色谱和键合相色谱。当固定相是固体时，则称为液-固色谱法。当固定相是液体时，称为液-液色谱法。键合相色谱法是由液-液色谱法发展起来的，是将固定相结合在载体颗粒上所进行的分离分析方法，从而克服了分配色谱中由于固定相是液体，在流动中有微量溶解及流动相通过色谱柱时的机械冲击，使固定相不断损失，色谱柱的性质逐渐改变等缺点。

3. 超临界流体色谱法（SFC）

超临界流体色谱法是以超临界流体作为流动相的一种色谱方法。所谓超临界流体，是指既不是气体也不是液体的一些物质，它们的物理性质介于气体和液体之间。

二、按分离原理分类

按色谱分析法分离依据的物理化学性质的不同，将色谱分析法分为以下几种。

1. 吸附色谱法

利用吸附剂（固定相）表面对不同组分吸附性能的差别而使之分离的色谱法称为吸附色谱法。适于分离不同种类的化合物，如醇类与芳香烃的分离。

2. 分配色谱法

利用不同组分在固定液（固定相）和流动相中溶解度不同而达到分离的方法称为分配色谱法。

3. 离子交换色谱法

利用不同组分在离子交换树脂（固定相）上交换能力的不同而达到分离的方法，称为离子交换色谱法。它不仅广泛地应用于无机离子的分离，而且广泛地应用于有机和生物物质，如氨基酸、核酸、蛋白质等的分离。

4. 凝胶色谱法（或分子排阻色谱法）

利用大小不同的分子在多孔固定相中渗透程度的不同而达到分离的方法，称为凝胶色谱法或分子排阻色谱法。此法被广泛应用于大分子分离，即用来分析大分子物质相对分子质量的分布。

5. 亲和色谱法

利用不同组分与固定相的专属性亲和力进行分离的技术称为亲和色谱法，常用于蛋白质的分离。

手性色谱

采用手性固定相或添加了手性试剂的流动相进行手性异构体（对映体）分离的色谱技术称为手性色谱。手性色谱在生物和医药领域具有重要应用。

三、按分离方法不同分类

1. 柱色谱法

柱色谱法是最原始的色谱方法。它是将固定相装在金属或玻璃柱中或是将固定相附着在毛细管内壁上做成色谱柱，试样从柱头至柱尾沿一个方向移动而进行分离的色谱法。柱色谱法被广泛应用于混合物的分离，包括对有机合成产物、天然提取物以及生物大分子的分离。

2. 平面色谱法

平面色谱法主要在纸或薄层板等平面上进行分离分析，按操作方式分为薄层色谱法、纸色谱法和薄层电泳法等。

（1）薄层色谱法（TLC） 薄层色谱法是将适当粒度的固定相均匀涂布在平板（玻璃板或铝箔或塑料）上形成薄层，把试样点在薄层上，用单一溶剂或混合溶剂进行分配，各组分在薄层的不同位置以斑点形式显现，根据薄层上斑点位置及大小进行定性和定量分析。薄层色谱法因成本低廉、操作简单、微量、快速，常被用于对试样的粗测、对有机合成反应进程的检测等。

（2）纸色谱法 纸色谱法是利用滤纸作为固定液的载体，把试样点在滤纸上，然后用与纸色谱法类似的方法操作以达到分离分析目的。

3. 气相色谱法（GC）

以气体为流动相的柱色谱分离分析技术称气相色谱法。在一定固定相和一定操作条件下，每种组分都有各自确定的保留值或确定的色谱数据，通过测定这些色谱数据而进行定性定量分析。气相色谱法的机械化程度高，广泛应用于相对分子质量较小的复杂试样的分析。

4. 高效液相色谱法（HPLC）

高效液相色谱法是利用气相色谱法的技术、采用了高效固定相、高压输液系统和高灵敏检测器进行分离分析的现代分离分析技术，有人称之为“高压液相色谱”“高速液相色谱”“高分离度液相色谱”“近代柱色谱”等。

1. 利用溶解度不同而分离的方法是（　　）。

A. 吸附色谱法　　B. 分配色谱法　　C. 离子交换色谱法

D. 凝胶色谱法　　E. 亲和色谱法

2. 分离血红蛋白（Hb）与鱼精蛋白用（　　）。

A. 吸附色谱法　　B. 分配色谱法　　C. 离子交换色谱法

D. 凝胶色谱法　　E. 亲和色谱法

3. 薄层色谱法与纸色谱法有何不同？

第二节　色谱图及基本参数

一、色谱图

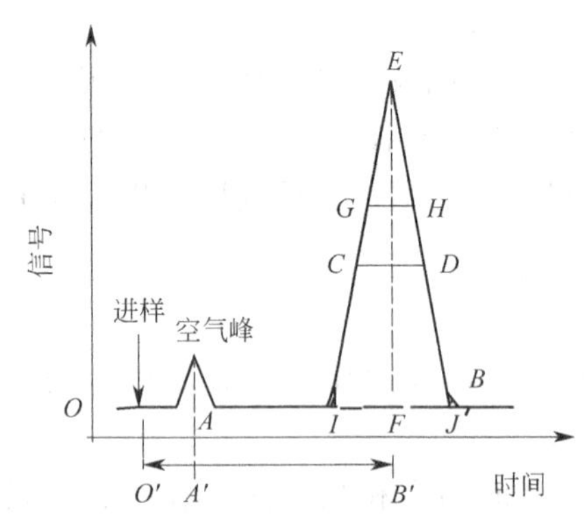

图 8-1　色谱流出曲线示意图

试样中各组分经色谱分离后，随流动相进入检测器，检测器将各组分的浓度（或质量）变化转换为电信号（电压或电流），由记录仪记录下来，所得到的电信号强度随时间变化而变化的曲线称为色谱图，也称为色谱流出曲线，或称为电信号强度-时间曲线，或称为浓度（质量）-时间曲线，如图 8-1 所示。

1. 色谱峰

色谱流出曲线上的突起部分。

2. 基线

在一定实验操作条件下，检测器对纯流动相产生的相应信号随时间变化的曲线，在色谱流出曲线上表现为稳定平直的直线，如图 8-1 中的 *OB* 线。

二、色谱基本参数

一个组分的色谱峰用峰高、峰位和峰宽三个参数说明。峰高或峰面积可用于定量分析，峰位（用保留值表示）可用于定性分析，峰宽可用于衡量柱效。

1. 峰高（h）

色谱峰顶点到基线的垂直距离，如图 8-1 中的 *EF* 线。

2. 峰宽（W）

通过色谱峰两侧的拐点分别作峰的切线与峰底的基线相交，在基线上的截距称为峰宽，如图 8-1 中的 *IJ* 之间的距离。

3. 半峰宽（$W_{1/2}$）

指峰高一半处的峰宽，如图 8-1 中 *CD* 之间的距离。

4. 标准差（σ）

正常色谱峰的标准差为 0.607 倍峰高处色谱峰宽的一半，即图 8-1 中的 GH 距离的一半。峰宽 $W=4\sigma$，半峰宽 $W_{1/2}=2.354\sigma$。

5. 保留值

保留值又称保留参数，是反映样品中各组分在色谱柱中停留程度的参数，通常用时间（min）或流动相体积（mL）表示。

（1）保留时间（t_R）　从进样开始到组分出现浓度极大值时所需时间，即组分通过色谱柱所需要的时间，如图 8-1 中 $O'B'$所对应的时间。

（2）死时间（t_0）　不被固定相溶解或吸附组分的保留时间（即组分在流动相中所消耗的时间），或流动相充满柱内空隙体积占据的空间所需要的时间，又称流动相保留时间，如图 8-1 中 $O'A'$所对应的时间。

（3）调整保留时间（t'_R）　组分的保留时间与死时间差值，即组分在固定相中滞留的时间，如图 8-1 中 $A'B'$所对应的时间。

调整保留时间、保留时间、死时间的关系为：

$$t'_R=t_R-t_0 \tag{8-1}$$

此外，还有保留体积、死体积、调整保留体积等，表示的意义与上述无大的差别，只是以流动相的流出体积作图所得。如保留体积为从进样开始到组分出现浓度极大值时所需流动相的体积，它与保留时间的关系为

$$V_R=t_RF_c \tag{8-2}$$

式中，V_R 为保留体积，单位是 mL；t_R 为保留时间，单位是 min；F_c 为流动相流速，单位是 mL/min。

6. 峰面积（A）

峰面积是指色谱峰曲线下所围的面积。对称色谱峰的面积为

$$A=1.065hW_{1/2} \tag{8-3}$$

凡是在计算机控制下，具有化学工作站的色谱仪器，均由仪器测量直接给出色谱峰的面积，无需用公式计算。

7. 拖尾因子（T）

正常色谱峰呈对称形正态分布曲线，拖尾因子用于评价色谱峰的对称性。它是通过计算 5%峰高处峰宽与峰顶点至峰前沿之间的距离比来评价峰形的参数，目的是为了保证色谱分离效果和测量精度，常用 T 来表示。

$$T=\frac{W_{0.05h}}{2d_1} \tag{8-4}$$

式中，$W_{0.05h}$ 为 5%峰高处峰宽；d_1 为峰顶点至峰前沿之间的距离。

《中国药典》2015 年版（二部）规定峰高法定量时 T 应该在 0.95～1.05，低于 0.95 为前沿峰，高于 1.05 为拖尾峰。

色谱流出曲线即色谱图可说明哪些问题？

8. 分配系数（K）

分配系数是指在一定温度和压力下，待测组分溶质在固定相和流动相间达平衡时，在二相中的浓度比。

$$K=\frac{c_s}{c_m}=\frac{m_s}{m_m}\times\frac{V_m}{V_s} \tag{8-5}$$

式中，K 为分配系数，取决于待测组分及固定相的热力学性质，并随柱温、柱压的变化而变化，与色谱柱中流动相体积无关。分配系数是色谱分析法中重要参数，被分离样品中各组分的分配系数不同，各组分的色谱保留行为不同。分配系数大的组分，在色谱柱中保留时间长，移动速度慢，洗脱时后从柱中流出。分配系数小的组分，在色谱柱中保留时间短，移动速度快，洗脱时先从柱中流出。各组分间的分配系数相差越大，越容易分离。

式中，c_s 为待测组分溶质在固定相中的浓度；c_m 为待测组分溶质在流动相中的浓度；m_s 为待测组分溶质在固定相中的质量；m_m 为待测组分溶质在流动相中的质量；V_s 为柱内固定相体积；V_m 为柱内流动相体积，当柱外体积忽略不计时，用 t_0F_c 表示柱内流动相体积，以 V_0 表示，称为死体积。

任何色谱过程的基本保留方程式为

$$V_R=V_0+KV_s \tag{8-6}$$

9. 容量因子（k'）

容量因子是指在一定温度和压力下，待测组分溶质在固定相和流动相间达平衡时，它在固定相中的质量（m_s）与在流动相中的质量（m_m）之比。

$$k'=\frac{m_s}{m_m}=K\times\frac{V_s}{V_m} \tag{8-7}$$

将式(8-7) 代入式(8-6) 中得：

$$V_R=V_0(1+k') \tag{8-8}$$

将式(8-8) 两边同时除流动相流速（F_c），整理后得：

$$k'=\frac{t'_R}{t_0} \tag{8-9}$$

由式(8-9) 可知，任一组分的容量因子（k'）值可以从色谱图上测得。k'值取决于待测组分及固定相的热力学性质，它不仅随柱温、柱压的变化而变化，而且还与色谱柱中固定相和流动相体积有关。在液相色谱中，k'值只与固定相和流动相性质及柱温有关，而与流动相的流速和色谱柱的尺寸无关。k'值越大，待测组分在色谱柱中的保留时间越长。因此，容量因子 k'是重要的色谱参数之一。

10. 分离因子（α）

分离因子是指在一定温度和压力下，待测组分中两个溶质在固定相和流动相间达平衡时，它们的容量因子（k'）之比或调整保留时间（t'_R）之比。

$$\alpha=\frac{k'_2}{k'_1}=\frac{t'_{R2}}{t'_{R1}} \tag{8-10}$$

由式(8-10) 可知，任何两个组分的分离因子（α）值可以从色谱图上测得。分离因子（α）值代表了两个物质在相同色谱条件下的分离选择性。α 值取决于两个溶质在固定相和流动相中的分配系数及温度。改变 α 值就是改变第二个溶质相对于第一个溶质的保留时间。当固定相（即色谱柱）一定时，可以通过改变流动相的极性（如梯度洗脱）或程序升温等方法提高分离选择性。

11. 相对保留值（$r_{2,1}$）

相对保留值是指在相同操作条件下，某组分 2 的调整保留时间（t'_{R2}）与另一组分 1 的调整保留时间（t'_{R1}）之比，用 $r_{2,1}$ 表示。

$$r_{2,1}=\frac{t'_{R2}}{t'_{R1}}=\frac{t_{R2}-t_0}{t_{R1}-t_0} \tag{8-11}$$

相对保留值是衡量色谱柱的选择性指标，它仅与柱温、固定相性质有关。$r_{2,1}$ 值越大，两组分越易分离，当 $r_{2,1}=1$ 时，两组分不能分离。

【例 8-1】 某色谱柱的理论塔板数为 9025，测得异辛烷和正辛烷的调整保留时间为 840s 和 865s，则该分离柱分离上述二组分的相对保留值为多少？

解： 根据式(8-11) 得 $r_{2,1}=\frac{t'_{R2}}{t'_{R1}}=\frac{865}{840}=1.03$

答： 分离柱分离异辛烷和正辛烷的相对保留值为 1.03。

12. 分离度（R）

分离度也称为分辨率或分辨度，定义为相邻两色谱峰保留时间之差与两峰底宽的平均值之比。

$$R=\frac{(t_{R2}-t_{R1})}{\frac{1}{2}(W_1+W_2)}=\frac{2\Delta t_R}{W_1+W_2} \tag{8-12}$$

分离度是衡量色谱柱分离效能的指标，它表示了相邻色谱峰的实际分离程度，R 越大，表示分离效果越好。当 $R\geqslant 1.5$ 时，两峰完全分离，《中国药典》2015 年版（二部）要求无论是定性鉴别还是定量分析均应使 $R>1.5$。

【例 8-2】 由 ODS 柱上分离乙酰水杨酸和水杨酸混合物，结果乙酰水杨酸的保留时间为 7.42min，水杨酸的保留时间为 8.92min，两峰的峰宽分别为 0.87min 和 0.91min，问此分离度是否适用于定量分离？

解： 根据式(8-12) 得 $R=\frac{2\Delta t_R}{W_1+W_2}=\frac{2(8.92-7.42)}{0.87+0.91}=1.69>1.5$

答： 故此分离度适合用于定量分析。

第三节 基本理论

一、塔板理论

塔板理论是色谱学的基础理论，由马丁（A. F. P. Martin）等于 1952 年提出。塔板理论认为，色谱柱可以看作一个分馏塔，每一个塔板内组分分子在固定相和流动相之间形成平衡，随着流动相移动，组分分子不断从一个塔板移动到下一个塔板，并不断形成新的平衡。

将色谱柱看作由许多假想的塔板组成，每个塔板之间的距离作为理论塔板高度（H），在一定柱长（L）中塔板的数目称为理论塔板数（n），则有：

$$n=\frac{L}{H} \tag{8-13}$$

可见，理论塔板高度越低，在单位长度色谱柱中就有越多的塔板数，则分离效果就越好，因此，理论塔板数（n）是代表色谱柱分离效能的指标，是重要的色谱参数。

实验中可利用色谱图上所得保留时间（t_R）和峰宽（W）或半峰宽（$W_{1/2}$）数据来求算理论塔板数（n）：

$$n=16\left(\frac{t_R}{W}\right)^2=5.54\left(\frac{t_R}{W_{1/2}}\right)^2 \tag{8-14}$$

由于样品流过柱内空隙体积时，不与固定相发生相互作用，因此，采用扣除死时间的调整保留时间（t'_R）计算塔板数或塔板高度，称为“有效塔板数（n_{eff}）”或“有效塔板高度（H_{eff}）”。

$$n_{eff}=16\left(\frac{t'_R}{W}\right)^2=5.54\left(\frac{t'_R}{W_{1/2}}\right)^2 \tag{8-15}$$

$$n_{eff}=\frac{L}{H_{eff}} \tag{8-16}$$

【例 8-3】 正庚烷与正己烷在某色谱柱上的保留时间分别为 94s 和 85s，空气在此色谱柱上的保留时间为 10s，所得理论塔板数为 3900 块，求此正庚烷与正己烷在该柱上的分离度？

解： 根据式(8-14）得 $n=16\left(\frac{t_R}{w}\right)^2$ 分别求得正庚烷与正己烷的峰宽 W_2 和 W_1

$$3900=16\left(\frac{94}{W_2}\right)^2 \qquad W_2=6.02\text{s}$$

$$3900=16\left(\frac{85}{W_1}\right)^2 \qquad W_1=5.44\text{s}$$

再根据式(8-12）得 $R=\frac{2(t_{R2}-t_{R1})}{W_2+W_1}=\frac{2(94-85)}{6.02+5.44}=1.57$

答： 正庚烷与正己烷在该柱上的分离度为 1.57。

塔板理论贡献是用热力学观点形象地描述了待测组分在色谱柱中的分配平衡和分离过程，可以导出色谱流出曲线的数学模型，并成功地解释了色谱流出曲线的形状和待测组分浓度极大值的位置及其影响因素，同时提出了计算和评价色谱柱的柱效参数。但是，塔板理论有局限性，由于它的假设与实际的色谱过程有一定的差距，未考虑动力学因素对色谱过程的影响，因此，它不能解释色谱峰扩张的原因及影响塔板高度的因素，无法从理论上选择最佳分离条件。

二、速率理论

1956 年，荷兰学者范第姆特（Van Deemter）等在塔板理论的基础上，建立了色谱过程动力学理论，即速率理论，用于解释色谱峰扩张和柱效降低的原因，并提出了 Van Deemter 方程。

$$H=A+\frac{B}{u}+Cu \tag{8-17}$$

式中，A、B、C 为常数；u 为流动相平均线速度，单位为 cm/s。当 u 一定时，只有当 A、B、C 较小时，H 才能有较小值，才能获得比较高的柱效能，反之，柱效能降低。

A 为涡流扩散项（或多径项），单位为 cm，固定相颗粒越均匀、直径越小并尽量填充均匀，A 越小。对于开口（空心）毛细管柱，A 为零。

$\frac{B}{u}$为纵向扩散项（或分子扩散项），B 为纵向扩散系数，组分在色谱柱内的停留时间越长（相应于流动相流速越小），纵向扩散系数越大，对色谱峰扩张的影响越显著。因此，对于气相色谱，采用较高的载气流速，选用相对分子质量较大的载气（如氮气），降低柱温及加大柱压等方法可使纵向扩散系数减小。此外，固定相的材质对纵向扩散系数也有影响。

在高效液相色谱中，由于流动相黏度远远高于气相色谱，纵向扩散对色谱峰的峰形影响很小，可以忽略不计，因而 Van Deemter 方程的形式为

$$H=A+Cu \tag{8-18}$$

知识拓展

传质阻力

传质阻力是指组分由固定相与流动相界面扩散到流动相内，达到平衡后，再返回固定相与流动相界面所遇到的阻力。由于传质阻力的存在，使分配平衡不能瞬间完成，即传质过程需要一定时间。在此时间内，有些组分分子来不及进入固定相就被流动相推着向前进，发生超前现象。还有些组分分子在固定相内部还来不及逸出而推迟回到流动相中，从而发生滞后现象。这种部分组分分子超前或滞后的现象就导致了色谱峰的扩张。

Cu 为传质阻力项，C 为传质阻力系数，固定相颗粒直径越小、流动相的相对分子质量越小及固定液液膜厚度越小传质阻力系数越小。

Van Deemter 方程综合说明了影响色谱峰扩张的诸因素，为色谱操作条件的选择提供了理论指导。

课堂互动

1. 试述塔板理论与速率理论的区别。
2. 能否根据理论塔板数来判断分离可能性？为什么？
3. 在色谱流出曲线上，两峰之间的距离取决于分配系数还是扩散速率？为什么？

第四节　定性定量分析方法

一、定性分析方法

（一）利用保留时间定性

1. 与已知物对照进行定性

在一定的色谱系统和操作条件下，每种物质都有一定的保留时间，如果在相同色谱条件下，未知物与已知物的保留时间相同，则可初步认为它们为同一物质。为提高试样定性分析的可靠性，还可进一步改变色谱条件，如色谱柱、流动相、柱温等，如果未知物与已知物的保留时间仍然一致，则可认为它们为同一物质。

2. 加入已知物增加峰高进行定性

先测得试样的色谱图，再在试样中加入已知物质并在相同条件下测得色谱图，如果试样中某组分在同样保留时间有色谱峰并峰高增加，则可认为某组分与已知物质为同一物质。

（二）利用不同检测方法定性

同一试样可以采用多种检测方法检测，如果待测组分和已知物质在不同的检测器上有相同的响应行为，则可初步判断两者是同一种物质。在高效液相色谱中，还可通过二极管阵列检测器比较两个峰的紫外或可见光谱图进行定性分析。

（三）利用保留指数定性

在气相色谱中，可以利用文献中的保留指数数据定性。由保留指数随温度的变化率还可以判断化合物的类型，因为不同类型化合物的保留指数随温度的变化率不同。

（四）利用柱前或柱后化学反应定性

在色谱柱后装 T 形分流器，将分离后的组分导入官能团试剂反应管，利用官能团的特征反应定性。也可在进样前将待分离化合物（组分）与某些特殊反应试剂反应生成新的衍生物，于是，该化合物在色谱图上的出峰位置或峰的大小就会发生变化甚至不被检测。由此得到待测化合物的结构信息。

（五）利用与其他仪器联用定性

将具有定性能力的分析仪器如质谱仪（MS）、红外分光光度计（IR）、原子吸收光谱仪（AAS）、原子发射光谱仪（AES、ICP-AES）等仪器与色谱仪联用，可获得比较准确的定性信息。

二、定量分析方法

色谱分析法定量分析的依据是待测组分的量与检测器的响应信号成正比，即待测组

分的量与它在色谱图上的峰面积（A）或峰高（h）成正比。因此色谱法可利用 A 或 h 定量，其计算公式为

$$m_i = f_i A_i \text{ 或 } m_i = f_i h_i \tag{8-19}$$

目前，色谱仪的数据记录和处理均由色谱工作站控制，能自动显示峰面积及峰高并打印输出。

式(8-19) 中的 f_i 为定量校正因子，由于化合物的绝对定量校正因子难以测定，它随实验条件的变化而变化，故很少采用，实际工作中一般采用相对定量校正因子，其定义为：某组分 i 与所选定的基准物质 s 的绝对定量校正因子之比，应用最多的是相对质量校正因子（f_m），计算公式如下：

$$f_m = \frac{f'_{mi}}{f'_{ms}} = \frac{\dfrac{m_i}{A_i}}{\dfrac{m_s}{A_s}} = \frac{A_s m_i}{A_i m_s} \tag{8-20}$$

式中，A_i、A_s 分别为某组分 i 及基准物质 s 色谱峰的峰面积；m_i、m_s 分别为某组分 i 及基准物质 s 的质量。

常用的定量分析方法有如下四种。

（一）峰面积归一化法

将试样中所有色谱峰面积之和作为 100%，计算试样中某一待测组分色谱峰的面积占总面积的百分数。

$$i \text{ 组分含量}(\%) = \frac{A_i f_i}{\sum_{i=1}^{n} A_i f_i} \times 100\% \tag{8-21}$$

式中，A_i 为 i 组分色谱峰的峰面积；f_i 为 i 组分的相对质量校正因子。

峰面积归一化法优点是方法简单、结果准确。在允许的进样量范围内，不必准确进样。操作条件变化对测定结果影响较小。缺点是要求试样中的所有组分都必须在同一个分析周期内流出色谱柱，并且检测器都对它们响应产生信号，否则计算结果不准确。另外，不需要测定的组分也要测出 f_i 值。

峰面积归一化法常用于复杂物质分析，特别是其中有许多相似成分的分析，也常用于测定试样中的杂质。在药物分析中，气相色谱法和 FID 检测器常用此法测定含量，但是液相色谱法一般不用此法测定药物含量，可是在测定杂质含量时常用此法，如供试品中单个杂质及杂质总量限度的测定，甚至可以采用不加校正因子的峰面积归一化法。

（二）外标法（标准曲线法）

将待测组分的对照品配制成一系列浓度不同的标准溶液，在严格一致的操作条件下对各标准溶液和待测溶液分别进行色谱分析，用所测得的各标准溶液色谱峰的峰面积对应其浓度作图，得到标准曲线，根据标准曲线确定待测组分的浓度。外标法不需使用校正因子，准确度较高，适用于大批量试样的快速分析，特别适用于工厂控制分析，尤其

是气体分析。其缺点是难以做到进样量固定和操作条件稳定，而操作条件变化对结果准确度影响较大，且对进样量准确度的要求较高。

如果标准曲线的截距为零或接近零，可用外标一点法测定含量。在进样量、色谱仪器和操作等分析条件严格固定不变的情况下，用待测组分的对照品作为对照物质，以对照物质和试样中待测组分的响应信号相比较进行定量分析的方法称为外标一点法。

$$i\text{ 组分含量}(\%)=\frac{A_i}{A_s}\times\frac{m_s}{m}\times 100\% \tag{8-22}$$

式中，A_i、A_s 分别为试样中待测组分与对照品的色谱峰面积；m_s、m 分别为对照品和试样的质量。

（三）内标法

内标法是选择一种物质作为内标物（对照物），与试样混合后进行色谱分析。在一定质量的试样（m）中加入一定质量的内标物（m_s），进行色谱分析，然后根据色谱峰面积求算待测组分的含量。

知识拓展

外标一点法应用实例

氯霉素滴眼液中氯霉素的含量测定。取本品适量，用流动相定量稀释制成 1mL 中约含氯霉素 0.10mg 的溶液，量取 10μL 注入高效液相色谱仪，在 277nm 波长处检测，记录色谱图。另取氯霉素对照品适量，同法测定，按外标一点法即可计算氯霉素的含量。

$$i\text{ 组分含量}(\%)=\frac{m_i}{m}\times 100\%=\frac{A_i f'_i}{A_s f'_s}\times\frac{m_s}{m}\times 100\% \tag{8-23}$$

式中，m_i、m、m_s 分别为待测组分、试样和内标物的质量；A_i、A_s 分别为试样中待测组分和内标物的色谱峰面积；f'_i、f'_s分别为试样中待测组分和内标物的质量校正因子。

内标法对内标物要求：①试样中不含有内标物且内标物不与试样发生化学反应；②相对校正因子已知或可以测量；③内标物与待测组分的保留时间和色谱峰的峰面积相近，但两峰又能完全分开；④内标物纯度高且在储存中稳定；⑤内标物的称量要准确。

内标法优点是，进样量不超量时，重复性好；操作条件对分析结果无影响；只需待测组分和内标物有色谱峰，与其他组分是否有色谱峰无关；适合测定微量组分等。

内标法的缺点是，寻找合适的内标物困难；操作较复杂；需已知或可测相对校正因子；内标物要准确称量。

在药物分析中，通常不知道待测组分的相对校正因子，此时可用内标物标准曲线法或内标物对比法。

1. 内标物标准曲线法

用对照品（与试样中待测组分为同一物质）先配制一系列不同浓度的标准溶液，并准确加入相同量的内标物，混合后进行色谱分析，测定各标准溶液中对照品与内标物的色谱峰面积比 A_i/A_s，以 A_i/A_s 对相应标准溶液浓度作图，得到内标物标准曲线。然后，再准确取相同量的内标物加入到同体积的样品溶液中，在相同条件下进行色谱分析，测定样品中待测组分与内标物的色谱峰面积比 A_i/A_s，在内标物标准曲线上查得 A_i/A_s 对应的溶液浓度，最后，计算试样中待测组分的含量。

2. 内标物对比法

如果内标物标准曲线的截距为零或接近零，可用内标物对比法测定含量。用对照品（与试样中待测组分为同一物质）先配制对照品溶液，并准确加入一定量的内标物。然后，再准确取相同量的内标物加入到同体积的样品溶液中，在相同条件下分别进行色谱分析。由于对照品溶液和样品溶液中加入了相同量的内标物，因此，内标物的量抵消不参与计算，公式如下：

$$i\ \text{组分含量}(\%)=\frac{(A_i/A_s)_{\text{样品溶液}}}{(A_i/A_s)_{\text{对照品溶液}}}\times\frac{m_{\text{对照品}}}{m_{\text{样品}}}\times100\% \tag{8-24}$$

式中，$m_{\text{对照品}}$、$m_{\text{样品}}$ 分别为对照品和样品的质量；$(A_i/A_s)_{\text{样品溶液}}$ 中 A_i、A_s 分别为样品溶液中待测组分和内标物的色谱峰面积；$(A_i/A_s)_{\text{对照品溶液}}$ 中 A_i、A_s 分别为对照品溶液中待测组分和内标物的色谱峰面积。

内标物对比法中对照品溶液测定相当于测定校正因子，它除了具有内标法的优点以外，还具有可以消除某些操作条件对测定结果的影响、可以不测定校正因子、进样体积不需准确等优点。因此，《中国药典》2015 年版（二部）中内标法测定物质含量的方法都是此法。

知识拓展

内标物对比法应用实例

丙酸睾酮的含量测定。取本品对照品适量，精密称定，加甲醇定量稀释成 1mL 中约含丙酸睾酮 1mg 的溶液。精密量取该溶液和内标溶液（1.6mg/mL 苯丙酸诺龙甲醇溶液）各 5mL，置 25mL 容量瓶中，加甲醇稀释至标线，摇匀，取 10μL 注入液相色谱仪，记录色谱图。另取本品适量，同法测定，内标物对比法计算含量。

（四）内加法

内加法实质上是一种特殊的内标法，是在选择不到合适的内标物时，以待测组分的纯物质为内标物，加入到待测试样中，然后在相同的色谱条件下，测定加入待测组分纯物质前后待测组分的峰面积（或峰高），从而计算待测组分在试样中含量的方法。

$$i\ \text{组分含量}(\%)=\frac{A_i}{\Delta A_i}\times\frac{m_{\text{加}}}{m_{\text{样}}}\times100\% \tag{8-25}$$

式中，$m_{\text{加}}$、$m_{\text{样}}$ 分别为加入待测组分纯物质和试样的质量；A_i 为待测组分色谱峰面积；ΔA_i 为加入待测组分纯物质的色谱峰面积。

内加法是内标法与外标法的结合，优点是，不需要内标物却具有内标法的优点，只需待测组分的纯物质，进样量不需十分准确，操作比较简单。其缺点是，要求加入待测组分纯物质前后两次测定的色谱条件应完全相同，以确保两次测定时的校正因子完全相等，否则将引起误差。

在药物分析中微量组分的定量分析，由于色谱峰小，常常被试样中其他不要求测定的组分干扰，能引起保留时间漂移、色谱峰变宽或色谱峰重叠，为得到准确和可靠的测定结果常用内加法。

1. 在使用内标法定量分析时，哪些因素会影响内标物和待测组分峰高或峰面积的计算?

2. 定量分析中怎样选择内标法和外标法?

（廖禹东　赵世芬）

习　题

一、填空题

1. 色谱法是一种__________分析方法，具有取样量少、________、______、______、分离效果好等特点。
2. 按照色谱分离过程中所依据的物质物理或物理化学性质不同，色谱法可分为______、__________、____________、____________和__________。
3. 色谱法中，将填入玻璃管内静止不动的一相称为________，携带试样不断移动的一相称为________，装有________的柱子称为________。
4. 色谱分离的两个基本理论分别是________和__________。

二、单项选择题

1. 塔板理论不能用于（　　）。
   A. 塔板高度计算　　B. 塔板数计算
   C. 解释影响色谱流出曲线宽度的因素　　D. 解释色谱流出曲线的形状
   E. 解释塔板数对分离效果的影响
2. 在色谱分析法中，用于定量分析的参数是（　　）。
   A. 峰面积　　B. 调整保留值　　C. 保留时间
   D. 半峰宽　　E. 峰宽
3. 指出下列说法中，哪一种是错误的?（　　）
   A. 根据色谱峰的面积可以进行定量分析
   B. 根据色谱峰的保留时间可以进行定性分析
   C. 色谱图上峰的个数一定等于试样中的组分数
   D. 色谱峰的区域宽度体现组分在柱中的运动情况
   E. 组分通过色谱柱所需要的时间称保留时间
4. 下列因素中，对色谱分离效率最有影响的是（　　）。
   A. 柱温　　B. 载气的种类　　C. 柱压
   D. 固定液膜厚度　　E. 色谱柱长度
5. 下列气体中哪一种作为载气最有利?（　　）
   A. N_2　　B. H_2　　C. O_2

D. He　E. Ar

6. 在气-固色谱分析中，色谱柱内装入的固定相为（　　）。

A. 一般固体物质　B. 固体吸附剂　C. 载体＋固定液

D. 载体　E. 以上任何一项都可以

7. 在气-液色谱法中，首先流出色谱柱的组分是（　　）。

A. 吸附能力小　B. 吸附能力大　C. 分配系数小

D. 溶解能力大　E. 分配系数大

8. 下列说法正确的是（　　）。

A. 色谱柱选择性的指标是理论塔板数

B. 色谱柱选择性的指标是理论塔板高度

C. 色谱柱选择性的指标是保留值

D. 色谱柱选择性的指标是相对保留值

E. 色谱柱选择性的指标是相对调整保留值

9. 理论塔板数（n）或理论塔板高度（h）是代表色谱柱分离效能的指标，色谱柱的分离效能越高，则（　　）。

A. n 越大，h 越小　B. n 越小，h 越大　C. n 越大，h 越大

D. n 越小，h 越小　E. n 与 h 无关

10. 分离分析有生理活性及相对分子质量比较大的物质，最适宜的方法是（　　）。

A. 柱色谱法　B. 纸色谱法　C. 薄层色谱法

D. 气相色谱法　E. 高效液相色谱法

三、简答题

1. 什么是色谱分析法？特点是什么？
2. 简述色谱分析法的分类方法有哪些？具体有哪些色谱分析方法？
3. 组分 A、B 在某色谱柱上的分配系数为 495 和 467，试问在分离时哪个组分先流出色谱柱？
4. 为什么说分离度（R）可以作为色谱柱的总分离效能指标？
5. 影响理论塔板高度的因素有哪些？
6. 色谱分析法的定性定量分析方法有哪些？

四、计算题

1. 在一定条件下，两个组分的调整保留时间分别为 85s 和 100s，分离因子值是多少？若组分 2 的色谱峰峰宽为 5s，色谱柱的有效塔板数是多少？若填充柱的有效塔板高度为 0.1cm，柱长是多少？
2. 在某色谱分析中得到如下的数据：保留时间（t_R）为 5.0min、死时间（t_0）为 1.0min，固定相体积（V_s）为 2.0mL，载气体流速为 50mL/min，试计算容量因子、死体积、保留体积和分配系数各是多少？
3. 将纯苯与某组分 A 配成混合液，进行气相色谱分析，苯的试样量为 0.40μg 时，峰面积为 3.6cm^2，组分 A 的试样量为 0.65μg 时的峰面积为 6.5cm^2，求组分 A 以苯为标准时的相对质量校正因子。

第九章

液相色谱法

重点知识

液相色谱法；经典液相色谱法的分类；每种色谱法的分离原理及固定相与流动相的选择；纸色谱法和薄层色谱法的分离原理；比移值和相对比移值的含义及计算；薄层色谱法的操作方法。

以液体为流动相的色谱分析方法称为液相色谱法，虽然俄国植物学家米哈伊尔·茨维特（M. Tsweet）在1906年就发现色谱分析法，但是没有得到科学界的注意和重视，直到1931年（Kohn）报道了他们关于胡萝卜素的分离方法时，色谱法才引起了科学界的广泛注意，之后色谱法得到了长足发展。目前，将产生高效液相色谱法之前的液相色谱法称为经典液相色谱法，它具有设备简单、操作方便、分析速度快等特点。常用于药物分离及定性鉴别、含量测定等，在药学、临床医学检验、化学等领域有着广泛应用。

第一节 柱色谱法

柱色谱法按分离原理可分为吸附柱色谱法、分配柱色谱法、离子交换柱色谱法、分子排阻柱色谱法。它在中药成分的分析鉴别中有很大的作用，在实际的工业生产中也经常用到。

一、吸附柱色谱法

（一）原理

液-固吸附柱色谱法是以固体吸附剂为固定相，液体溶剂为流动相，利用吸附剂对不同组分吸附能力的差异而进行分离的方法。分离时，样品中的组分分子与流动相分子竞争占据吸附剂表面活性中心，在一定条件下，这种竞争吸附达到平衡。吸附平衡常数用 K 表示：

$$K=\frac{c_s}{c_m} \tag{9-1}$$

式中的 c_s 表示组分在固定相中的浓度，c_m 表示组分在流动相中的浓度，K 值的大小可说明组分被吸附剂吸附的强弱。通常极性强的组分 K 值大，被吸附得牢固，移动速度慢，则后流出色谱柱，反之，K 值小的组分先流出色谱柱。由此可见，各组分的 K 值相差越大，越容易分离。

K 与温度、吸附剂的吸附能力、组分的性质及流动相的性质有关。

（二）吸附剂

吸附剂是一些多孔性微粒物质，应具有较大的吸附表面和一定的吸附能力；与样品、溶剂和洗脱剂均不发生化学反应；不能被溶剂或洗脱剂溶解；粒度均匀，且有一定的细度。

常用的吸附剂有氧化铝、硅胶、聚酰胺和大孔吸附树脂等。

1. 氧化铝

色谱用氧化铝按制备方法不同分为酸性、碱性和中性三种，以中性氧化铝应用最多。

酸性氧化铝（pH＝4.0～5.0）适用于分离酸性和中性化合物，如氨基酸、有机酸等。

碱性氧化铝（pH＝9.0～10.0）适用于分离碱性或中性化合物，如生物碱等。

中性氧化铝（pH＝7.5）适用于分离酸性、中性和碱性化合物，如生物碱、挥发油、萜类、甾体以及在酸、碱中不稳定的酯、苷类等化合物；另外，凡是酸性、碱性氧化铝能分离的化合物，中性氧化铝均适用。

吸附剂的吸附能力常用活性级数来表示。吸附剂的活性与含水量有关，见表 9-1。吸附活性的强弱用活性级别（Ⅰ～Ⅴ）表示。含水量越低，活性级数越小，活性越高，吸附能力越强。

表 9-1 氧化铝、硅胶的含水量与活性的关系

硅胶含水量/%	氧化铝含水量/%	活性级数	活性
0	0	Ⅰ	高
5	3	Ⅱ	↑
15	6	Ⅲ	
25	10	Ⅳ	
38	15	Ⅴ	低

在适当的温度下加热，可除去水分使氧化铝的吸附能力增强，这一过程称之为活化；反之，加入一定量的水分可使活性降低，称为脱活。

2. 硅胶（$SiO_2 \cdot xH_2O$）

硅胶具有多孔性硅氧—Si—O—Si—交联结构，其微粒表面的硅醇基—Si—OH 能与极性化合物或不饱和化合物形成氢键，而具有吸附能力。

硅胶呈微酸性，吸附能力比氧化铝稍弱，适用于分离酸性或中性物质，如有机酸、氨基酸、萜类等。

3. 聚酰胺

聚酰胺是一类由酰胺聚合而成的高分子化合物，它通过分子中的酰胺基与化合物形成氢键而产生吸附。

聚酰胺难溶于水和一般有机溶剂，易溶于浓盐酸、酚、甲酸等。主要用于酚类、酸类、硝基类等物质的分离，目前广泛应用于天然药物有效成分的分离。

4. 大孔吸附树脂

大孔吸附树脂是一种不含交换基团并具有大孔网状结构的高分子化合物。主要通过产生氢键或范德华引力而吸附被分离物质。

大孔吸附树脂主要用于水溶性化合物的分离和提纯，多用于皂苷及其他苷类化合物的分离。

此外，如硅藻土、硅酸镁、活性炭、天然纤维素等也可作为吸附剂。

（三）流动相

在吸附色谱中，流动相的洗脱能力决定于流动相占据吸附剂表面活性中心的能力。极性强的流动相分子，具有强的洗脱作用，反之洗脱作用弱。因此，为了使样品中吸附能力稍有差异的各组分分离，需同时考虑被分离物质的性质、吸附剂的活性和流动相的极性三方面的关系。

1. 被分离物质的结构与性质

被分离物质的结构不同，其极性也不相同，在吸附剂表面的被吸附力也各不同。极性大的物质易被吸附剂较强吸附，需要极性较大的流动相才能洗脱。

常见化合物的极性由小到大的顺序是：烷烃＜烯烃＜醚＜硝基化合物＜酯类＜酮类＜醛类＜硫醇＜胺类＜酰胺＜醇类＜酚类＜羧酸类。

2. 吸附剂的选择

分离极性小的物质，一般选择吸附活性大的吸附剂，以免组分流出太快，难以分离。分离极性强的组分，选用吸附活性小的吸附剂，以免吸附过牢，不易洗脱。

3. 流动相的选择

根据“相似相溶”原理进行选择。分离极性较小的物质，选择极性较小的洗脱剂。分离极性较大的物质，选择极性较大的洗脱剂。

常用溶剂的极性由小到大的顺序是：石油醚＜环己烷＜四氯化碳＜苯＜甲苯＜乙醚＜氯仿＜乙酸乙酯＜正丁醇＜丙酮＜乙醇＜甲醇＜水＜乙酸。

在选择色谱分离条件时，需综合考虑被分离物质、吸附剂和流动相三方面的因素。一般的原则是若分离极性较大的组分，应选用吸附活性较小的吸附剂和极性较大的流动相；若分离极性较小的组分，应选用吸附活性较大的吸附剂和极性较小的流动相。

（四）操作方法

1. 装柱

(1) 干法装柱　将活化后的吸附剂经过玻璃漏斗不间断地倒入柱内，边装边轻轻敲打色谱柱，使其填充均匀，并在吸附剂顶端加少许脱脂棉。加入适量的流动相，使吸附剂均匀润湿的下沉。

（2）湿法装柱　将吸附剂与流动相混合，搅拌以除去空气泡，徐徐倾入色谱管中，然后再从顶端加入一定量的流动相，将附着于管壁的吸附剂洗下，使色谱柱表面平整。湿法装柱效果较好，是目前经常使用的方法。

2. 加样

将样品溶液小心地滴加在柱顶部，加样完毕，打开柱子下端活塞，使溶液缓缓流下至液面与吸附剂顶面平齐，再用少量洗脱剂冲洗盛样品溶液的容器 2～3 次，一并轻轻加入色谱柱内。

3. 洗脱

A、B 混合试样可用一种溶剂或混合溶剂作为洗脱剂。在洗脱过程中应不断加入洗脱剂，保持色谱柱顶有一定高度的液面，控制好洗脱剂的流速，流速过快，柱中不易达到吸附平衡，影响分离效果。随着洗脱的进行，各组分被吸附和解吸的能力不同而逐渐被分离，先后流出色谱柱。可采用分段定量地收集洗脱液，对其进行定性定量分析。如图 9-1 所示。

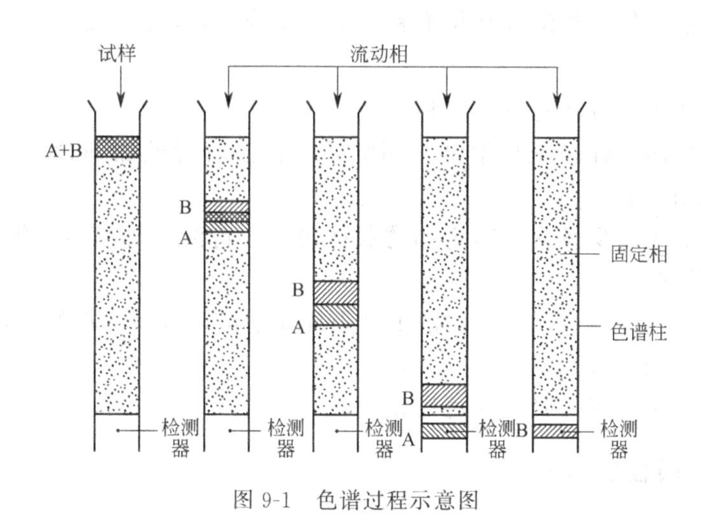

图 9-1　色谱过程示意图

二、分配柱色谱法

（一）原理

分配色谱法是利用样品中各组分在固定相和流动相中溶解度不同，即分配系数不同而实现分离的方法。液-液分配柱色谱法的固定相和流动相都是液体，固定相的液体吸附在载体表面，当流动相携带样品流经固定相时，各组分在互不相溶的两种液体中不断进行溶解、萃取，再溶解、再萃取，即连续萃取。因各组分分配系数略有差异，经过无数次萃取之后相互得到分离。

分配色谱有正相色谱和反相色谱。其中固定相的极性比流动相的极性强时，称为正相色谱；反之，称为反相色谱。

（二）载体和固定相

载体又称担体，是一种惰性物质。在色谱中起支撑固定相的作用。常用的载体有硅胶、多孔硅藻土、纤维素以及微孔聚乙烯小球等。

正相色谱的固定相常用强极性溶剂作为固定液。例如，水、酸、醇等；反相色谱常用非极性或弱极性液体，如石蜡油等作为固定相。

（三）流动相

正相色谱常用的流动相有石油醚、醇类、酮类、酯类或其化合物。反相色谱常用的流动相有水、醇等极性溶剂。

（四）操作方法

1. 装柱

分配色谱柱装柱的要求与吸附柱色谱基本相似。不同的是在装柱前将固定相液体与载体充分混合后再装柱。为防止流动相流经色谱柱时将固定相破坏，将两种溶剂加到分液漏斗中用力振摇，使两种溶剂互相饱和，待静止分层后，再分别取出使用。

2. 加样、洗脱

分配色谱法的加样方法有下列三种。

（1）先将待分离的样品配成溶液，用吸管轻轻沿着管壁加到含有固定相载体的上端，然后加流动相洗脱。

（2）样品溶液先用少量含有固定相的载体吸收，待溶剂挥发后，加到色谱柱上端，再用洗脱剂进行洗脱。

（3）用一块比色谱柱直径略小的滤纸吸附样品溶液，待溶剂挥发后，放在色谱柱载体表面上，然后再用洗脱剂洗脱。

洗脱剂的收集和处理与吸附柱色谱相同。

三、离子交换柱色谱法

（一）基本原理

离子交换色谱法是以离子交换树脂为固定相，以一定 pH 和离子强度的缓冲溶液为流动相，利用被分离组分离子交换能力的差异而实现分离的色谱法。

离子交换反应为：

$$R^-B^+ + A^+ \rightleftharpoons R^-A^+ + B^+$$

（二）固定相

离子交换色谱法的固定相是离子交换树脂。离子交换树脂是一类具有网状结构的高分子聚合物，与酸、碱及某些有机溶剂都不起作用，对热也比较稳定。在其网状结构的骨架上有许多可以与溶液中的离子起交换作用的活性基团。根据活性基团的不同，离子交换树脂可分为阳离子交换树脂和阴离子交换树脂两类。

1. 阳离子交换树脂

此类树脂常用苯乙烯和二乙烯苯聚合成网状结构的聚苯乙烯型离子交换树脂。其中二乙烯苯是交联剂。经浓硫酸磺化后得到聚苯乙烯型—SO_3H 阳离子树脂和一系列—COOH、—OH 阳离子交换树脂，根据交换基团的酸性强弱，阳离子交换树脂可分为强酸性如磺酸型和弱酸性如羧酸型、酚型等类型。强酸性磺酸型离子变换树脂的交换反应为：

$$R—SO_3^- H^+ + Na^+ Cl^- \rightleftharpoons R—SO_3^- Na^+ + H^+ Cl^-$$

2. 阴离子交换树脂

在聚苯乙烯的母体上引入可离解的碱性基团，如—N^+R_3、—NR_2、—NHR 等，则成为阴离子交换树脂，用 NaOH 溶液转型后，则成为—OH 型阴离子交换树脂。其交换反应为：

$$RN^+(CH_3)_3OH^- + X^- \rightleftharpoons RN^+(CH_3)_3X^- + OH^-$$

阴离子交换树脂不如阳离子交换树脂稳定。

水的净化

水的净化就是利用了离子交换色谱法，将强酸性阳离子交换树脂用盐酸浸泡后水洗至中性，处理成 H 型，再将强碱性阴离子交换树脂用氢氧化钠溶液浸泡后水洗至中性，处理成 OH 型。然后用一支色谱柱装阳离子交换树脂，用一支色谱柱装阴离子交换树脂，再将阴、阳离子交换树脂按体积 2∶1 混合后装到第三支色谱柱中，将它们串联起来。天然水通过色谱柱后，水中含有的 Ca^{2+}、Mg^{2+}、K^+、Na^+ 等阳离子和 CO_3^{2-}、SO_4^{2-}、Cl^-、Br^-、PO_4^{3-} 等阴离子分别被交换到阴、阳离子交换树脂上而得到去离子水，常用来代替纯化水使用，工业上可用离子交换法软化水。

四、分子排阻柱色谱法

1. 基本原理

分子排阻柱色谱法又称空间排阻柱色谱法或凝胶柱色谱法，是利用被分离组分分子的大小或渗透系数的大小进行分离的方法，广泛应用于天然药物化学和生物化学的研究，水溶性高分子化合物如蛋白制剂等的分析。

分子排阻柱色谱法分离机制与前三种色谱法完全不同，它只取决于凝胶的孔径大小与被分离组分尺寸之间的关系，与流动相的性质无关。当试样通过凝胶时，小分子可以通过所有孔径而形成全渗透，保留时间最长；大分子由于不能进入孔径而全部被排斥，保留时间最短；体积在小分子和大分子之间的分子则仅进入部分合适的孔径。各组分按大分子、中等大小分子、小分子的先后顺序流出色谱柱，从而得以分离。

2. 固定相

分子排阻柱色谱法的固定相为多孔性凝胶，常用的有葡聚糖凝胶和聚丙烯酰胺凝胶。

3. 流动相

分子排阻柱色谱法的流动相应满足如下条件：能溶解试样，并能使凝胶润湿；黏度低，否则会影响到分离效果，因为分子扩散受阻。

第二节 纸色谱法

纸色谱法仪器简单、操作方便、所需样品量少、分离效能高、样品分离后各组分的定性定量分析都比较方便。

一、原理

（一）分离原理

纸色谱法按分离原理属于分配色谱法。其分离原理与液-液分配柱色谱法相同，都是利用样品中各组分在两相互不相溶的溶剂间分配系数不同实现分离的方法。

纸色谱法是以纸为载体的色谱法，它的固定相一般为纸纤维上吸附的水（还可用甲酰胺、缓冲液等），流动相为与水不相溶的有机溶剂（也常用和水相混溶的有机溶剂）。纸纤维只是起到惰性支持物（载体）的作用。待测组分在固定相和流动相之间进行分配，由于各组分分配系数不同而得到分离。

（二）比移值和相对比移值

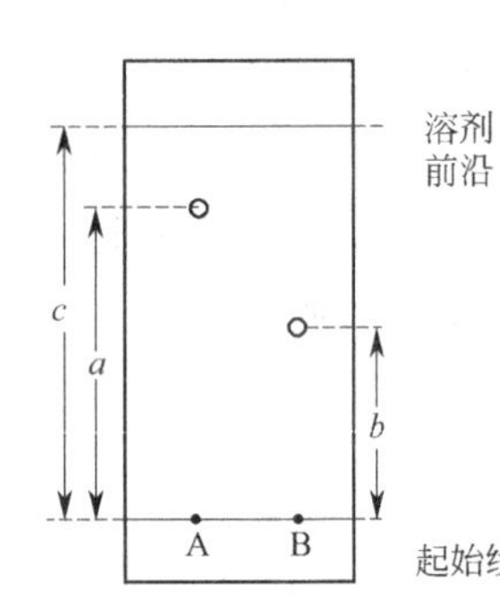

图 9-2 R_f 值的测量示意图

纸色谱在操作时，在滤纸点样品展开后，取出滤纸条，画出溶剂前沿，晾干，用适当方法显色。分离出的组分在滤纸的不同位置上形成斑点。斑点位置用比移值 R_f 表示，如图 9-2 所示。

$$R_f=\frac{\text{原点到斑点中心的距离}}{\text{原点到溶剂前沿的距离}} \tag{9-2}$$

若样品中含有 A、B 两个组分，它们移动的距离分别是 a 和 b，则其 R_f 值分别为：

$$R_{f(A)}=\frac{a}{c} \qquad R_{f(B)}=\frac{b}{c}$$

利用 R_f 值可以定性鉴别。当色谱条件一定时，组分的 R_f 值为常数，其值在 0～1 变化。若该组分的 $R_f=0$，表示它没有随流动相展开，仍停留在原点上。如组分的 $R_f=0.6$，则表示该组分从原点移动到了溶剂前沿的 6/10 处。R_f 与分配系数 K 有关，K 越小，R_f 值越大，反之亦然。组分之间的分配系数相差越大，R_f 值相差也越大，分离越容易。

某样品采用纸色谱法展开后，斑点距原点 8.5cm，溶剂前沿距原点 14.5cm。求其 R_f 值。

影响 R_f 值的因素很多，要提高 R_f 值的重现性，必须严格控制色谱条件。定性分析

时常用相对比移值 R_s 值代替 R_f 值。相对比移值是指样品中某组分移动的距离与对照品移动距离之比，其数学表达式为：

$$R_s=\frac{\text{原点到样品斑点中心的距离}}{\text{原点到对照品斑点中心的距离}} \tag{9-3}$$

对照品可以另外加入，也可用样品中某一组分充当。$R_s=1$，表示样品与对照品一致。

二、操作方法

（一）点样

取滤纸一条，在距纸一端 2～3cm 处用铅笔轻轻画一条线，为起始线，在线上画“×”号表示点样位置。用内径为 0.5mm 的平头毛细管或微量注射器吸取试样溶液均匀地点在已做好标记的起始线上（点样点称为原点），点样点直径不超过 2～3mm，多个点样点之间距离为 1.5～2.0cm，点样点通常应为圆形。若样品溶液浓度太稀，可反复点几次，每次点样后用红外灯或电吹风迅速干燥。

（二）展开

纸色谱法的展开方式有上行法、下行法、双向展开法、多次展开法和径向展开法等。其中最常用的是上行法展开，如图 9-3 所示。它是让展开剂借助于纤维毛细管效应向上扩展，此法适用于分离 R_f 值相差较大的样品。下行法是借助于重力使溶剂由纤维毛细管向下移动，适用于 R_f 值较小的组分。双向展开和多次展开法适于分离成分复杂的混合物。径向展开是采用圆形滤纸进行分离。值得注意的是：即使是同一物质，如展开方式不同，其 R_f 值也不一样。

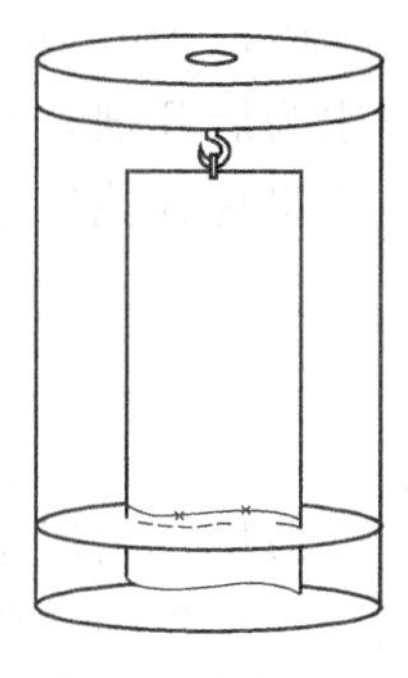
图 9-3　上行法展开示意图

在纸色谱中常用的展开剂是用水饱和的正丁醇、正戊醇、酚等。展开剂预先要用水饱和，否则展开过程中会把固定相中的水夺去。选择展开剂主要根据样品组分在两相中的溶解度，即分配系数来考虑。

（三）斑点的定位

展开结束后，取出滤纸条，画出溶剂前沿，晾干。对于有色物质的分离，展开后直接观察斑点颜色，测算 R_f 值。对于有荧光及少数具有紫外吸收的物质，可在紫外灯下观察有无暗斑或荧光斑点，并画出斑点位置，记录其颜色、强弱，再进行定性或定量分析。如某些组分既不显色斑，又不显荧光，则可根据被分离物质的性质，喷洒合适的显色剂显色。但必须注意，不能使用带有腐蚀性的显色剂如浓硫酸等，以免腐蚀色谱纸。

（四）定性分析

对斑点的定性鉴别主要依靠 R_f 值。测算斑点的 R_f 值，然后，将计算 R_f 值与文献记载的 R_f 值相比较，鉴定各组分，因为在一定的色谱条件下，相同物质的 R_f 值或 R_s 值相同。因为影响 R_f 值的因素较多，所以可将样品与对照品同时在同一块滤纸上展开，测量色斑的 R_s 值后进行定性。

（五）定量分析

纸色谱的定量分析常用以下几种方法。

1. 目测法

目测法是将标准系列溶液和样品溶液同时点在一张滤纸上，展开和显色后，通过目视比较样品与对照品斑点的颜色深浅和面积大小，求出样品的近似含量。

2. 剪洗法

剪洗法是先将待测部位的色斑剪下，经溶剂浸泡、洗脱，再用比色法或分光光度法进行定量分析。

3. 光密度测定法

光密度测定法是用色谱斑点扫描仪直接测定斑点的光密度。可通过直接测定斑点颜色浓度，将样品与标准品比较，即可求算样品含量。

三、应用与实例

药品检验标准操作规范中对肌苷的降解产物次黄嘌呤是用纸色谱法对其进行限量检查。

吸取 10mg/mL 的肌苷水溶液 10μL 点在 3cm×20cm 色谱用滤纸上，置展开缸中，以水为展开剂，上行展开，取出、吹干，置 254nm 紫外灯下检视，除紫色主斑点外，应不出现其他斑点。

第三节　薄层色谱法

薄层色谱法是在纸色谱之后发展起来的，现已成为一种极有价值的物质分离分析方法，并可作为柱色谱选择条件的预备方法。

一、原理

（一）分离原理

薄层色谱法按分离原理可分为吸附薄层、分配薄层、离子交换薄层和凝胶薄层。其中应用最为广泛的是吸附薄层色谱法。

吸附薄层色谱法所用的固定相为固体吸附剂，流动相通常为不同极性的溶剂，由于固体吸附剂对样品中不同组分吸附能力不同，使得各组分在两相中的分配情况不同，最终达到分离的目的。

（二）吸附剂的选择

吸附薄层色谱法所用的吸附剂和吸附柱色谱法基本相同，选择原则基本一致。但在薄层色谱中要求吸附剂的颗粒更细。颗粒太大，展开速度快，展开后斑点宽，分离效果差；颗粒太小，展开速度慢，容易产生拖尾现象。吸附剂颗粒的大小可用筛子单位面积的孔数（目）表示。

薄层色谱法中常用的吸附剂有硅胶、氧化铝和聚酰胺等。可根据不同的分析条件与要求进行选择。

（三）展开剂的选择

薄层色谱法中展开剂的选择原则与柱色谱法相似。分离极性较强的组分时，选用活性较低的薄层板，用极性大的展开剂展开，否则组分的 R_f 太小，分离效果不好。分离极性较弱的组分时，选用活性较高的薄层板和极性小的展开剂，否则 R_f 太大，也不利于分离。一般各斑点的 R_f 要求在 0.2～0.8，不同组分的 R_f 之间应相差 0.05 以上，否则容易造成斑点重叠。

二、操作方法

（一）制板

将吸附剂涂铺于载板上使其成为厚度均匀一致的薄层叫做制板。可采用玻璃板、塑料板、金属板等来涂铺固定相，常用玻璃板制板。载板的大小根据操作需要而定，使用前应洗涤干净，烘干备用。要求表面光滑、平整清洁。

薄板有两种，不加黏合剂的软板和加黏合剂的硬板。

1. 软板的制备

软板采用干法铺板，如图 9-4 所示。铺板时首先将吸附剂均匀地撒在载板的一端，取一根比载板宽度略长一些的玻璃棒，在其两端套上塑料管或乳胶皮管，然后从撒有吸附剂的一端，两手用力均匀向前推挤，速率不宜过快，中途也不可停顿，否则铺出的薄层不均匀，影响分离效果。

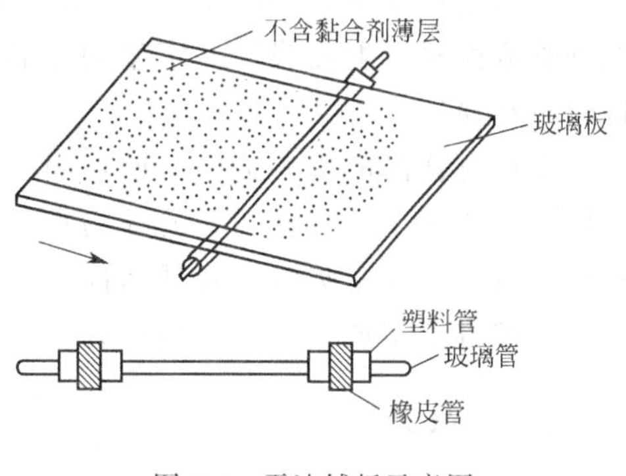

图 9-4　干法铺板示意图

干法铺板简单、快速，随铺随用，展开速率快，但由于软板不坚固、易松散，展开时只能近水平展开，分离效果也较差。

2. 硬板的制备

硬板采用湿法铺板（图 9-5），是在吸附剂中加入黏合剂，用适当溶剂溶解后与吸附剂调成糊状进行铺板。黏合剂的作用是使薄层固定在玻璃板上。

硬板的铺制方法有倾注法、平铺法和机械涂铺法。

倾注法是取适量调制好的吸附剂糊状物，倒在准备好的载板上，用洗净玻璃棒摊平，轻轻振动载板，使薄层均匀、平坦、光滑，放在水平台上晾干，再置于烘箱内加热活化 1h，然后置干燥器中备用。

平铺法制板是将载板置于水平台面上，另用两条稍厚的玻璃做框边，框边高出中间载板的厚度就是薄层的厚度。将已调制均匀的糊状吸附剂倾倒在载板一端，用玻璃棒将吸附剂从一端刮向另一端，去掉两边的玻璃条，轻轻振动载板，放在水平台上晾干，再活化备用。

机械涂铺法是用铺板器制板，是目前应用较广的方法。操作简单，制得的薄板厚度一致，适用于定量分析。

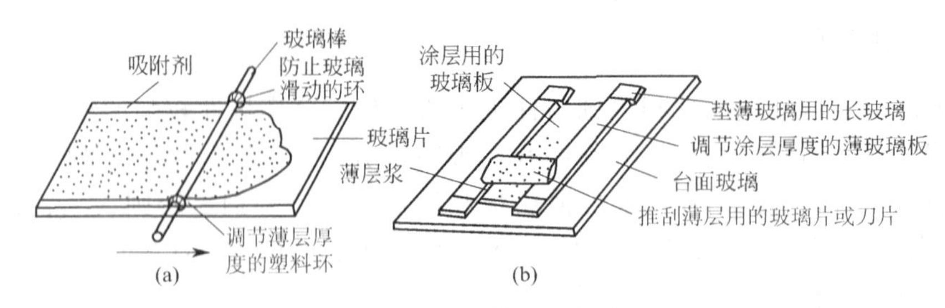

图 9-5 湿法铺板示意图

制备硬板常用的黏合剂有羧甲基纤维素钠（CMC-Na）和煅石膏（G）等。CMC-Na 常配成 0.5%～1%的溶液使用。配制时，把 0.5～1g CMC-Na 溶于 100mL 水中，加热煮沸，冷却后备用。称取一定量的吸附剂加入适量 CMC-Na 溶液调成稠度适中的均匀糊状物铺板。为防止搅拌时产生气泡，可加入少量乙醇。羧甲基纤维素钠作为黏合剂制成的硬板，力学性能强，可用铅笔在薄板上标记，但不宜在强腐蚀性试剂存在下加热。煅石膏作为黏合剂制成的硬板，力学性能较差、易脱落，但耐腐蚀，可用浓硫酸试液显色。

（二）点样

用铅笔在距薄板一端 1.5～2cm 处画一条起始线，在起始线处做好点样记号，再用毛细管或微量注射器吸取一定量的样品溶液，轻轻接触薄板起始线的点样记号，溶液就自动渗在薄层上。

点样时样品的量要适中，原点面积要小，其直径一般不超过 2～3mm，否则影响分离效果。如多个样品在同一薄板的点样线上点样，点与点相互间隔为 1～1.5cm。为了避免薄板在空气中吸湿而降低活性，点样后可用电吹风机吹干，以缩短点样时间。点样后应立即将薄板放入色谱缸内展开。

（三）展开

薄层色谱法的展开方式与纸色谱法相似，可根据需要和所用薄板的大小、形状、性质选用不同的色谱缸和展开方式。

展开时要注意：①展开必须在密闭容器内进行，色谱缸必须密闭良好。②薄板上的样品点不能浸入到流动相中。③防止边缘效应的产生，边缘效应是指同一组分在同一块薄板上，出现中间部分的 R_f 值比边缘部分 R_f 值小的现象。造成边缘效应现象的根本原因是由于色谱缸中展开剂蒸气未达到饱和，因而在展开前，色谱缸空间和薄板应先被展开剂蒸气所饱和。④操作过程要恒温恒湿。

一般情况下，当展开剂展开到薄板的 3/4 左右时，取出薄板，在前沿做好标记，软板在空气中晾干，硬板可用电热吹干或烘箱烘干。

（四）显色

展开结束后斑点检查方法与纸色谱法相同。对于有色物质，斑点的位置可直接观察测定，对于无色物质的斑点可采用物理检出法和化学检出法确定位置。物理检出法是对于有荧光及少数有紫外吸收的物质，可在紫外灯下观察有无暗斑或荧光斑点，再进行定性或定量分析。具有紫外吸收的物质也可采用荧光薄层板检测，根据被测物质吸收紫外光而产生各种颜色的暗斑来确定组分的位置。化学检出法是对于既无色又无紫外吸收的物质，可采用显色剂显色。显色剂分为通用型和专属型两种。如碘、硫酸溶液等是通用型显色剂。专属型显色剂是利用物质的特性反应显色。如茚三酮是氨基酸的专属显色剂；三氯化铁-铁氰化钾试剂是含酚羟基物质的专属显色剂。

（五）定性分析

薄层色谱法定性分析的方法与纸色谱法完全相同，都是用 R_f 和 R_s 进行定性鉴别。

（六）定量分析

薄层色谱法的定量分析方法包括目视比较法、斑点洗脱法和薄层扫描法。

目视比较法是用对照品配成一系列已知浓度的标准溶液，样品在同样条件下配成样品溶液，将标准溶液和样品溶液在同一块薄层板上点样、展开、显色后，以目视法直接比较样品斑点的颜色深浅或面积大小，并与对照品标准溶液相比较，从而近似判断样品中待测组分的含量。

斑点洗脱法是将样品和对照品在同一块薄板上展开后，给样品斑点定位，然后，将样品从薄层板上连同吸附剂一起刮下，用溶剂将斑点中的组分洗脱下来，再用适当方法测定其含量。

薄层扫描法是用薄层扫描仪直接测定斑点含量。用一定波长、一定强度的光束照射到薄板被分离组分的色斑上，用仪器扫描后，求出色斑中组分的含量。薄层扫描法现已成为薄层色谱法定量分析的主要方法。

三、应用与实例

镇痛药加合百服宁的成分分析常用薄层色谱法。

由于吸附剂对加合百服宁中各成分的吸附能力不同，在展开剂作用下，各成分色谱分离速率不同，从而得以分离。通过比较各组分的 R_f 值，确定药物中所含成分。

将市售 600mg 加合百服宁片用无水乙醇：二氯甲烷＝1：2 混合溶剂萃取，以乙酸乙酯作为展开剂，在硅胶板上展开，通过紫外光灯确定斑点，计算 R_f，确定其中含有对乙酰氨基酚（500mg）和咖啡因（65mg）。

（黄月君）

习　题

一、填空题

1. 柱色谱法按分离原理不同可分为________、________、________和________。
2. 吸附剂的含水量越高活性级别______，活性______，吸附能力______。

3. 薄层色谱法操作步骤有______、______、______、______、______和______。
4. 如果分离极性较小的组分，应选用吸附活性______的吸附剂和极性______的流动相。
5. 分配色谱法是利用样品中各组分在两种______的溶剂间________不同而达到分离的方法。
6. 薄层分离中一般各斑点的 R_f 值要求在________之间，R_f 值之间应相差________以上，否则易造成斑点重叠。
7. 纸色谱法是以____作为载体的色谱法，按分离原理属于______色谱法。

二、单项选择题

1. 吸附柱色谱法与分配柱色谱法的主要区别是（　　）。
A. 玻璃柱不同　B. 洗脱剂不同　C. 固定相不同
D. 分离原理不同　E. 操作方式不同
2. 吸附平衡常数 K 值大，则（　　）。
A. 组分被吸附得牢固　B. 组分被吸附得不牢固　C. 组分移动速度快
D. 组分几乎不移动　E. 组分吸附得牢固与否与 K 值无关
3. 下列不是吸附剂的物质是（　　）。
A. 氧化铝　B. 硅藻土　C. 硅胶
D. 聚酰胺　E. 羧甲基纤维素钠
4. 在薄层色谱中，一般要求 R_f 值的范围在（　　）。
A. 0.1～0.2　B. 0.2～0.8　C. 0.8～1.0
D. 1.0～1.5　E. 1.5～2.5
5. 下列哪种色谱方法的流动相对色谱的选择性无影响（　　）。
A. 液-固吸附色谱　B. 液-液分配色谱
C. 离子交换色谱　D. 分子排阻色谱
E. 薄层色谱法
6. 纸色谱法属于下列哪一个范畴（　　）。
A. 吸附色谱　B. 分配色谱　C. 离子交换色谱
D. 分子排阻色谱　E. 气相色谱法
7. 在色谱过程中，流动相对物质起着（　　）。
A. 分解作用　B. 吸附作用　C. 洗脱作用
D. 平衡作用　E. 支撑作用
8. 在吸附色谱中，分离极性大的物质应选用（　　）。
A. 活性高的吸附剂和极性大的洗脱剂
B. 活性高的吸附剂和极性小的洗脱剂
C. 活性低的吸附剂和极性小的洗脱剂
D. 活性低的吸附剂和极性大的洗脱剂
E. 以上都可选用
9. 薄层色谱法中，软板与硬板的主要区别是（　　）。
A. 吸附剂不同　B. 是否加黏合剂　C. 玻璃板不同
D. 黏合剂不同　E. 铺制方法不同

10. 色谱法最大的特点是（　　）。

A. 分离混合物　　B. 定性分析　　C. 定量分析

D. 分离分析混合物　　E. 可对斑点进行定位

三、简答题

1. 说明吸附色谱法中被分离组分、吸附剂和流动相三者之间的关系。
2. 吸附剂有哪些类型？简述其性能，各适合于分离哪些类型的物质？
3. 以液-液分配色谱法为例，简述色谱法的分离过程。
4. 在吸附薄层色谱法中如何选择展开剂？

四、计算题

1. 在同一薄层板上将某样品和对照品展开后，样品斑点中心距原点 9.5cm，对照品斑点中心距原点 8.0cm，溶剂前沿距原点 16cm，试求样品及对照品的 R_f 值和 R_s 值？
2. 化合物 A 在薄层板上从原点到斑点中心距离为 8.35cm，而薄层起始线到溶剂前沿距离为 14.95cm，化合物 A 的 R_f 值为多少？如果该薄层起始线到溶剂前沿距离有 13.89cm，则化合物 A 斑点中心到起始线距离大约为多少厘米？

第十章 高效液相色谱法

重点知识

高效液相色谱法及特点；高效液相色谱仪的基本组成及作用；高压输液系统的构成；检测器的分类；高效液相色谱法的分类；化学键合固定相。

以液体为流动相的柱色谱分离分析技术称为液相色谱法。以气体为流动相的柱色谱分离分析技术称为气相色谱法。在常压下采用普通规格的固定相及流动相进行组分分离的液相色谱法称为经典液相色谱法。而高效液相色谱法（higi performance liquid chromatography，HPLC）是在20世纪60年代末，以经典液相色谱法为基础，利用气相色谱法的理论与实验方法，以高压泵输送液体流动相，采用高效固定相以及在线检测方法，发展而成的现代分离分析方法，故高效液相色谱法又称为高速液相色谱法或高压液相色谱法。

高效液相色谱法有“四高一广”的特点。

1. 高压

流动相为液体，流经色谱柱时，受到的阻力较大，为了能迅速通过色谱柱，必须对流动相加高压。

2. 高速

分析速度快、流动相流速快，较经典液体色谱法分析速度快得多，通常分析一个样品在15～30min，有些样品甚至在5min内即可完成，一般小于1h。

3. 高效

分离效能高。可选择高效固定相和流动相以达到最佳分离效果，比工业精馏塔和气相色谱法的分离效能高出许多倍。

4. 高灵敏度

紫外检测器可检测0.01ng数量级的样品，进样量在微升数量级。

5. 应用范围广

70%以上的有机化合物可用高效液相色谱法分析，特别是高沸点、大分子、强极性、热稳定性差的化合物的分离分析，显示出优势。

此外，高效液相色谱法还有色谱柱可反复使用、样品不被破坏、易回收等优点，但也有缺点，与气相色谱法相比各有所长，相互补充。高效液相色谱法的缺点是有“柱外效应”。在从进样到检测器之间，除了柱子以外的任何死空间（进样器、柱接头、连接管和检测池等）中，如果流动相的流型有变化，被分离物质的任何扩散和滞留都会显著地导致色谱峰的加宽，柱效率降低。高效液相色谱仪的检测器灵敏度不及气相色谱仪。

第一节　高效液相色谱仪

高效液相色谱法所用的仪器称高效液相色谱仪，外观见彩色插图 8。

一、基本组成

高效液相色谱仪具有稳定流量的流动相，通过高压输液系统将样品带入色谱柱，在色谱柱中不同待测组分得到分离，并先后从色谱柱中流出，经过检测器和数据获取与处理系统产生不同色谱峰和色谱数据。因此，它由高压输液系统、进样器、色谱柱、检测器、馏分收集器以及数据获取与处理系统（称为色谱工作站）六部分组成，如图 10-1 所示。

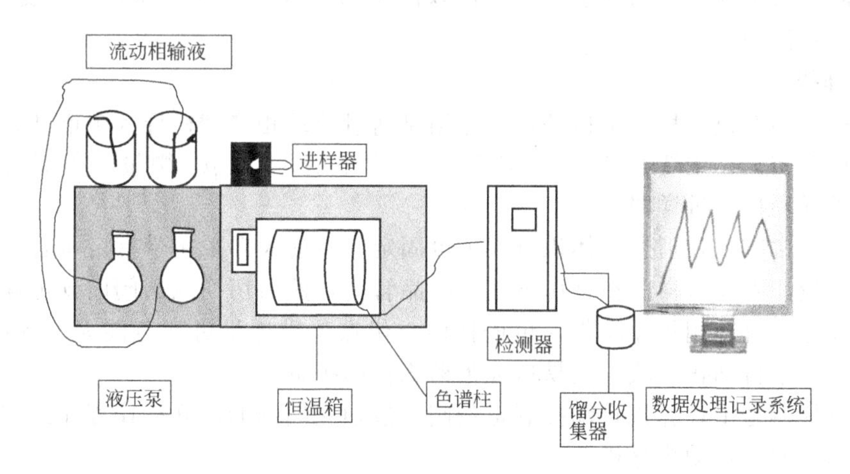

图 10-1　高效液相色谱仪结构示意图

1. 高压输液系统

高压输液系统包括储液罐、高压输液泵和梯度洗脱装置等。

（1）储液罐　储液罐是存放流动相或组成流动相的各种溶剂的容器，因此其对流动相必须是化学惰性的，常用的材质为玻璃。容积一般为 0.5～2L。为了保持一定的输液静压差，储液罐放置的位置要高于高压输液泵。

流动相或组成流动相的各种溶剂放入储液罐前应过滤和脱气。过滤常使用 0.45μm 微孔玻璃漏斗以除去 3～4μm 以上的固体杂质，避免阻塞输液管道和进入色谱柱，影响色谱仪的正常工作。脱气的方法有抽真空脱气法、超声波脱气法和在线真空脱气法，目的是为了防止流动相从高压色谱柱内流出时，由于压力下降，使溶解在流动相或组成流动相的各种溶剂中的空气里的 O_2、CO_2 等气体自动逸出形成气泡，气泡进入检测器而使噪声剧增，甚至不能正常检测。

储液罐在使用过程中应密闭，以防止由于溶剂蒸发引起流动相组成的变化，也可防止空气中的 O_2、CO_2 等气体重新溶解于已经脱气的流动相或组成流动相的各种溶剂中。储液罐中的液体应经过滤膜过滤后再进入输液管道，进一步除去流动相中的机械杂质。

(2) 高压输液泵　高压输液泵是高效液相色谱仪的重要部件之一，其作用是提供动力，以便在高压下连续不断地输送流动相到色谱柱中，使试样在色谱柱中完成分离，其性能的好坏直接影响高效液相色谱仪的整体性能。因此，输液泵应能提供恒定平稳的输液量。对它的性能要求有：流量稳定，流量精度应为1%左右；耐高压（30～60MPa/cm^2）且输出压力平稳；耐各种流动相，例如有机溶剂、水和缓冲液等。它的种类有输出压力恒定的恒压泵（液压隔膜泵和气动放大泵），输出流量恒定、无脉动的恒流泵（螺旋注射泵和往复柱塞泵）。

(3) 梯度洗脱装置　梯度洗脱装置是指流动相中有 2 种或 2 种以上不同溶剂，在分离分析 2 种以上待测组分时，连续或间断改变流动相中不同溶剂的比例（即流动相的组成），使每个待测组分均有合适的容量因子（k'），并使所有待测组分在最短的分析时间内，以适合的分离度获得圆满的选择性的分离。它的优点是可以提高色谱柱的柱效、缩短分析时间、改善检测器的灵敏度。它常以低压梯度（外梯度）和高压梯度（内梯度）两种方式进行洗脱。

2. 进样器

进样器安装在色谱柱的进口处，其作用是通过流动相将试样导入色谱柱，要求它进样便利切换严密。它主要有四种：10MPa/cm^2 以下的 1～10μL 微量注射器进样、停流进样、阀进样和自动进样器。

阀进样较常用、较理想、体积可变也可固定，目前大多采用带有定量管的六通进样阀，先用微量注射器将样品在常压下注入样品管内，然后切换六通阀门到进样位置，由高压输液泵输送流动相将样品带入色谱柱内，优点是进样量可变范围大、进样量准确、重现性好、易于自动化，缺点是易造成色谱峰柱前扩宽。

自动进样器是由计算机自动控制定量阀，按预先编制的进样操作程序工作。它有利于重复操作，实现自动化分析。

3. 色谱柱

色谱柱简介

色谱柱是一种内有固定相，用以分离混合物的柱管。柱管内装填有固定相用以分离混合组分。柱管多为金属或玻璃制作，有直管、盘管、U 形管等形状。

色谱柱可分为填充柱和开管柱两大类。液相色谱均采用填充柱。

色谱柱由柱管、压帽、卡套（密封环）、筛板（滤片）、接头、螺母等组成。如图 10-2 所示。

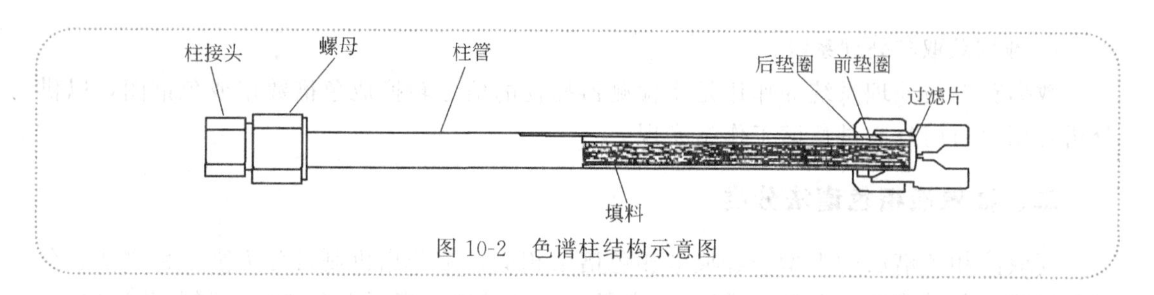

图 10-2　色谱柱结构示意图

色谱柱是高效液相色谱仪的核心部件，外观见彩色插图 9。其作用是分离样品中的各个组分，由柱管和固定相组成。柱管通常为内壁抛光的不锈钢管，形状几乎全为直型，长为 10～30cm，内径为 2～5mm。固定相是填料粒度为 5～10μm 的高效微粒固定相，能承受高压，对流动相呈化学惰性。由于液体流动相黏度远远高于气体，为了减低色谱柱的柱压，高效液相色谱的色谱柱一般比较粗，直径比气相色谱柱大，长度也远小于气相色谱柱。影响色谱柱寿命的因素有：①突然的压力波动以及机械或热冲击；②强吸附性的组分聚集在色谱柱的进口填料上；③键合相的稳定性，流动相的 pH 和过高的温度都会使键合相流失。为了提高色谱柱的使用寿命，通常在色谱柱前加一个预柱，避免强吸附性的组分聚集在色谱柱的进口填料上。

4. 检测器

检测器是高效液相色谱仪的重要部件之一，其作用是将待测组分经色谱柱分离后的溶液浓度转换成光信号或电信号，检测后直接显示出来。它应具备检测效率高、速度高、灵敏度高、重复性好、范围广、噪声低、线性范围宽等特点。

常用的检测器有两类。一类是选择性检测器，如紫外检测器（UVD)、荧光检测器(FLD)、质谱检测器（MSD）和电化学检测器（ECD）等，其中，紫外检测器又分为固定波长检测器、可变波长检测器和二极管阵列检测器（PDA 或 DAD）三类。另一类是通用检测器，如示差折光检测器（RID）和蒸发光散射检测器（ELSD）等。

检测器的主要性能指标有灵敏度、最低检出极限、线性范围、噪声和漂移。灵敏度越大，最低检出极限越小，检测器性能越好。检测器的灵敏度（S）是指待测组分的质量（或浓度）-响应值直线的斜率，斜率越大灵敏度越高。最低检出极限（D）又称检测限是指检测器能给出可观测的信号进入检测器的最小待测组分浓度或质量，它与系统的噪声水平有关，通常以噪声的 2 倍除灵敏度作为最低检出极限。线性范围是指灵敏度保持不变时，检测器输出信号与待测组分浓度或质量呈线性关系的最大和最小值范围，通常下限为最低检出极限，上限为实验测得值。基线噪声（N）是指由于各种原因引起的基线波动，它是检测器的重要指标之一，它通常用 $N_D=V_1A$ 表示，V_1是记录仪可测量到的信号标度，A 为衰减倍数。基线漂移是指基线随着时间的增加而产生的偏离，一般测定在同一条件下 1h 基线偏离的幅值。

5. 馏分收集器

如果所进行的色谱分离不是为了纯粹的色谱分析，而是为了做其他波谱鉴定，或获取少量试验样品的小型制备，馏分收集是必要的，方法有两个：一是手工收集，少数几个馏分，手续麻烦，易出差错；二是馏分收集器收集，比较理想，由计算机操作系统控制，操作准确。

6. 数据获取与处理系统

数据获取与处理系统的作用是将检测器捕捉的信号转换成色谱数据或色谱图，以供分析之用。目前，通过色谱工作站实现。

二、高效液相色谱法分类

高效液相色谱法的类型与经典液相色谱法相似，按分离机制可分为吸附色谱法、分配色谱法（包括化学键合相色谱法）、离子交换色谱法、离子对色谱法、凝胶色谱法等。

1. 化学键合相色谱法

化学键合相色谱法（BPC）是以化学键合相为固定相，利用样品组分在化学键合相和流动相中的分配系数不同而得以分离分析的色谱法。它是由液-液分配色谱法发展而来的，固定相和流动相均为液体，且互不相溶。将固定相的官能团通过化学反应共价键合到载体（硅胶）表面的游离羟基上，这种方法制得的固定相称为化学键合固定相，简称键合相。这类固定相的特点是化学稳定性好、耐溶剂冲洗、热稳定性好、使用周期长、柱效高、重现性好、可使用的流动相和键合相种类多、分离的选择性高，并且可以通过改变键合有机官能团的类型来改变分离的选择性。因此，化学键合相色谱法在现代液相色谱法中占有极其重要的地位。

根据化学键合固定相与流动相的相对极性强弱，可将化学键合相色谱法分为正相键合相色谱法（NBPC）和反相键合相色谱法（RBPC）。

（1）正相键合相色谱法　正相键合相色谱法的固定相（如表面具有氨基、氰基、醚键的极性键合相）极性比流动相极性大，流动相一般为非极性的疏水性溶剂（烷烃类如正己烷、环己烷），常加入乙醇、异丙醇、四氢呋喃、三氯甲烷等以调节组分的保留时间。分离时组分流出的顺序是，极性小的组分先流出柱子，极性大的组分后流出柱子。主要用于分离中等极性和极性较强的化合物（如酚类、胺类、羰基类及氨基酸类等），特别适于分离不同类型的化合物。

（2）反相键合相色谱法　反相键合相色谱法固定相的极性比流动相极性小，常用十八烷基硅烷键合硅胶作为固定相（称为 ODS 柱），流动相为水或缓冲液，常加入甲醇、乙腈、异丙醇、丙酮、四氢呋喃等与水互溶的有机溶剂以调节保留时间。分离时组分流出的顺序是，极性大的组分先流出柱子，极性小的组分后流出柱子。由于反相键合相色谱法流动相的调整，适用于几乎所有类型化合物，如极性、非极性；水溶性、油溶性；离子型、非离子型；大分子、小分子；具有官能团差别或相对分子质量差别的同系物等。分离分析范围较大，在现代液相色谱中应用最为广泛，据统计，它占整个 HPLC 应用的 80%左右。

知识拓展

反相离子抑制技术

大多数反相键合相色谱柱的 pH 值稳定范围是 2～7.5，一般 ODS 柱 pH 值范围在2～8。当流动相的 pH 值小于 2 时，导致键合相水解。采用反相键合相色谱法分离弱酸（$3 \leqslant pK_a \leqslant 7$）或弱碱（$7 \leqslant pK_a \leqslant 8$）样品时，通过调节流动相的 pH 值，以抑制样品组分的解离，增加组分在固定相上的保留，并改善峰形的技术称为反相离子抑制技术。对于弱酸，流动相的 pH 值越小，组分的 K_a 值越大，当 pH 值远远小于弱酸的 pK_a 值时，弱酸主要以分子形式存在；对弱碱，情况相反。分析弱酸样品时，通常在流动相中加入少量弱酸，常用 50mmol/L 磷酸盐缓冲液和 1% 乙酸溶液；分析弱碱样品时，通常在流动相中加入少量弱碱，常用 50mmol/L 磷酸盐缓冲液和 30mmol/L 三乙胺溶液。在流动相中加入有机胺可以减弱碱性溶质与残余硅醇基的强相互作用，减轻或消除峰拖尾现象。所以在这种情况下有机胺（如三乙胺）又称为减尾剂或除尾剂。

2. 离子对色谱法

离子对色谱法是将一种（或多种）与溶质分子电荷相反的离子（称为对离子或反离子）加到流动相或固定相中，使其与溶质离子结合形成弱极性离子对化合物，从而控制溶质离子的保留行为。

三、高效液相色谱仪操作规程

（1）检查仪器各部件（包括输送泵、进样阀、检测器、色谱工作站、计算机、打印机、不间断电源等辅助设备）的电源线、数据线和输液管道是否连接正常。

（2）准备所需的流动相，必要时用 0.45μm 滤膜过滤，超声脱气 10～20min。

（3）接通电源，依次开启不间断电源、计算机，待自检结束后，打开检测器、输液泵及其他部件的电源开关。

（4）设定实验参数，包括流动相的组成、流速、洗脱方式、分析程序、平衡系统等。

（5）正确进样，采集数据并打印。

（6）测定完毕，退出色谱工作站，关闭检测器电源，用适当的溶剂冲洗柱子 20～30min，确保冲洗干净后，关闭仪器各部分电源。

（7）填写仪器使用登记簿。

高效液相色谱仪的操作注意事项。

（1）每次做完实验后，注意要清洗管路以及色谱柱，防止管路、脱气机及色谱柱的堵塞。

（2）若流动相中需要加入盐类物质，一定要将盐类物质过滤并且现配现用，不用后将盐类物质立即倒掉，不可将盐类物质存放在储液罐中。

（3）当迫使阀打开，流速为 5mL/min，系统的压力高于 5bar 时，注意更换泵的过滤白头。

（4）切忌用纯的乙腈去冲洗管路。

第二节 应用实例

高效液相色谱法是色谱分析法中的分析方法之一，因此，定性定量的分析方法与色谱分析法相同。它适宜于分离分析高沸点、热稳定性差、有生理活性及相对分子质量比较大的物质，因而广泛应用于药物、药物在人体代谢产物、核酸、肽类、内酯、稠环芳烃、高聚物、表面活性剂、抗氧化剂、杀虫剂等物质的分析，还用于药物稳定性试验、药理研究、体内药物分析及临床检验等。

一、内标法实例

测定生物碱试样中黄连碱和小檗碱的含量一般用内标物对比法。色谱条件：硅胶色谱柱，紫外检测器，以无水乙醇-3%三乙胺（92∶8）为流动相，检测波长为345nm。

精密称取内标物、黄连碱和小檗碱对照品各0.2000g配成混合溶液。测得内标物、黄连碱和小檗碱对照品的峰面积分别为3.60cm^2、3.43cm^{2}和4.04cm^2。再精密称取内标物0.2000g和试样0.8560g配成混合溶液，在相同的色谱条件下，测得内标物、黄连碱和小檗碱对照品的峰面积分别为4.16cm^2、3.71cm^{2}和4.54cm^2。计算试样中黄连碱和小檗碱的含量。

由式(8-24)可知 i 组分含量(%)$=\dfrac{(A_i/A_s)_{样品溶液}}{(A_i/A_s)_{对照品溶液}}\times\dfrac{m_{对照品}}{m_{样品}}\times100\%$

$$黄连碱含量(\%)=\frac{3.71/4.16}{3.43/3.60}\times\frac{0.2000}{0.8560}\times100\%=21.9\%$$

$$小檗碱含量(\%)=\frac{4.54/4.16}{4.04/3.60}\times\frac{0.2000}{0.8560}\times100\%=22.7\%$$

二、外标法实例

测定黄芩颗粒中黄芩素的含量用外标一点法。色谱条件：十八烷基硅烷键合硅胶（ODS）色谱柱，紫外检测器，0.6%磷酸-乙腈（55∶45）为流动相，流速为1mL/min，柱温为40℃，检测波长为275nm。

精密称取黄芩苷和汉黄芩素对照品适量，加甲醇制成1mL分别含黄芩苷20.8μg和汉黄芩素6.00μg的混合溶液，即得对照品溶液。精密称取研细的样品1g，置100mL容量瓶中，加甲醇90mL，超声处理30min，放冷，加甲醇至标线，摇匀，精密量取1mL，置10mL容量瓶中，加甲醇至标线，摇匀，0.45μm微孔滤膜滤过，取滤液即得供试品溶液（1.255mg /mL）。分别取10μL对照品溶液和供试品溶液进样，测得对照品溶液（6.00 μg/mL）和供试品溶液的黄芩素峰面积分别为70644cm^{2}和229466cm^2，求黄芩颗粒中黄芩素的含量。

由式(8-22)可知 i 组分含量（%）$=\dfrac{A_i}{A_s}\times\dfrac{m_s}{m}\times100\%$

供试品溶液中黄芩素的含量是 黄芩素含量（%）$=\dfrac{229466}{70644}\times\dfrac{6.00}{1255}\times100\%=1.55\%$

黄芩颗粒中黄芩素的含量是 $1.55\%\times10=15.5\%$

课堂互动

1. 何谓液相色谱洗脱液？高效液相色谱对洗脱液有何要求？
2. 按固定相与流动相相对极性的不同，液-液分配色谱可分为哪两类方法？

（廖禹东 闫冬良）

习　题

一、填空题

1. 高效液相色谱仪一般可分为________、________、________、________、________和________________________等部分。
2. 常用的高效液相色谱检测器主要有___________、___________、___________、___________、__________和______________检测器等。
3. 正相分配色谱适用于分离________化合物，极性____的组分先流出柱子，极性____的组分后流出。反相分配色谱适用于分离______或______化合物，极性____的组分先流出，极性____的组分后流出。
4. 通过化学反应，将______________键合到________表面，此固定相称为化学键合固定相，简称________。

二、单项选择题

1. 高效液相色谱仪中高压输液系统不包括（　　）。
   A. 储液罐　　B. 高压输液泵　　C. 过滤器
   D. 梯度洗脱装置　　E. 进样器
2. 下列哪种是高效液相色谱仪的通用检测器（　　）。
   A. 紫外检测器　　B. 荧光检测器
   C. 电化学检测器　　D. 蒸发光散射检测器
   E. 质谱检测器
3. 高效液相色谱法、原子吸收分析法一般使用（　　）配制溶液。
   A. 国标规定的一级、二级去离子水　　B. 国标规定的三级水
   C. 不含有机物的蒸馏水　　D. 无铅（无重金属）水
   E. 自来水
4. 高效液相色谱仪与气相色谱仪比较增加了（　　）。
   A. 恒温箱　　B. 进样装置　　C. 程序升温
   D. 梯度洗脱装置　　E. 检测器
5. 在液相色谱中，为了改变柱子的选择性，可以进行（　　）的操作。
   A. 增加柱长　　B. 改变填料粒度
   C. 改变流动相或固定相种类　　D. 改变流动相的流速
   E. 缩短柱长
6. 在液相色谱中，某组分的保留值大小实际反映了（　　）部分的分子间作用力。
   A. 组分与组分　　B. 组分与固定相　　C. 组分与流动相和固定相
   D. 组分与流动相　　E. 流动相和固定相
7. 在高效液相色谱仪中，色谱柱的长度一般在（　　）范围内。
   A. 10～30cm　　B. 20～50m　　C. 1～2m
   D. 2～5m　　E. 1～10cm
8. 在高效液相色谱仪中，试样混合物在（　　）中被分离。

A. 色谱柱　　B. 高压泵　　C. 检测器
D. 进样器　　E. 记录仪

9. 高效液相色谱流动相过滤必须使用（　　）粒径的过滤膜。
A. 0.5μm　　B. 0.45μm　　C. 0.6μm
D. 0.55μm　　E. 0.35μm

10. 在高效液相色谱法中，不会显著影响分离效果的是（　　）。
A. 改变固定相种类　　B. 改变流动相流速
C. 增大流动相配比　　D. 降低流动相配比
E. 改变流动相种类

三、简答题

1. 什么是高效液相色谱法？它的特点有哪些？
2. 高效液相色谱仪的基本组成有哪些？各部分的作用是什么？
3. 高效液相色谱仪的流动相为什么在使用前必须过滤和脱气？
4. 高效液相色谱仪中检测器有哪几种类型？
5. 高效液相色谱法有哪几种类型？
6. 何为化学键合固定相？常用的化学键合固定相是哪类？相应的流动相有哪些？
7. 高效液相色谱法有哪几种定量方法？

四、计算题

用峰面积归一化法测定杂质乙酸甲酯、丙酸甲酯和正丁酸甲酯的含量，它们的峰面积分别为 $18.1cm^2$、$43.6cm^2$ 和 $29.9cm^2$，如其相对校正因子分别为 0.60、0.75、0.88，试计算各组分的含量。

第十一章 气相色谱法

重点知识

气相色谱法及特点；气相色谱法的分类；气相色谱仪的基本组成及作用；常用的载气；检测器的分类；操作条件的选择。

以气体为流动相的柱色谱分离分析技术称气相色谱法（gas chromatography，GC）。气相色谱法的出现使色谱技术从最初的定性分离手段进一步演化为具有分离功能的定性定量分析手段，并且极大地刺激了色谱技术和理论的飞速发展。20世纪40年代，英国生物学家马丁（A. F. P. Martin）等在研究液-液分配色谱的基础上首次提出用气体作为流动相，1952年马丁和辛格创立了气-液色谱法，第一次用气相色谱法分离测定复杂混合物，标志着GC的诞生，同年建立了塔板理论。1956年荷兰学者范第姆特（Van Deemter）等提出了速率理论，为气相色谱法奠定了理论基础。在此后的20多年里，GC得到了飞速发展，从1955年第一台商品气相色谱仪的推出，到1958年毛细管气相色谱柱的问世；从毛细管气相色谱法理论的研究，到各种检测技术的应用，气相色谱法已成为分析化学中非常重要的分离分析方法之一，广泛应用于药物分析、临床检验、生物化学、环境监测和石油化工等领域。

气相色谱法按固定相的物理状态分类，分为气-固色谱法和气-液色谱法；按色谱过程分离原理不同分类，分为吸附色谱法和分配色谱法；按色谱柱粗细不同分类，分为填充柱色谱法和毛细管柱色谱法。

气相色谱法具有“三高”“一少”“一快”“一广”之特点。

1. 分离效能高

一般色谱柱的理论塔板数为数千，毛细管柱的理论塔板数可达100多万，能在较短的时间内分离分析极为复杂的混合物。例如，用毛细管色谱柱一次可以从汽油中分离分析100多个组分。

2. 选择性高

能分离分析性质极为相近的物质。例如，可用于其他方法难以分离，甚至完全不能分离的沸点接近的化合物、同系物、同分异构体等，特别是光学异构体。

3. 灵敏度高、样品用量少

用高灵敏度的检测器可以检出 10^{-13}～10^{-11}g 量级的物质，非常适用于微量和痕量组分的分析。

4. 分析速度快

由于流动相是气体，柱阻力小，组分在固定相与流动相间建立平衡的速度快，又由于操作简单，计算机在色谱仪上的应用，气相色谱法一般只需要几分钟或几十分钟便可完成一个分析周期，快速分析甚至可在几秒钟内完成。

5. 应用范围广

不仅可以分析气体，也可以分析部分液体和固体。不仅可以分析有机化合物，也可以分析部分无机化合物。在目前已知的化合物中，有 20%～25%的物质可用气相色谱法直接分离分析，通过顶空进样和裂解进样等特殊进样技术的应用以及用间接法分离分析，进一步扩大了气相色谱法分析对象的范围。

气相色谱法不能直接分析相对分子质量较大、极性较强、在操作温度下较易分解或较难挥发的物质，在没有对照品时做定性分析困难。

第一节　气相色谱仪

气相色谱法所用的仪器称气相色谱仪，外观见彩色插图 10。

一、基本组成

气相色谱仪具有稳定流量的载气，将汽化的样品由汽化室带入色谱柱，在色谱柱中不同待测组分得到分离，并先后从色谱柱中流出，经过检测系统和记录系统产生不同色谱峰和色谱数据。因此，它由载气系统、进样系统、分离系统、检测系统和记录系统五部分组成，如图 11-1 所示。

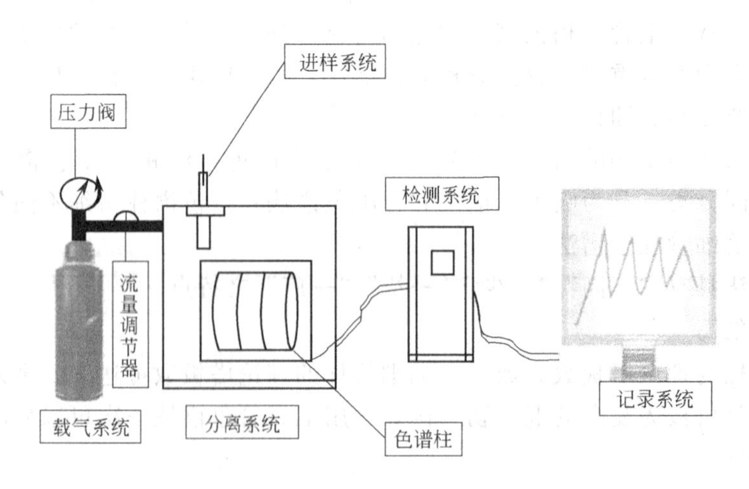

图 11-1　气相色谱仪基本组成示意图

1. 载气系统

载气系统是一个连续运行的密闭管路系统，包括气源、净化器、气流控制装置、供气管路四个部分。一般常用高压气瓶作为气源，常用气源的种类有氢气、氮气、氩气和氦气等。载气（流动相）从高压气瓶出来，流经减压阀（载气减压）、净化器（载气干燥净化）、流量调节器（控制载气的压力和流量）、转子流量计（测定载气流速）、压力表（指示载气柱前压力）、进样器（将携带样品的载气推入汽化室）、汽化室（液固态样品瞬间汽化），通过色谱柱，由检测器排出。

2. 进样系统

进样系统包括进样器、汽化室和温控装置。液体样品进样器有注射器和自动进样器，气体样品常采用六通阀进样器进样。试样进入汽化室瞬间汽化后，被载气带入色谱柱。

3. 分离系统

分离系统包括色谱柱和柱温箱。色谱柱被喻为气相色谱仪的心脏，分为填充色谱柱和毛细管色谱柱两类，由柱体和固定相组成。柱体的材质有不锈钢、铜、铝、聚四氟乙烯、石英和玻璃等，形状要根据柱室的形状和大小而定，有直型、M形和螺旋形等。

填充色谱柱多用内径2～4mm的不锈钢管制成螺旋形柱体，长度可以从0.1m至20m，常用柱长2～3m。如果用螺旋形色谱柱，螺旋管的螺旋直径必须是色谱柱直径的10倍以上，这样才能将扩散和跑道效应降到最低。

毛细管色谱柱又叫空心色谱柱，按制备方法不同分为开管型和填充型，材质主要是不锈钢、玻璃和石英。

柱温箱是为色谱柱提供精密并可控制的恒温箱，控温范围一般在室温～450℃。目前的柱温箱均带有计算机控制下的程序升温装置，以满足色谱优化分离的需要。

4. 检测系统

检测系统是气相色谱仪的关键部分，由检测器和信号转换器组成，它将载气中被分离组分的浓度或质量转换为电信号（电压V或电流A）。它分为两类：一类是浓度型检测器，如热导检测器（TCD）和电子捕获检测器（ECD）；另一类是质量型检测器，如氢焰离子化检测器（FID）和火焰光度检测器（FPD）。检测器的性能指标主要有灵敏度、检测限、线性范围、噪声和漂移等。气相色谱分析对检测器的性能要求有：灵敏度高、稳定性好、线性范围宽、死体积小。

5. 记录系统

记录系统包括放大器、显示器、记录仪等，能够将电信号记录成色谱数据或色谱图，供定性定量分析之用。

现代气相色谱仪都应用计算机和相应的色谱工作站，具有数据处理及控制实验条件和操作等功能。

二、操作条件的选择

选择气相色谱仪操作条件的主要依据是范氏方程、分离度以及各种色谱参数。

1. 色谱柱的选择

（1）固定相的选择　当遇到未知试样时，先试用现有的色谱柱，如果分离不理想，根据分析物与固定相具有相似化学性质时才会相互作用的原理，以及对试样的了解，选择合适的固定相。

(2) 柱长的选择　从分离度与柱长关系的关系可知，柱越长，分离度越高，但柱长度在柱性能上不是一个重要参数，并且柱越长，分析时间越长，峰宽越大。对于常规分析，通常柱的长度为 0.5～6m。

2. 柱温的选择

柱温是一个重要的操作参数，它直接影响色谱柱的使用寿命、分配系数、容量因子以及组分在流动相和固定相中的扩散系数，从而影响柱的选择性、柱效能、分离度和分析速度。选择柱温的原则是使难分离物质在达到分离度要求的条件下，尽可能采用低温柱，以保留时间适当，峰形不拖尾为度。控制柱温可以增加固定相的选择性，降低组分在流动相中的纵向扩散，提高柱效，减少固定液的流失，延长柱寿命和降低检测器的本底。对于宽沸程试样，需采用程序升温技术进行分离，即柱温通过计算机按预先设定的程序随时间呈线性或非线性增加，从而获得最佳的分离效果。

3. 载气的选择

载气的种类主要影响峰展宽、柱压降和检测器的灵敏度。从范氏方程可知，当载气流速较低时，纵向扩散占主导地位，为提高柱效，宜采用相对分子质量较大的载气，如 N_2。当流速较高时，传质阻力项占主导地位，为提高柱效，宜采用相对分子质量较小的载气，如 H_2或 He。

载气流速主要影响分离效率和分析时间。为获得高柱效，应选用最佳流速，但所需分析时间较长。为缩短分析时间，一般选择载气速度要高于最佳流速，此时柱效虽稍有下降，却节省了很多分析的时间。常用的载气流速为 20～80mL/min。

考虑到对检测器灵敏度的影响，用热导检测器时，应选用 H_2或 He 作为载气；用氢火焰离子化检测器时，应选择 N_2作为载气。

4. 进样量的选择

进样量的多少直接影响色谱峰的峰宽。因此，只要检测器的灵敏度足够高，进样量越少，越有利于得到良好的分离。一般情况下，柱越长，管径越粗，组分的容量因子越大，则允许的进样量越多。填充柱的进样量通常为：气体试样 0.1～1mL；液体试样 0.1～1μL，最大不超过 4μL。此外，进样速度要快，进样时间要短，以减少纵向扩散，有利于以高柱效。

5. 汽化温度的选择

汽化温度取决于试样的挥发性、沸点范围及进样量等因素。选择不当，会使柱效下降。通常汽化室的温度为试样沸点或高于沸点，以保证试样能瞬间汽化，但不要超过沸点 50℃，以防止试样分解。对于一般的气相色谱分析，汽化温度比柱温高 10～50℃。

以上是选择气相色谱操作条件的基本原则，但一定要结合实际情况灵活运用。

三、气相色谱仪操作规程

(1) 检查仪器各部件（包括色谱仪主机、检测器、色谱工作站、计算机、打印机、不间断电源等辅助设备）的电源线、数据线和高压钢瓶输气管道是否连接正常。

（2）先打开气源，检查气密性，再接通电源。依次开启不间断电源、计算机，待自检结束后，打开检测器、输液泵及其他部件的电源开关。

（3）设定实验参数（进样口、汽化室、柱温箱、检测器等温度），正确进样，采集数据，脱机分析，打印结果。

（4）测定完毕，退出色谱工作站，关闭仪器各部件电源，用适当的溶剂冲洗色谱柱20～30min，确保冲洗干净后，关闭仪器各部分电源，最后关闭载气。

（5）填写仪器使用登记簿。

气相色谱仪操作注意事项如下。

（1）对色谱柱进行老化时，请勿连接检测器。

（2）关机之前，应确保系统的温度降到50℃以下再关闭仪器的电源。

（3）仪器长时间不用时，必须用“死堵”将色谱柱出口堵死，以防空气进入管路。

第二节　应用实例

气相色谱法是色谱分析法中的分析方法之一，因此，定性定量的分析方法与色谱分析法相同。它在药学、医学检验技术、生物医学、食品分析、石油和化工等专业有着广泛应用。

气相色谱法应用于药物的定性鉴别、含量测定、杂质检查、制剂分析、治疗药物监测、药物代谢研究和有机溶剂残留量限度分析等。例如，牛黄解毒片和复方丹参片中冰片含量的测定；秋水仙碱中有机溶剂氯仿和乙酸乙酯限度的测定；克罗米通中有关物质其顺式异构体的测定等。

在临床检验中也应用气相色谱法。临床生化检验中蛋白质、氨基酸、酶、核糖核酸等的检测应用此法，例如，利用气相色谱法测定血清中总胆固醇的含量，用于诊断高血脂症、冠心病和糖尿病等；利用毛细管气相色谱法测定体液中氨基酸的含量，用于诊断氨基酸血症；利用气相色谱-质谱联用法测定血液中5-羟色胺的含量，用于诊断苯丙酮尿症。临床微生物检验中细菌、病毒和真菌、抗生素和抗体等的分离分析也应用此法，例如，采用裂解气相色谱法，可以对10种青霉素和4种头孢霉菌进行定性鉴别，并对青霉素G等4种抗生素进行定量分析。

一、内标法实例

测定维生素E的含量用内标物对比法。色谱条件：100%二甲基聚硅氧烷为固定液的毛细管柱，柱温为265℃，色谱柱的理论塔板数按维生素E峰计算不低于5000。

取正三十二烷，加正己烷溶解并稀释成1mL中含1.0mg三十二烷的溶液，作为内标溶液。取维生素E对照品约20mg，精密称定，置棕色具塞瓶中，精密加内标溶液10mL，密塞，振摇使之溶解制成对照品溶液。取维生素E约20mg，精密称定，置棕色具塞瓶中，精密加内标溶液10mL，密塞，振摇使之溶解制成供试品溶液。分别取对照品溶液和供试品溶液1～3μL注入气相色谱仪测定色谱数据，计算维生素E的含量。

二、外标法实例

测定牛黄解毒片中冰片的含量用外标一点法。色谱条件：色谱柱为聚乙二醇(PEG)-石英毛细管柱，柱温145℃，载气（N_2）流速为2mL/min，氢焰离子化检测器。

精确称取冰片对照品45.0mg，加乙酸乙酯溶解配制成1mL含冰片0.3mg的溶液，作为对照品溶液。取牛黄解毒片10片，除去包衣，精密称定1.0480g，研细，置于具塞锥形瓶中精密加入乙酸乙酯25mL，超声提取10min，取滤液作为供试品溶液。分别精密吸取对照品溶液与供试品溶液各1μL，注入气相色谱仪，分别测定峰面积为$2065cm^2$和$2546cm^2$，计算牛黄解毒片中冰片的含量。

由式(8-22)可知　　i组分含量（%）$=\dfrac{A_i}{A_s}\times\dfrac{m_s}{m}\times100\%$

牛黄解毒片中冰片的含量是　　冰片含量（%）$=\dfrac{2546}{2065}\times\dfrac{45.0}{1048}\times100\%=5.30\%$

从分离原理、仪器构造及应用范围上简要比较气相色谱法和高效液相色谱法的异同点。

（廖禹东　闫冬良）

习　　题

一、填空题

1. 气相色谱仪由________、________、________、__________、__________五部分组成。
2. 气相色谱法是以______为流动相的柱色谱法，流动相通常称为________。
3. 当流速较低时，宜采用相对分子质量________的载气，如N_2；当流速较高时，宜采用相对分子质量________的载气。
4. 考虑到对检测器灵敏度的影响，用热导检测器时，应选用________作为载气；用氢火焰离子化检测器时，应选择________作为载气。

二、单项选择题

1. 在气相色谱分析中，用于定性分析的参数是（　　）。
   A. 保留值　　B. 峰面积　　C. 分离度
   D. 半峰宽　　E. 峰高
2. 在气相色谱分析中，用于定量分析的参数是（　　）。
   A. 保留时间　　B. 保留体积　　C. 半峰宽
   D. 峰面积　　E. 分离度
3. 良好的气-液色谱固定液（　　）。
   A. 蒸气压低、稳定性好

B. 化学性质稳定

C. 溶解度大，对相邻两组分有一定的分离能力

D. 蒸气压高、稳定性好

E. A、B和C

4. 气相色谱法常用的载气不能使用（　　）。

A. 氢气　　B. 氮气　　C. 氧气

D. 氦气　　E. 氩气

5. 色谱体系的检测限是指检测器能给出可观测的信号（　　）。

A. 进入检测器的最小待测组分质量

B. 进入色谱柱的最小待测组分质量

C. 进入气相中的最小待测组分质量

D. 进入液相中的最小待测组分质量

E. 进入色谱柱的最大待测组分质量

6. 使用氢火焰离子化检测器，最合适的载气是（　　）。

A. H_2　　B. He　　C. Ar

D. N_2　　E. O_2

7. 以下说法中，错误的是（　　）。

A. N_2能作为气相色谱法中的载气

B. H_2能作为气相色谱法中的载气

C. O_2能作为气相色谱法中的载气

D. O_2不能作为气相色谱法中的载气

E. He能作为气相色谱法中的载气

8. 气-液色谱中，保留值实际上反映了（　　）物质分子间的相互作用力。

A. 组分和载气　　B. 载气和固定液　　C. 组分和固定液

D. 组分和载体、固定液　　E. 载体和固定液

9. 高效液相色谱的色谱柱与气相色谱的色谱柱，不同的是（　　）。

A. 一般比较粗，且长度远小于气相色谱柱

B. 一般比较细，且长度远小于气相色谱柱

C. 一般比较粗，且长度大于气相色谱柱

D. 一般比较细，且长度大于气相色谱柱

E. 一般比较粗，且长度等于气相色谱柱

10. 根据范第姆特方程，气相色谱法色谱峰扩张、板高增加的主要原因是（　　）。

A. 当u较小时，分子扩散项

B. 当u较小时，涡流扩散项

C. 当u较小时，传质阻力项

D. 当u较大时，分子扩散项

E. 当u较大时，涡流扩散项

三、简答题

1. 什么是气相色谱法？它具有哪些特点？如何分类？

2. 气相色谱仪的基本组成及作用是什么？
3. 气相色谱仪检测器如何分类？分别有哪些检测器？
4. 气相色谱仪需要选择哪些操作条件？如何选择载气？
5. 某天然化合物的相对分子质量大于 400，你认为用什么方法分析比较合适？
6. 今有 5 个组分 A、B、C 、D、E，在气相色谱柱上的分配系数分别为 480、360、490、496 和 473，试指出它们在色谱柱上的流出顺序。

四、计算题

某气-液色谱柱上组分 A 和 B 流出分别需 10min 和 15min，而不溶于固定相的物质 C 流出需 2.0 min，试问：(1) 组分 A 和 B 调整保留时间各是多少？(2) 组分 A 和 B 在色谱柱中的容量因子各是多少？(3) 组分 A 和 B 的分离因子是多少？

第十二章

质谱法

重点知识

质谱法及特点；质谱仪基本结构及作用；离子源和质量分析器的种类；分辨率；质量范围；质谱图；基峰；主要离子类型；分子离子峰及特点；氮规则；质谱法的应用。

质谱法（mass spectrometry，MS），是在高真空系统下，将试样分子离子化，按离子的质荷比（m/z）差异分离，根据测量质荷比的大小和强度进行分析的方法。离子质量与其电荷之比称为质荷比。

1910年，英国物理学家汤姆逊（J. J. Thomson）研制出抛物线质谱装置，这是第一台现代意义上的质谱装置，开创了科学研究新领域，即质谱学。1919年，英国物理学家阿斯顿（F. W. Aston）精心制作了第一台质谱仪，即速度聚焦型质谱仪。1934年诞生的双聚焦质谱仪是质谱学发展的又一个里程碑。在此期间创立的离子光学理论为质谱仪的研制提供了理论依据。早期的质谱仪主要用于同位素分析和无机元素分析。1942年第一台商品质谱仪问世，用于美国大西洋炼油公司的石油分析，质谱法开始用于有机化合物的分析。20世纪60年代出现了气相色谱-质谱联用仪，实现了复杂混合物的在线分离与分析。20世纪80年代至今，新的离子化方法如场致电离、场解吸电离、化学电离、激光离子化、等离子体法等不断出现。复杂的、高性能的商品仪器如离子探针质谱仪、磁场型的串联质谱仪、傅里叶变换质谱仪等不断推出。另外，低价位、简易型质谱仪的推出，对扩大和普及质谱分析的应用起了很大的作用。总之，质谱仪技术更新发展越来越快，与其他技术不断融合，已经发展为一门融合多学科的交叉学科，应用领域越来越广泛。

质谱法是确定相对分子质量、分子式或分子组成、分子结构的重要手段，其特点如下。

1. 样品用量少

通常只需要 10^{-9}～10^{-6}g 试样即可获得满意的质谱，准确无误地确定相对分子质量或分子式。

2. 灵敏度高

质谱仪的绝对灵敏度可达 10^{-12}g，检出限可达 10^{-14}g。

3. 分析速度快

一般试样仅需几秒钟就可以完成分析，最快可达 10^{-3}s，因此可以实现色谱-质谱仪的在线连接。

4. 应用范围广

不仅可以测定气体、液体，凡是在室温下具有 10^{-7}Pa 蒸气压的固体，如低熔点金属（锌）及高分子化合物（多肽）都可以测定。因此，广泛应用于药物分析、药理研究、生命科学、食品分析与监测、化学化工、材料、电子、航天、环境、能源、地质等领域。

质谱法缺点是试样分析后被破坏，质谱仪是大型、复杂的精密仪器，价格昂贵，操作维护比较麻烦。

质谱法的优缺点是什么？

第一节 质 谱 仪

质谱法所用的仪器称为质谱仪，外观见彩色插图 11。质谱仪根据分析对象不同，分为无机质谱仪和有机质谱仪两类。无机质谱仪目前主要用电感耦合等离子体质谱仪和同位素质谱仪。有机质谱仪目前主要用气相-质谱联用仪、液相-质谱联用仪、傅里叶变换质谱仪、激光解吸飞行时间质谱仪等仪器。

一、基本结构

质谱仪结构基本相同，主要由高真空系统、进样系统、离子源、质量分析器、检测系统、计算机控制与数据处理系统六个部分组成，如图 12-1 所示。

1. 高真空系统

高真空系统的作用是保障质谱仪正常工作，要求离子源的真空度达 1.3×10^{-5}～1.3×10^{-4}Pa，质量分析器的真空度达 1.3×10^{-6}～1.3×10^{-5}Pa，目的是：①消减不必要的离子碰撞、色散效应、复合反应和离子-分子反应，它们可改变裂解模型，使质谱复杂化，影响分离及检测；②降低本底和记忆效应；③低真空度下存在氧分子会使发射电子的热灯丝迅速氧化而损坏；④低真空度下，用作加速离子的几千伏高压会引起放电。因此，质谱仪的进样系统、离子源、质量分析器、检测器等主要部件均需在高真空状态下工作。高真空系统一般由机械真空泵和涡轮分子泵串联组成。

2. 进样系统

进样系统的作用是将试样导入离子源。现代质谱仪有多种进样系统，主要分为间歇式、直接探针和通过接口技术三种方式进样，可根据试样的性质、状态和纯度合理选择。一般质谱仪均配有前两种进样系统，以适用于不同试样的进样要求。

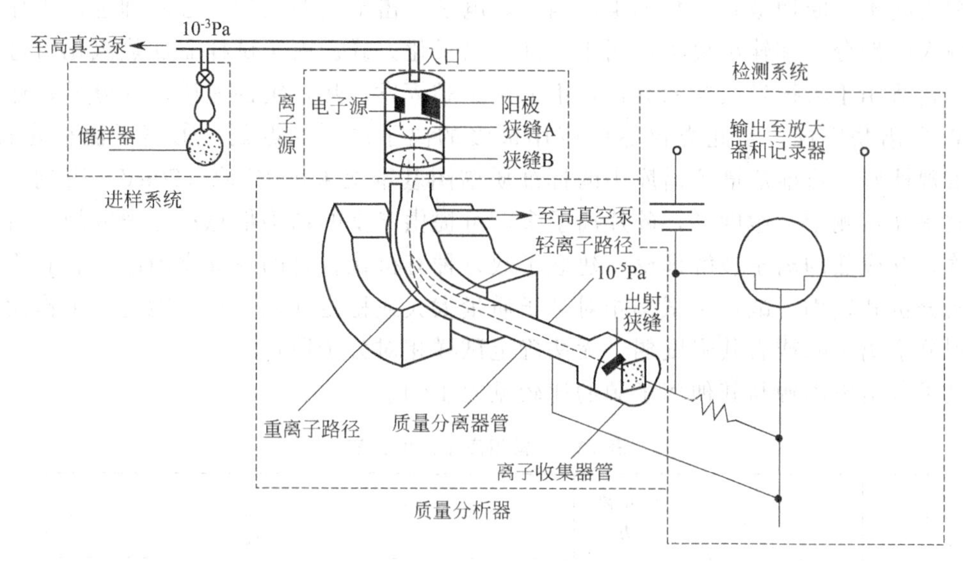

图 12-1　单聚焦质谱仪结构示意图

间歇式进样适用于气体或沸点不高易于挥发的液体。用注射器或进样阀将试样注入储存器，通过微孔进入离子源。用作仪器质量标定的标准品，如全氟煤油通常采用该方式导入。

直接探针进样适用于高沸点的液体或有一定挥发性的固体。直接进样杆尖端装入适量试样，通过真空隔离阀将它插入质谱仪中，经减压后试样送入离子源。

通过接口技术将色谱柱分离的组分直接导入质谱仪，经离子化后进行质谱分析，可用于复杂化合物的分离分析。主要接口技术包括各种喷雾技术（电喷雾、热喷雾和离子喷雾）、传送粒子束装置和粒子诱导解吸（如快原子轰击）等。

3. 离子源

离子源的作用是将试样离子化，并使之成为具有一定能量的离子束。它是质谱仪的心脏，其性能决定了离子化效率，从而决定了质谱仪的灵敏度。它的种类很多，主要有电子轰击电离源（EI）、化学电离源（CI）、电喷雾电离源（ESI）、大气压化学电离源（APCI）、基质辅助激光解析电离源（MALDI）、场解吸电离源（FD）、快原子轰击电离源（FAB）等。本书只重点介绍电子轰击电离源，其他离子源作简单介绍。

电子轰击电离源是应用最广泛的经典离子源，其结构如图 12-2 所示。由铼或钨灯丝（阴极）发射的电子束（一般能量为 50～70eV）射向电子捕获极（阳极），电子在磁场的作用下作螺旋运动。当气态试样分子进入离子源时，高能电子束轰击试样气态分子（一般分子中共价键的电离电位约为 7～15eV）发生电离，产生裂解反应，生成分子离子、碎片离子、重排离子和加合离子等，这些离子在排斥电极和加速电压的作用下被加速，聚焦成离子束进入质量分析器，而其余的中性

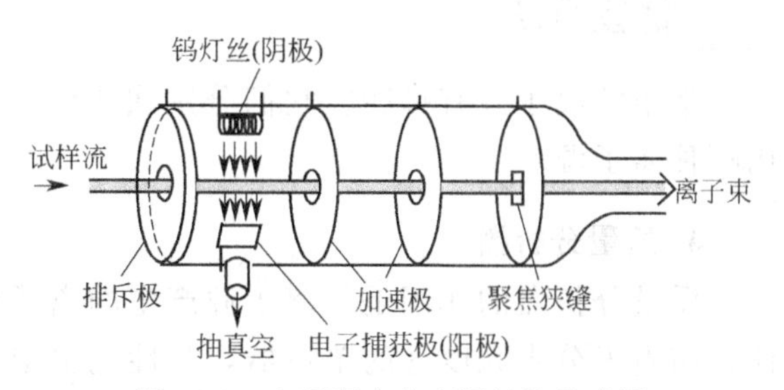

图 12-2　电子轰击电离源结构示意图

分子和阴离子不断地被真空泵抽走。因此，电子轰击电离源按稳定态原理进行工作，恒定地输入中性分子和输出离子，属于“硬”离子化方式。由于试样需加热汽化后进行离子化，它适用于易挥发试样的分析，不适用于难挥发、热稳定性差试样的分析；适合气相色谱-质谱联用仪，是此类仪器中应用最多的离子源。优点是：①离子流稳定性好，测定重现性好，目前质谱仪谱库中的标准质谱图基本上采用 EI 源（70eV）得到；②离子化效率高，测定灵敏度高，碎片离子多，可提供丰富的结构信息；③裂解规律研究得最完善，有成熟的离子裂解理论，建立了数万种有机化合物的标准谱图库，有利于物质的结构分析和鉴别。缺点是试样相对分子质量太大或稳定性差，在高能电子束作用下很难得到分子离子峰或者其强度弱，无法确定试样相对分子质量。

电子轰击电离源与其他离子源的比较见表 12-1。

表 12-1 常用离子源的比较

离子源	离子化方式	电离方式	应用	特点	
				优点	缺点
电子轰击电离源(EI)	高能电子束轰击试样气态分子发生裂解反应	硬	易挥发试样；GC-MS 联用仪中最常用的离子源	测定重现性好，灵敏度高，有特征碎片离子和标准谱图库	确定相对分子质量困难
化学电离源(CI)	高能电子束轰击高压反应气产生离子，此离子与低压试样气发生离子-分子反应	软	易挥发试样；GC-MS 联用仪中常用的离子源	准分子离子峰为最强峰，可以确定相对分子质量；碎片离子峰少，图谱简单	测定重现性差，无标准谱图库
快原子轰击电离源(FAB)	利用高速的惰性原子(快原子)轰击加在底物中的试样使其离子化	软	热稳定性差、难挥发、极性强、相对分子质量大的试样	分子离子和准分子离子峰强，碎片离子峰丰富，利于结构分析；试样离子化过程无需加热汽化	溶解试样的底物发生电离，产生的背景使质谱图复杂化
电喷雾电离源(ESI)	利用电喷雾原理实现离子化的一种大气压电离源	最软	热稳定性差、极性强的有机大分子；常作为 LC-MS 联用仪的接口装置和离子源	主要是分子离子峰或准分子离子峰，可直接测定混合物；多电荷离子的形成，提高了检测的质量范围，大小分子均可分析	受溶剂的影响和限制大；碎片离子少，不利于结构分析
基质辅助激光解析电离源(MALDI)	利用脉冲式激光照射分散在基质中的试样使其离子化	软	生物大分子及高聚物的分析；主要用于飞行时间质谱仪的离子源	以分子离子峰或准分子离子峰为主；耐受较高浓度的盐、缓冲剂和非挥发性杂质	试样中共存物有干扰时灵敏度较低

常用的离子源有哪些？它们分别属于哪种电离方式？在色谱-质谱联用仪中通常使用哪种离子源？

4. 质量分析器

质量分析器的作用是将离子源产生的离子按质荷比大小进行分离。它是质谱仪的主体，相当于分光光度计的单色器，其性能决定了质谱仪的分辨率和测定的质量范围。它的种类很多，主要有磁偏转质量分析器、四极杆质量分析器（Q）、离子阱质量分析器

(IT)、飞行时间质量分析器（TOF)、傅里叶变换质量分析器（FT-ICR）等。本书只重点介绍磁偏转质量分析器，其他质量分析器作简单介绍。

知识拓展

串联质谱质量分析器

串联质谱质量分析器是两个或更多的质量分析器连接在一起，分为空间串联和时间串联。如三重四极杆质量分析器（QQQ）和四极杆飞行时间质量分析器（Q-TOF）为空间串联。如离子阱质量分析器（IT）和傅里叶变换质量分析器（FT-ICR）属于时间串联。

串联质谱质量分析器实现了子离子扫描、母离子扫描和中性碎片丢失扫描。子离子扫描可获得药物主要成分、杂质和其他物质的母离子的定性鉴别，也可用于肽和蛋白质氨基酸序列的鉴别。在质谱与色谱联用进行混合物分析时，即使色谱未能将物质完全分离，也可以进行鉴定，串联质谱质量分析器可以从众多离子中选择母离子进行分析，而不受其他物质干扰。在药物代谢动力学研究中，串联质谱质量分析器可以对生物复杂基质中低浓度试样进行定量分析，用多反应监督模式（MRM）消除干扰。

磁偏转质量分析器是质谱仪中最早使用的质量分析器，依据离子在磁场的运动行为，将不同质荷比的离子进行分离。它分为单聚焦质量分析器和双聚焦质量分析器。

单聚焦质量分析器的主体是处在磁场中的扁形真空腔体，如图 12-3 所示。离子进入分析器后，由于磁场的作用，其运动轨道发生偏转，在与磁场垂直的平面内作圆周运动。离子运动轨道半径 R 与磁场强度 B、离子加速电压 U、离子的质荷比 m/z 之间的关系如下。

$$R=\frac{1}{B}\sqrt{2U\times\frac{m}{z}} \tag{12-1}$$

由式(12-1) 可知，当磁场强度 B 和离子加速电压 U 一定时，离子运动轨道半径 R 只与离子的质荷比 m/z 有关，不同质荷比的离子因其运动半径的不同而被单聚焦质量分析器分开。当检测器狭缝位置固定（即 R 固定)，连续改变磁场强度 B 或离子加速电压 U，可以使质荷比不同的离子依次通过固定狭缝进入检测器，实现质量扫描，得到试样的质谱。单聚焦质量分析器实现质量聚焦和方向聚焦。方向聚焦是使质荷比相同、入射方向不同的离子会聚。但是质量相同，能量不同的离子通过电场和磁场时，均产生能量色散，导致仪器分辨率较低，一般为 5000。单聚焦质量分析器结构简单、操作方便，只适合于离子能量分散较小的离子源，如电子轰击源和化学电离源。

双聚焦质量分析器是将一个静电场分析器置于离子源和磁场之间，如图 12-4 所示。静电场分析器由两个扇形圆筒组成。在恒定电压条件下，离子进入静电场，不同速度或能量的离子运动轨道半径不同，即具有相同速度或能量的离子被静电场分析器分成一类，通过狭缝 1 进入磁场分析器，实现方向聚焦和能量聚焦。能量聚焦是使质荷比相同、速度或能量不同的离子会聚。方向聚焦和能量聚焦作用大小相等、方向相反时，互补实现双聚焦。双聚焦质量分析器提高了分辨率，可达 150000，但是扫描速度慢，操作、维护困难，价格昂贵。

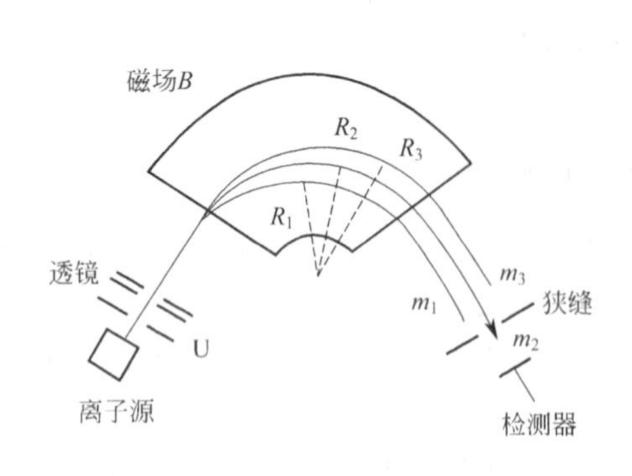

图 12-3 单聚焦质量分析器结构示意图

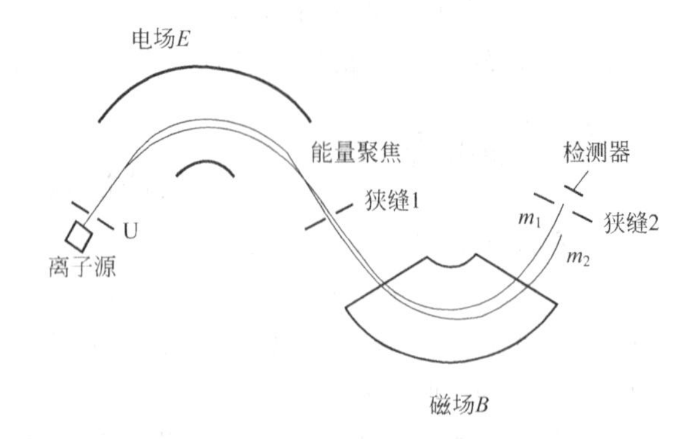

图 12-4 双聚焦质量分析器结构示意图

双聚焦质量分析器与其他质量分析器的比较见表 12-2。

表 12-2 常用质量分析器的比较

质量分析器	分析时改变的物理量	质量范围	分辨率	特点	
				优点	缺点
双聚焦质量分析器	磁场强度或离子加速电压	20000	150000	分辨率高，中等质量范围，测定相对分子质量准确，广泛应用于有机质谱仪中	要求高真空，扫描速度慢，操作繁琐，价格高
四极杆质量分析器(Q)	直流电压和交变射频电压或频率（它们电压的比值不变）	3000	2000	结构简单，体积小，价格低，真空度低，灵敏度高，扫描速度快，自动化程度高，实现了质谱扫描功能，可用于 GC-MS 和 LC-MS 联用仪中	分辨率不如双聚焦质量分析器，质量范围窄，不能提供亚稳离子信息
离子阱质量分析器(IT)	交变射频电压或频率	2000	1500	结构简单，体积小，质量轻，价格低，中等分辨率，灵敏度高，正负离子模式易于切换，具有多级质谱功能，可用于 GC-MS 和 LC-MS 联用仪中	质量范围有限
飞行时间质量分析器(TOF)	离子加速电压	200000	20000	结构简单，扫描速度快，分辨率高，灵敏度高，质量范围宽，质量精度高，可用于 GC-MS 和 LC-MS 联用仪中，适合蛋白质等生物大分子分析	价格高
傅里叶变换质量分析器（FT-ICR)	辐射射频的频率，傅里叶变换所有频率	1000000	250000	扫描速度快，性能稳定可靠，分辨率极高，灵敏度高，质量范围宽，质量精度高，具有多级质谱功能，适用于研究复杂的混合物，可用于 GC-MS 和 LC-MS 联用仪中	需要高真空和高超导磁体，操作繁琐，价格昂贵

常用的质量分析器有哪些？在色谱-质谱联用仪中通常使用哪种质量分析器？

5. 检测系统

检测系统的作用是接受并放大不同强度微弱的离子流（$10^{-10}\sim10^{-9}$ A），送入记录器。它由离子检测器、放大器和记录器组成。常用的离子检测器有电子倍增管、闪烁检测器、法拉第杯和照相检测等。

6. 计算机控制与数据处理系统

现代质谱仪均配有完善的计算机系统，它不仅能快速准确地采集和处理数据，还能监控质谱仪各部分的工作状态，实现全自动操作质谱仪，并且能代替人工进行化合物的定性和定量分析。

知识拓展

联用技术

联用技术是将两种或多种方法结合起来的技术（hyphenated method）。联用技术类型主要有：GC-MS、LC-MS、CE-MS、SFC-MS、LC-ICPMS。

色谱-质谱联用是联用技术中最常用的技术，所用仪器称色谱-质谱联用仪，外观见彩色插图12和彩色插图13。色谱法和质谱法有效的结合提供了进行复杂化合物高效的定性、定量和结构分析的工具。由于色谱法是有效的分离和定量分析方法，但定性分析比较困难；而质谱法是有效的定性和结构分析方法，定量分析困难，尤其无法对复杂有机化合物分析。因此，色谱-质谱联用属于强强联合，突出了两种方法的优势。色谱可作为质谱试样的导入装置，并对试样进行初步分离纯化。色谱可得到化合物的保留时间和峰面积，质谱可给出化合物的相对分子质量和结构信息，故对复杂体系或混合物中化合物的鉴别和测定非常有效。如HPLC-MS/MS，可用于药学方面的药物代谢动力学、杂质、天然产物分析；可用于生物化学方面的糖化血红蛋白、血红蛋白变异、肽、蛋白质、寡核苷酸、糖分析。例如复方清开灵注射液中胆酸的鉴别。通过对样品进行分子离子峰的扫描发现 $[M-H]^-$ 的峰中有一个很强的407峰，根据样品处理过程以及对复方中各单味药材的研究，其可能为有机酸的负离子峰，并初步推断其为胆酸（相对分子质量为408）。通过对照试样和标准品的二级质谱图，发现其主要碎片峰均吻合较好，说明是胆酸。

二、操作步骤

1. 开机

打开总电源开关。开质谱仪主机和控制器电源开关。打开计算机，进入化学工作站，进行通信连接，成功后进行方法编辑，之后通过对话框检查离子源、质量分析器和涡轮分子泵是否处于正常工作情况。

2. 测试

打开探针泵的电源开关，打开氮气冷却气阀门。通过探针将试样导入离子源。运行试样分析。分析后，探针温度下降到100℃以下时，才能将探针拔出。用丙酮等挥发性溶剂清洗装样工具，准备测试下个试样。

3. 关机

分析完毕，进入关机条件界面框，当仪器满足关机条件后，界面转向关机提示框。关质谱仪主机电源开关，退出化学工作站，关控制器和探针泵的电源开关，关氮气阀门，关计算机。关总电源开关。

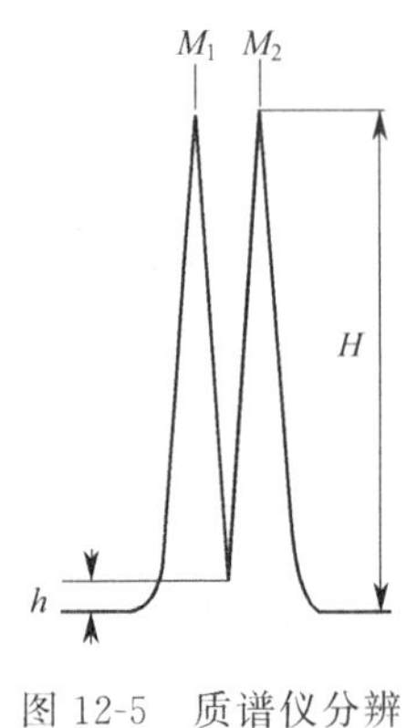

图 12-5 质谱仪分辨率示意图

三、主要性能指标

1. 分辨率（R）

分辨率是指质谱仪将相邻两个质量数离子分开的能力，常用 R 表示。如果质谱仪刚刚能分开质量数为 M（即图 12-5 中 M_1）和 $M+\Delta M$（即图 12-5 中 M_2）的两个质谱峰，则该质谱仪的分辨率定义为 $R=M/\Delta M$。一般规定为两峰间峰谷高度为峰高 10%（每个峰提供 5%）时的测定值，如图 12-5 所示。对于低、中、高分辨率的质谱仪，分别是指分辨率在 1000 以下、1000～10000 和 10000 以上。

2. 质量范围

质量范围是指质谱仪能够测定的离子质荷比的范围。对大多数离子源，电离得到的离子为单电荷离子，质量范围就是可以测定的相对分子质量范围；对电喷雾电离源，由于形成的离子带有多电荷，尽管质量范围只有几千，但测定的相对分子质量可达 10^5 以上。质量范围的大小取决于质量分析器。

3. 灵敏度

灵敏度是指在一定条件和试样量下，质谱仪产生分子离子峰的信噪比（S/N）。如串联质谱以利血平作为指标，MS/MS 全扫描，1pg，$S/N>50$。

4. 质量精度

质量精度是指质量测定的精确程度，常用相对百分比表示。它是高分辨质谱仪的重要指标之一，质谱仪的质量精度越好，给出的元素组成式越可靠。

第二节 质谱图及主要离子类型

一、质谱图

质谱仪依据各离子质荷比大小顺序和峰强度大小产生的信号，排列成谱即为质谱。它有棒图、质谱表、八峰值及元素表（高分辨质谱）等多种表示方法。常见的是经计算机处理后的棒图，即质谱图，如图 12-6 所示。横坐标表示离子的质荷比，对单电荷离子，横坐标表示的数值即为离子的质量；纵坐标表示离子的相对强度（又称相对丰度），峰的高度反映了离子的数目多少。人为规定，质谱图中最高峰的强度为 100%，将此峰称为基峰。其他峰的峰高相对于基峰峰高的百分比为其他离子的相对强度。

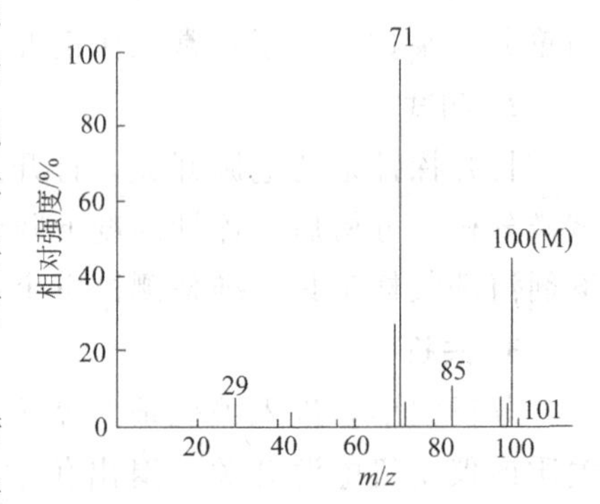

图 12-6 某烷烃的质谱图

图 12-6 中“棒”（即每一线段）代表了不同质荷比的离子及其相对强度，是各物质所特有，即代表了物质的性质和结构特点，因此，利用质谱图中峰

的位置可进行定性分析，利用峰的强度可进行定量分析，利用质谱提供的信息可进行结构分析。

质谱图中横坐标和纵坐标分别代表什么？各有何意义？

二、主要离子类型

1. 分子离子

分子离子是指分子失去1个电子所形成的带正电荷的离子，用 $M^{\dot{+}}$ 表示，简写为 M，相应的质谱峰称分子离子峰。图12-6中 $m/z = 100$ 处的质谱峰为分子离子峰。

分子离子是化合物失去1个电子形成的，电子的质量非常小可忽略不计，分子离子的质荷比数值与化合物的相对分子质量相等。因此，确定了分子离子峰便可确定其相对分子质量，并由此推断化合物的分子式。分子离子峰有如下特点，据此可以确定是分子离子峰还是碎片离子峰。

(1) 分子离子峰通常是质谱中质荷比数值最大的峰，即最右端的峰（同位素峰除外）。注意，此是必要条件而不是充分条件，因为，一部分化合物的分子离子在电子轰击电离源中全部裂解，这时质谱中质荷比数值最大的峰是碎片离子峰。

(2) 分子离子是奇电子离子。由于分子是偶电子，因此，失去1个电子形成分子离子必定是奇电子离子。

(3) 分子离子峰应符合“氮规则”。有机化合物含奇数氮原子时，其分子离子的质量应为奇数；有机化合物含偶数氮原子或不含氮原子时，其分子离子的质量应为偶数。

(4) 分子离子峰应有合理的碎片丢失。即分子离子与其紧邻的碎片离子之间的质量差应合理。分子离子在发生裂解时，失去的基团或中性小分子在质量上有一定规律，如丢失 $H(M-1)$、$CH_3(M-15)$、$H_2O(M-18)$、$C_2H_4(M-28)$ 等，是合理的；如丢失 $(M-4)\sim(M-14)$ 就是不合理的，因为不可能从分子离子连续失去4个H或不够1个 CH_3 的碎片，所以如在 $(M-4)\sim(M-14)$ 范围内存在峰，说明原来拟定的“分子离子峰”并不是真正的分子离子峰。

(5) 分子离子峰的强度与化合物的类型有关。分子离子峰的强度顺序为：芳烃＞共轭烯烃＞烯烃＞脂环化合物＞羰基化合物＞直链烃＞醚＞酯＞胺＞酸＞醇＞高度分支的烃。

确定质谱图中分子离子峰的依据有哪些？

2. 准分子离子

准分子离子是指分子由软电离技术产生的分子离子与质子、其他阳离子及其他阴离子的加合离子或去质子化的离子，如 $[M+H]^+$、$[M+Na]^+$、$[M+K]^+$、$[M+X]^-$、

$[M-H]^-$，相应的质谱峰称准分子离子峰。它是电离时发生离子-分子反应产生的，属于二级电离。有的分子电离后，无分子离子峰，有准分子离子峰并有一定峰强度，可以通过准分子离子峰确定化合物的相对分子质量。

3. 碎片离子

碎片离子是指分子离子或准分子离子裂解产生的离子，相应的质谱峰称碎片离子峰。生成的碎片离子可能再次裂解，生成质量更小的碎片离子，因此，质谱图中常常可以看到许多碎片离子峰。图 12-6 中 $m/z=85$、71、29 处的质谱峰为碎片离子峰。由碎片离子峰可以确定主要官能团及化合物的类型。

知识拓展

离子裂解类型

离子裂解类型主要分为简单裂解、重排裂解、复杂裂解和双重排裂解四种。

简单裂解分为 α-裂解、β-裂解、i-裂解、σ-裂解、取代裂解等。α-裂解表示带有正电荷的官能团与相连的 α-碳原子之间的裂解，含 n 电子和 π 电子的化合物易发生 α-裂解，例如酮类物质羰基旁边的碳原子易发生 α-裂解。β-裂解表示带有正电荷官能团的 C_α-C_β 之间的裂解，β-裂解易发生于烷基芳烃、烯烃和 R—X（X 为—OH、—OR、—SR、—NR_2、—F），例如苄基和烯丙基的裂解。

重排裂解产生的离子又称重排离子，有两大类：一类是无规则重排，主要出现在烃类中，因为无法解释，不能用于质谱分析；另一类是有规则重排，主要分麦氏重排和逆狄尔斯-阿德尔重排，因规律性强，对解析质谱非常有意义。

分子离子或准分子离子可能通过几种不同的方式裂解，生成不同的碎片离子。不同裂解方式离子裂解的难易程度不同，产生的碎片离子峰强度也不同。一般将容易进行的裂解称为优势裂解，由优势裂解生成的碎片离子峰强度大。

4. 同位素离子

同位素离子是指比分子离子或碎片离子质量多 1、2、3 等质量单位的离子，用 $(M+1)$、$(M+2)$、$(M+3)$ 等表示，相应的质谱峰称同位素离子峰。由同位素离子峰强度比可以确定分子式。

知识拓展

同位素离子峰强度

同位素离子峰的强度与分子中原子种类及数目有关，故同位素离子峰的强度反映出该分子中元素组成的特征。例如，碳原子的同位素有 ^{12}C 和 ^{13}C，它们的天然丰度之比为 $^{13}C/^{12}C=0.0112$，甲烷只含 1 个碳原子，分子式是 CH_4，质谱图中 $(M+1)$ 峰与 M 峰的强度比为 $(M+1)/M=0.0112$。若化合物中含 n 个碳原子，出现 ^{13}C 同位素的概率为 $n\times0.0112$，则 $(M+1)/M=0.0112n$，由此可以计算出分子中的碳原子数目。其他元素的种类及数目也可以根据同位素离子峰强度比计算。因此，可以推算化合物中各元素的数目，从而确定化合物的分子式。

第三节 应用与实例

质谱法主要用于未知化合物的相对分子质量、元素组成、分子式及化学结构的确定，并且利用串联质谱及色谱-质谱联用技术可以进行定量分析。

一、质谱图的解析

1. 测定相对分子质量

在质谱图中确定分子离子峰，通常分子离子峰的质荷比即为未知化合物的相对分子质量。

2. 确定分子式

确定未知化合物的分子式可以用高分辨质谱法和同位素丰度法。高分辨率的质谱仪能精确地测定分子离子或碎片离子的质荷比，因此，可利用元素的精确质量及丰度比由计算机计算其元素组成并给出化合物的分子式。对于相对分子质量较小、分子离子峰较强的化合物，在低分辨率的质谱仪上，计算同位素离子峰强度比也可以确定分子式。

3. 确定化学结构

若实验条件恒定，每个分子都有自己的特征裂解模式。根据质谱图提供的分子离子峰、同位素峰及碎片离子等信息，可以推断出化合物的结构。以 A、B、C、D 四种原子组成的化合物为例，它电离过程可能产生以下碎片离子。

（1）形成分子离子

$$ABCD + e \longrightarrow ABCD^{+} + 2e$$

（2）简单裂解形成碎片离子

$$ABCD^{+} \longrightarrow ABC^{+} + D\cdot \quad 或\ AB^{+} + CD\cdot$$

$$ABC^{+} \longrightarrow AB^{+} + C\cdot\ ;AB^{+} \longrightarrow A^{+} + B\cdot$$

（3）重排裂解形式碎片离子

$$ABCD^{+} \longrightarrow AD^{+} + BC\cdot$$

由碎片离子确定主要官能团及化合物结构的过程是上述过程的逆过程，即将合理碎片离子拼接成未知化合物的结构。这就像将打碎的瓷罐拼接成原样的过程，化合物分子犹如瓷罐，在离子源中被电离断裂成一系列的碎片，结构分析就是要将这些碎片找到并且把它们一块一块地拼接起来，使之成为原来瓷罐的模样。在找碎片时，一定要找出最具特征和比较大的碎片，利于正确拼接化合物的结构。

质谱图中可以获得哪些信息？解析的步骤如何？

二、解析实例

【例 12-1】 图 12-6 为某烷烃的质谱图。101 峰与 100 峰的相对丰度比值为 0.0784。试推测该化合物的相对分子质量、分子式及结构式。

解： 质荷比为 100 的峰是分子离子峰，则该化合物的相对分子质量为 100。因为，$(M+1)/M=0.0112n$，即 $0.0112n=0.0784$，计算得 $n=7$，由此可知分子中碳原子数目为 7，氢原子数目为 $100-12\times7=16$，所以，该化合物的分子式为 C_7H_{16}。

图 12-6 中质荷比 85 峰、71 峰、29 峰是碎片离子峰。85 峰是 C_7H_{16} 分子离子峰失去甲基（$—CH_3$）后的碎片离子峰（$—C_6H_{13}$），说明 C_7H_{16} 结构中有甲基。71 峰是 C_7H_{16} 分子离子峰失去乙基（$—C_2H_5$）后的碎片离子峰（$—C_5H_{11}$）。29 峰是乙基碎片离子峰。71 峰与 29 峰质量数的加和是 100，验证 100 峰是分子离子峰，并由此推测该化合物的结构由碎片离子峰 $—C_5H_{11}$ 和 $—C_2H_5$ 拼接而成，通过分析碎片离子峰可知 C_7H_{16} 结构中只有甲基和乙基，因此，C_7H_{16} 分子离子裂解的碎片离子结构如图 12-7 所示。

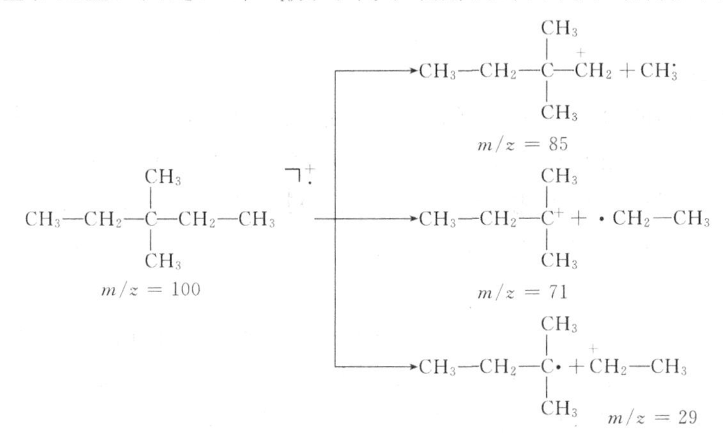

图 12-7　3,3-二甲基戊烷裂解示意图

答： 综上所述，该化合物的相对分子质量为 100，分子式为 C_7H_{16}，化学名称为 3,3-二甲基戊烷，其结构式如图 12-8 所示。

$$\begin{array}{c} CH_3 \\ | \\ CH_3—CH_2—C—CH_2—CH_3 \\ | \\ CH_3 \end{array}$$

图 12-8　3,3-二甲基戊烷结构

（赵世芬）

习　题

一、填空题

1. 质谱法是在____________下，将试样分子________，按离子的质荷比（m/z）差异分离，根据测量质荷比________和________进行分析的方法。
2. 质谱法的主要特点有____________、____________、____________、____________和____________。
3. 质荷比是指离子______与其______之比。
4. 质谱图中横坐标表示____________，对单电荷离子，横坐标表示的数值即为＿＿＿＿＿＿＿＿＿＿＿＿＿；纵坐标表示＿＿＿＿＿＿＿＿＿＿＿＿＿，峰的高度反映了＿＿＿＿＿＿＿＿＿＿＿＿＿。人为规定，质谱图中最高峰的强度为＿＿＿＿，将此峰称为＿＿。其他峰的峰高相对于＿＿＿＿＿＿＿＿＿＿＿＿为＿＿＿＿＿＿＿＿＿＿＿＿。

5. 质谱主要离子类型有＿＿＿＿＿＿＿＿＿＿、＿＿＿＿＿＿＿＿＿＿、＿＿＿＿＿＿＿＿＿、＿＿＿＿＿＿＿＿＿。

6. 质谱法最主要的性能指标有＿＿＿＿＿＿＿＿＿＿和＿＿＿＿＿＿＿＿＿＿。

二、单项选择题

1. 下列哪一项不是质谱法的特点（　　）。

   A. 灵敏度高　　B. 分析速度快　　C. 试样分析后不被破坏

   D. 样品用量少　　E. 应用范围广

2. 质谱主要离子类型没有（　　）。

   A. 分子离子　　B. 准分子离子　　C. 碎片离子

   D. 准碎片离子　　E. 同位素离子

3. 根据“氮规则”下列分子式中不正确的是（　　）。

   A. C_6H_6O　　B. C_2H_5Cl　　C. C_8H_{18}

   D. C_3H_9N　　E. CH_4N

4. 质谱有多种表示方法，但是质谱不用（　　）表示。

   A. 棍图　　B. 棒图　　C. 质谱表

   D. 元素表　　E. 八峰值

5. 质谱仪主要性能指标不包括（　　）。

   A. 灵敏度　　B. 准确度　　C. 分辨率

   D. 质量精度　　E. 质量范围

三、简答题

1. 质谱仪的基本结构及作用是什么？

2. 分子离子峰的特点有哪些？

3. 质谱法如何确定未知化合物的相对分子质量、分子式及化学结构？

第十三章

核磁共振波谱法

重点知识

核磁共振；核磁共振波谱；磁性核；原子核产生核磁共振的条件；核磁共振波谱仪的结构及各部分作用；化学位移；氢分布；自旋分裂；$n+1$ 规律；氢谱的结构信息。

原子核在外磁场作用下，用波长 10～100m 的无线电频率区域的电磁波照射分子，引起分子中原子核的能级跃迁的现象，称为核磁共振（nuclear magnetic resonance，NMR）。核磁共振信号强度（纵坐标）对照射波频率（又称射频）或外磁场强度（横坐标）作图所得图谱称为核磁共振波谱。用核磁共振波谱进行结构测定、定性及定量分析的方法称为核磁共振波谱法（NMR）。

知识拓展

核磁共振现象的发现

1945 年 12 月，美国哈佛大学珀塞尔（Edward Purcell）等，报道了他们在石蜡样品中观察到质子的核磁共振吸收信号。1946 年 1 月美国斯坦福大学的布洛赫（Felix Bloch）等，也报道了他们在水样品中观察到质子的核感应信号。两个研究小组用了稍微不同的方法，几乎同时在凝聚的物质中发现了核磁共振。因此，珀塞尔和布洛赫共同荣获了 1952 年的诺贝尔物理学奖。1953 年出现第一台商品核磁共振仪。50 多年来，核磁共振波谱法取得了极大的进展和成功，检测的核从^{1}H 到几乎所有的磁性核。目前，核磁共振已经广泛地应用到许多科学领域，是物理、化学、生物和医药研究中的一项重要实验技术。

核磁共振波谱主要有氢核磁共振波谱简称氢谱（^{1}H-NMR）和碳核磁共振波谱简称碳谱（^{13}C-NMR）。氢谱是目前应用最广泛的核磁共振谱，它可给出三个方面的结构信息：根据峰的个（组）数和化学位移可以判断氢核的种类及化学环境；根据峰的积分线可推断各类氢的相对数目（氢分布）；根据峰的分类情况可判断含氢基团的连接情况。

碳谱可以确定碳原子数目以及碳骨架，与氢谱相互补充。

核磁共振波谱法具有深入物体内部而不破坏试样的优点，在测定活体组织、生化样品、动物等研究中广泛应用，如研究酶的活性、生物膜的分子结构、药物与受体间的作用机制等，也用于诊断人体疾病、鉴别癌组织与正常组织等。在药物分析中，推断药物的化学结构及立体结构，研究互变异构现象、氢键、分子内旋转等，测定药物含量及纯度检查，测定反应速率常数，跟踪化学反应进程等。

第一节 基本原理

一、原子核的自旋及磁性核

原子核为带电粒子，由于核电荷围绕轴自旋，则产生磁偶极矩，简称磁矩。根据原子核自旋特征的不同分为三类。

第一类原子核的质量数和核电荷数（原子序数）均为偶数。这样的核不自旋，在磁场中磁矩为零，不产生核磁共振信号，如${}^{12}_{6}C$、${}^{16}_{8}O$等。

第二类原子核的质量数为偶数，电荷数为奇数。这样的核有自旋，有磁矩，较为复杂，目前研究较少，如${}^{14}_{7}N$、${}^{2}_{1}H$等。

第三类原子核的质量数为奇数，核电荷数为奇数或偶数。这样的核有自旋、有磁矩，称为磁性核。在磁场中能产生核磁共振信号，且波谱较为简单，是主要研究对象，如${}^{1}_{1}H$、${}^{31}_{15}P$、${}^{13}_{6}C$等。

二、原子核产生核磁共振的条件

当有外磁场作用时，核自旋具有不同的取向，也就是两个能级。例如${}^{1}_{1}H$有两个取向，其中一个取向的自旋轴与外磁场方向一致，为稳定的低能级；另一个取向的自旋轴与外磁场方向相反，为不稳定的高能级。当电磁辐射波的能量等于核的两个能级差时，原子核就会吸收电磁波的能量（$E=h\nu_0$），从低能级跃迁至高能级，即发生能级的跃迁（能级间的能量差为ΔE），这就是共振吸收。其频率称为共振频率。

$$\nu=\nu_0=\frac{\gamma}{2\pi}B_0 \tag{13-1}$$

式中，γ为磁旋比（核磁矩与自旋角动量之比），是原子核的特性常数，氢核的$\gamma=2.67\times10^8\,T^{-1}\cdot s^{-1}$；$B_0$为外磁场强度；$\nu$为共振频率。

产生核磁共振吸收的条件是：①核具有自旋，即为磁性核；②必须将磁性核放入强磁场中才能使核的能级差显示出来；③电磁辐射的照射频率为$\nu=\frac{\gamma}{2\pi}B_0$。

例如${}^{1}H$，在磁场强度$B_0=2.35T$时，发生核磁共振的照射频率为：

$$\nu=\frac{\gamma}{2\pi}B_0=\frac{2.67\times10^8\times2.35}{2\times3.14}=100\times10^6\,s^{-1}=100MHz$$

第二节　核磁共振波谱仪

核磁共振波谱法所用的仪器称为核磁共振波谱仪，外观见彩色插图 14。

一、基本结构

核磁共振波谱仪是用于检测核磁共振波谱的仪器，其种类很多。按扫描方式分为连续波（CW）方式和脉冲傅里叶变换（PFT）方式两种；按磁场来源分为永久磁铁、电磁铁和超导磁铁三种；按照射频率（或磁感强度）分为 60MHz（1.4092T）、90MHz（2.1138T）、100MHz（2.3487T）……超导 NMR 仪可达 600MHz。照射频率越高，仪器的分辨率和灵敏度越高，获得的谱图越简单，解析越方便。一般核磁共振波谱仪结构如图 13-1 所示。其主要部件有磁铁、射频发生器、信号接收器、扫描发生器、样品管、记录系统等。

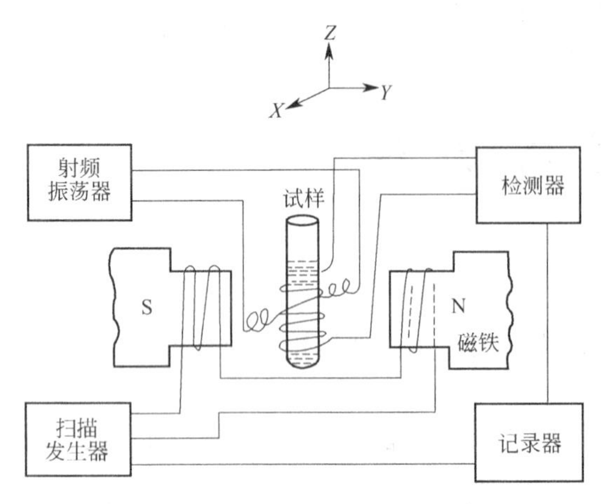

图 13-1　核磁共振波谱仪结构示意图

1. 磁铁

磁铁的作用是产生很强、很稳定、很均匀的磁场。工作时，电磁铁要发热，须用水冷却。

2. 射频发生器

射频发生器主要作用是产生 0.6～300m 的无线电波，通过照射线圈作用于试样。

3. 扫描发生器

扫描发生器是绕在电磁铁上的线圈，通直流电后用来调节磁场强度。

根据共振吸收，可以固定磁场强度，连续改变电磁辐射频率，称为扫频法；也可以固定频率，连续改变磁场强度，称为扫场法。

4. 信号接收器

信号接收器是一环绕样品管的线圈。其作用是接收核磁共振时产生的感应电流。照射线圈、接收线圈和磁场方向三者相互垂直，互不干扰。

5. 样品管

样品管用于盛放试样，插入磁场中，匀速旋转，以保障试样所受磁场强度均匀。

6. 记录系统

记录系统包括检测器、放大器、积分仪及记录器。检出的信号经放大后，输入记录器，并自动描绘波谱图。纵坐标表示信号强度，横坐标表示磁场强度或照射频率。记录的信号由一系列峰组成，峰面积正比于某类质子的数目。积分曲线自低磁场向高磁场描绘，以阶梯的形式重叠在峰上面，而每一阶梯的高度与引起该信号的质子数目成正比。

二、主要性能指标

仪器的型号不同，其性能指标也不同，主要包括磁场强度、共振频率、^{1}H 和 ^{13}C 的分辨率及灵敏度等几个方面。另外还有电源电压，一般为 AC 220V±10%；环境温度，一般为 15～30℃；相对湿度，一般为＜80%等。

三、操作步骤

1. 开机

（1）打开空压系统，观察压力表示数是否正常。

（2）输入用户名和密码，登录系统，进入操作界面，建立核磁共振波谱仪与计算机的联系。

2. 测试

（1）打开进样通道，小心放入试样管，然后关闭进样通道。

（2）正确选择实验区。建议测量氢谱在 exp1，测量碳谱在 exp2。

（3）利用键盘进行锁场和匀场，控制试样的旋转和弹出。

（4）选择实验参数，包括测试的核、温度和溶剂种类，根据不同的试样和实验参数，给每个实验赋予唯一的文件名称，以便采集测试数据后能够正确识别。

（5）对测试数据进行处理，校准谱图，显示刻度，积分等。

（6）键入打印命令，打印核磁共振谱图。

核磁共振波谱仪是复杂而精密的检测仪器，有很多操作细节，通常需要有专门的技术人员进行操作和维护，学生实验之前一定要认真阅读使用手册，并在教师的指导下进行操作。

3. 关机

（1）实验结束后，取出试样管，退出操作界面，关闭空压系统，放去冷凝水。

（2）整理物品，打扫卫生，填写仪器使用记录，离开实验室。

第三节　核磁共振氢谱

氢原子的共振频率不仅与 B_0 有关，而且与核的磁矩或 γ 有关，而磁矩或 γ 与氢原子在化合物中所处的化学环境有关。换句话说，处于不同化合物中的氢原子或同一化合物中不同位置的氢原子，其共振吸收频率会稍有不同，即产生化学位移。通过测量或比较氢原子的化学位移就可以了解分子结构，这是 NMR 方法的意义所在。

一、屏蔽效应

在有机化合物中，氢原子以共价键与其他各种原子相连，各个氢原子在分子中所处的化学环境不尽相同（原子核附近化学键和电子云的分布状况称为该原子核的化学环境）。实验证明，氢核核外电子及与其相邻的其他原子核外电子在外磁场的作用下，能产生一个与外磁场相对抗的第二磁场，称为感生磁场。对氢核来讲，等于增加了一种免受外磁场影响的防御措施，使核实际所受的磁场强度减弱，电子云对核的这种作用称为电子的屏蔽效应。此时，核的共振频率为 $\nu=\frac{\gamma}{2\pi}B_0(1-\sigma)$（$\sigma$ 为屏蔽常数，其与原子核所处的化学环境有关）。

若固定射频频率，由于电子的屏蔽效应，则必须增加磁场强度才能达到共振吸收；若固定外磁场强度，则必须降低射频频率才能达到共振吸收。这样，通过扫场或扫频使处在不同化学环境中的质子依次产生共振信号。

二、化学位移

核外电子的屏蔽效应大小与外磁场强度成正比。因受核外电子屏蔽效应的影响，而使吸收峰在核磁共振图谱中的横坐标（磁场强度或射波频率）发生位移，即吸收峰的位置发生移动。核因所处化学环境不同，屏蔽效应的大小不同，在共振波谱中横坐标的位移值就不同。把核因受化学环境影响，其实际共振频率与完全没有核外电子影响时共振频率的差值，称为化学位移。因其绝对值难以测得。所以，用相对值来表示化学位移，符号为 δ。即以四甲基硅烷（TMS）为标准，规定 TMS 的化学位移为零（TMS 中的氢核受的屏蔽作用很强，共振峰出现在高场，即图谱的最右端）。δ 值按下式计算：

B_0 固定时

$$\delta=\frac{\nu_{样品}-\nu_{标准}}{\nu_{标准}}\times10^6=\frac{\Delta\nu}{\nu_{标准}}\times10^6 \qquad (13\text{-}2)$$

ν_0 固定时

$$\delta=\frac{B_{标准}-B_{样品}}{B_{标准}}\times10^6 \qquad (13\text{-}3)$$

一些常见质子的化学位移值见表 13-1。

表 13-1　一些常见质子的化学位移

化　合　物	δ	化　合　物	δ
CH_4	约 0.23	R—NH_2	1.0～4.0
RCH_3	约 0.9	Ar—NH_2	3.0～4.5
R_2CH_2	约 1.3	R_2N—CH_3	约 2.2
R_3CH	约 1.5	R—C(=O)—H	9.0～10.0
RCH_2Cl	3.5～4.0		
RCH_2Br	3.0～3.7	R—C(=O)—CH_3	2.2～2.7
RCH_2I	2.0～3.5		
C═CH_2	5.0～5.3	R—C(=O)—OH	10.0～12.0
C≡CH	约 2.5		
C═C—CH_3	约 1.7	R—C(=O)—O—CH_3	3.6～4.1
C≡C—CH_3	约 1.8		
Ar—H	6.5～8.0	R—C(=O)—NH_2	3.0～5.0
R—OH	3.0～3.6		
Ar—OH	4～8	R—C(=O)—NHR	5～9.4
R—O—CH_3	3.2～3.5		

三、积分线与氢的个数

氢谱中，每个积分曲线（峰面积的大小）与产生该峰的氢核数目成正比。核磁共振波谱仪均附有积分仪，扫频或扫场时，在绘制波谱的同时会给出峰面积的积分值，各积分线的垂直高度与其对应峰面积成正比。这样便可根据峰面积（或积分高度）确定与之对应的氢核数目，即氢分布。例如，乙苯分子中有三组化学等价核，即a、b、c，产生3个吸收峰，各峰的积分高度分别为1.2cm、0.8cm和2.0cm。已知其分子式为C_8H_{10}，即分子中有10个氢。每单位积分高度代表氢的个数是：10/(1.2+0.8+2.0)=2.5。所以a、b、c吸收峰氢的分布分别为：1.2×2.5=3；0.8×2.5=2；2×2.5=5。这与乙苯的甲基、乙基和取代苯中的含氢个数一致。如图13-2所示。

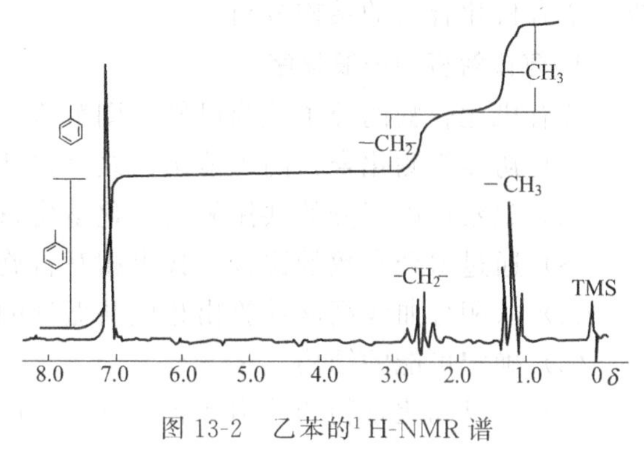

图13-2　乙苯的^{1}H-NMR谱

四、自旋偶合和自旋分裂

上面讨论了屏蔽效应导致氢核共振吸收峰的位移。其实分子中磁核之间亦有相互作用。这种磁核的相互作用称为自旋-自旋偶合，简称自旋偶合。自旋核的核磁矩可以通过成键电子影响邻近磁核，是引起自旋-自旋偶合的根本原因。磁性核在磁场中有不同的取向，产生不同的局部磁场，从而加强或减弱外磁场的作用，使其周围的磁核感受到两种或数种不同强度的磁场的作用，故在两个或数个不同的位置上产生共振吸收峰。因自旋偶合使一个共振峰分裂为几个小峰的现象叫自旋分裂，其结果是使共振峰发生分裂而形成多重峰，如图13-2中的甲基峰被分裂成三重峰，亚甲基峰被分裂成四重峰。

单峰　　　　1
二重峰　　1　1
三重峰　　1　2　1
四重峰　1　3　3　1
五重峰　1　4　6　4　1

图13-3　裂分峰强度比示意图

一个信号被分裂的数目取决于相邻碳上^{1}H的数目，如果相邻碳上有n个氢，则该信号被裂分为$n+1$重峰，通常称为$n+1$规律。分裂峰强度比符合二项式展开系数比，如图13-3所示。

第四节　应用与实例

一、核磁共振氢谱的解析

1. ^{1}H-NMR谱的结构信息

（1）化合物中相同质子的种类。

（2）每类质子的数目。

（3）相邻碳原子上氢的数目。

虽然不能仅仅靠一张 NMR 谱来鉴定有机化合物的结构，但可以认为 NMR 谱是结构分析的有力工具，即从 NMR 谱上得到的信息，配合红外吸收光谱上得到的关于官能团的信息，加上从质谱上得到的相对分子质量、分子式和碎片结构的信息，常常可以完成一个有机化合物的结构分析。

2. 氢谱解析的一般程序

若有机化合物的分子式为已知，则解析其 NMR 谱的一般步骤如下。

(1) 初步推测化合物的可能结构式（包括异构体）。

(2) 观察可以区分的共振峰及其化学位移。

(3) 通过偶合常数的比较，找出相互自旋-自旋偶合分裂的吸收峰。

(4) 从积分曲线高度计算出相应共振峰的质子数目。

(5) 确定可能的结构式。

(6) 与已知化合物的波谱比较，进一步确认。

二、解析实例

分子式为 $C_7H_5OCl_3$ 的某化合物 ^1H-NMR 谱如图 13-4 所示。试确定该化合物可能的结构式（核磁共振波谱仪的照射频率为 60MHz）。

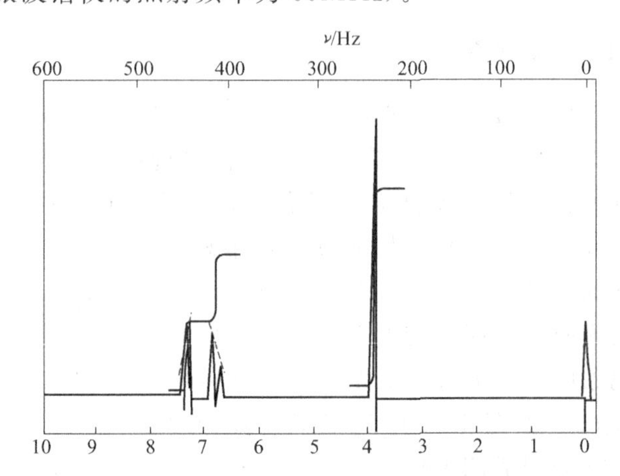

图 13-4 分子式为 $C_7H_5OCl_3$ 某化合物的 ^1H-NMR 图谱

解析如下：

(1) 该化合物的不饱和度为 $\Omega=1+7+(0-5-3)/2=4$，可能含苯环。

(2) 从共振峰的个（组）数看，该化合物含 3 种氢核。

(3) 从积分值看，该化合物 3 种氢核的比值为 1∶1∶3，根据分子式，确定这 3 种氢核的个数分别为 1、1、3 个。

(4) 从峰的分裂数看，左边两组峰均为二重峰，表明两组峰所对应氢核处于偶合状态。无论 2 个氢原子是在苯环上，还是在其他结构部分，均会处于邻偶状态。右边的峰为单峰，说明它所对应的三个氢核连在同一碳原子上，即分子中有 1 个甲基，且甲基所连碳原子上没有连接 H 原子。

(5) 从化学位移看，两个二重峰的化学位移值 $\Delta\delta$ 分别为 6.7 和 7.3，介于芳香氢核的化学位移范围（6.0～9.5），说明该化合物有可能含苯环，而且苯环上有两个处于邻位的氢原子。因甲基峰的化学位移为3.9，故该甲基不是连在苯环或别的位置上，而是连在氧原子上（连在苯环上的甲基的化学位移为2.1～2.9），因此，该化合物一定具有苯甲醚的基本结构。苯环上的两个相邻的氢原子只可能在5，6位或4，5位，所以该化合物为2,3,6-三氯苯甲醚或2,3,4-三氯苯甲醚。

经与标准图谱对照，确定该化合物为2,3,4-三氯苯甲醚。

（鲍羽 马纪伟）

习 题

一、填空题

1. 核磁共振波谱是由处于________中的自旋原子核吸收________区的电磁波而发生核能级跃迁所引起的。
2. 核磁共振波谱中的信号数目代表了分子中具有相同化学环境的______；每个共振峰的面积正比于产生该峰的______。
3. 核磁共振波谱的横坐标代表______，纵坐标代表______；核磁共振波谱法的缩写为______。

二、单项选择题

1. 在100MHz仪器中，某质子的化学位移$\delta=1$，其共振频率与TMS相差（ ）。

A. 10MHz　B. 50MHz　C. 100MHz
D. 200MHz　E. 300MHz

2. $CH_3CH_2OCH_2CH_2CH_3$在核磁共振氢谱上有几组峰（ ）。

A. 3　B. 4　C. 5
D. 6　E. 7

3. 氢核的磁共振谱图上不能反映的结构信息为（ ）。

A. 化合物中相同质子的种类　B. 每类质子的数目
C. 相邻碳原子上氢的数目　D. 各种离子的相对丰度
E. A+B+C

4. 下列哪一项不是核磁共振波谱仪的部件（ ）。

A. 磁铁　B. 射频发生器　C. 信号接收器
D. 扫描发生器　E. 单色器

三、简答题

1. 什么是自旋偶合和自旋分裂？
2. 产生核磁共振的条件是什么？核磁共振波谱图可提供哪些信息？

仪器分析技术实践指导

实践1　盐酸普鲁卡因注射液 pH 值的检查

一、实践目的

1. 掌握用酸度计测量溶液 pH 值的操作步骤。
2. 掌握酸度计的基本部件及作用。
3. 熟悉测定溶液 pH 值的基本原理。

二、实践原理

酸度计是将两个不同电极浸入待测物质溶液组成原电池，其中一个是指示电极（pH 玻璃电极）作为负极，另一个是参比电极（饱和甘汞电极）作为正极。在零电流条件下，测定原电池的电动势，根据原电池的电动势与待测物质溶液 pH 值间的函数关系计算出待测物质溶液的 pH 值。

三、实践仪器、药品和试剂

1. 仪器

pHS-3B 型酸度计；复合 pH 电极；100mL 烧杯 4 个。

2. 药品和试剂

pH＝4.00 及 pH＝6.86 的标准 pH 缓冲溶液；盐酸普鲁卡因注射液。

四、实践内容

（一）实践依据《中国药典》2015 年版（二部），第 1099 页。

【检查】 pH 值　应为 3.5～5.0（通则 0631）。

（二）测定方法

1. 开机前的准备

（1）安装电极架，连接复合 pH 电极和温度传感器。

（2）将后面板的转换开关置于“自动”位置，仪器可以进行 pH 值测定的自动温度补偿。

（3）接通电源，开机预热 30min。

（4）“选择开关”旋钮调到 pH 挡。

（5）将“斜率调节”钮顺时针旋转到底（即调到 100%）。

2. 仪器的校正（两点校正法）

（1）将使用之前用纯化水浸泡活化后的复合 pH 电极和温度传感器用滤纸吸干水

分，并插到盛有 pH＝4.00 的标准 pH 缓冲溶液的烧杯中，轻轻晃动烧杯，使溶液均匀，旋转“定位调节”钮，使仪器屏幕显示 pH 值为 4.00。

（2）仪器定位后，再改用 pH＝6.86 的标准 pH 缓冲溶液核对仪器的示值，误差应不大于±0.02pH 单位。若大于此值，则应小心旋转“斜率调节”钮，使示值与 pH＝6.86 的标准 pH 缓冲溶液的数值相符。

3. 测量

（1）将复合 pH 电极和温度传感器用纯化水冲洗干净，再用滤纸吸干水分。小心将电极及温度传感器放入盛有盐酸普鲁卡因注射液的烧杯中，轻轻晃动烧杯，使溶液均匀，pH 值读数稳定（约 10s 内数值变化小于 0.01pH），记录供试品溶液的 pH 值。

（2）测定完成后，取出电极及温度传感器，用纯化水冲洗干净，将电极及温度传感器放入纯化水中，关闭电源开关，拔去电源插销。

五、实践结果

盐酸普鲁卡因注射液的 pH 值为 ________。

结论：

六、思考与讨论

1. 使用复合 pH 电极时需注意哪些事项？

2. 测定前，应采用标准 pH 缓冲溶液进行仪器的校正，试问如何选择标准 pH 缓冲溶液？

实践 2　奥美拉唑的含量测定

一、实践目的

1. 熟悉自动电位滴定仪的操作方法。
2. 熟悉自动电位滴定仪的基本组成及作用。
3. 了解电位滴定法测定药物含量的基本原理。

二、实践原理

奥美拉唑有弱酸性，不溶于水，在甲醇或乙醇中略溶，在 0.1mol/L 氢氧化钠溶液中溶解，因此，可以用电位滴定法中的非水溶液酸碱滴定法进行含量测定。

测定时，在待测物溶液中插入一支参比电极和一支指示电极组成原电池。随着滴定液的加入，待测物的活度（或浓度）不断降低，原电池电动势不断变化。在化学计量点附近，待测物质活度（或浓度）发生突变，原电池电动势也发生突变，从而指示滴定终点的到达。

三、实践仪器、药品和试剂

1. 仪器

ZDJ-4A 型自动电位滴定仪；复合 pH 电极；分析天平；100mL 烧杯；50mL 量筒。

2. 药品和试剂

乙醇；氢氧化钠滴定液（0.1mol/L）；奥美拉唑原料药。

四、实践内容

（一）实践依据《中国药典》2015 年版（二部），第 1412 页。

【含量测定】 取本品约 0.2g，精密称定，加乙醇-水（4∶1）50mL 使溶解，照电位滴定法（通则 0701），用氢氧化钠滴定液（0.1mol/L）滴定。1mL 氢氧化钠滴定液（0.1mol/L）相当于 34.54mg 的 $C_{17}H_{19}N_3O_3S$。按干燥品计算，含 $C_{17}H_{19}N_3O_3S$ 不得少于 98.5%。

（二）测定方法

1. 准备工作

（1）按上述要求配制供试品溶液。

（2）复合 pH 电极连接于仪器后面的测量电极接口“1”上，电极插入电极支持架上。补液管插入滴定液中。

（3）插插销，打开电源开关。仪器处于起始状态。

（4）按“清洗”键，分别用纯化水和滴定液清洗滴定液输入管道 3～5 次。安装供试品溶液杯。

2. 供试品溶液的含量测定

（1）编辑仪器操作方法。预设终点模式。

（2）进行 pH 滴定校正。

（3）滴定。仪器自动进行分析，仪器停止分析后，记录消耗滴定液体积。

3. 结束工作

（1）取下供试品溶液杯，用纯化水冲洗电极、搅拌棒及滴定管。

（2）用纯化水清洗滴定液输入管道 3～5 次。

（3）卸下电极，关闭电源开关，拔插销。

五、计算公式

$$\text{奥美拉唑含量}(\%)=\frac{V_{\mathrm{NaOH}}TF}{m_{\text{样}}}\times 100\%$$

式中，V_{NaOH} 为氢氧化钠滴定液消耗的体积，mL；T 为滴定度，1mL 氢氧化钠滴定液（0.1mol/L）相当于 34.54mg 的 $C_{17}H_{19}N_3O_3S$；F 为校正因子，即 $\frac{c_{\text{实际}}}{c_{\text{规定}}}$；$m_{\text{样}}$ 为奥美拉唑原料药的取样量，g。

六、实践结果

1. 数据记录及处理

数据＼份数	1	2	3
奥美拉唑的取样量/g			
氢氧化钠滴定液消耗的体积/mL			
氢氧化钠滴定液的浓度/(mol/L)			
奥美拉唑含量/%			
奥美拉唑含量的平均值/%			

2. 结论

七、思考与讨论

1. 简述电位滴定法的基本原理。
2. 电位滴定仪的基本组成及作用。

实践3 盐酸普鲁卡因的含量测定

一、实践目的

1. 掌握自动永停滴定仪的操作方法。
2. 熟悉永停滴定仪的基本组成及作用。
3. 了解永停滴定法指示终点的基本原理。

二、实践原理

普鲁卡因结构中具有芳伯氨基，在酸性溶液中，它可与 $NaNO_2$ 定量地完成重氮化反应而生成重氮盐。

$$H_2N-C_6H_4-COOCH_2CH_2N(C_2H_5)_2 + NaNO_2 + 2HCl \longrightarrow Cl^-N_2^+-C_6H_4-COOCH_2CH_2N(C_2H_5)_2 + NaCl + 2H_2O$$

若把两个相同的铂电极插入盐酸普鲁卡因溶液中，在两个电极间外加微小电压(50mV)，然后用 $NaNO_2$ 滴定液滴定。在化学计量点前，两个电极上无电极反应，不存在可逆电对，电流计指针停止在“0”位。当到达化学计量点时，稍过量 $NaNO_2$ 滴定液，溶液中生成 HNO_2 及其分解产物 NO，并组成可逆电对，在两个电极上发生的电解反应如下：

负极　$HNO_2 + H^+ + e \rightleftharpoons NO + H_2O$

正极　$NO + H_2O - e \rightleftharpoons HNO_2 + H^+$

电路中有电流通过，电流计指针发生偏转不再回复，指示到达滴定终点。

三、实践仪器、药品和试剂

1. 仪器

ZYT-2型自动永停滴定仪；分析天平；药物天平；100mL烧杯3个；50mL量筒。

2. 药品和试剂

盐酸普鲁卡因原料药；亚硝酸钠滴定液（0.1mol/L）；6mol/L盐酸溶液；溴化钾固体。

四、实践内容

（一）实践依据《中国药典》2015年版（二部），第1098页。

【含量测定】 取本品约0.6g，精密称定，照永停滴定法（通则0701），在15～25℃，用亚硝酸钠滴定液（0.1mol/L）滴定。1mL亚硝酸钠滴定液（0.1mol/L）相当于27.28mg的$C_{13}H_{20}N_2O_2 \cdot HCl$。按干燥品计算，含$C_{13}H_{20}N_2O_2 \cdot HCl$不得少于99.0%。

（二）测定方法

1. 准备工作

（1）精密称取盐酸普鲁卡因原料药约0.6g于烧杯中，共3份。

（2）连接双铂电极，下方放废液烧杯。接通电源，打开电源开关，灵敏度键置10^{-9}A位。用纯化水冲洗电极和滴定管。

（3）用纯化水和亚硝酸钠滴定液分别清洗泵体和液路管道3～5次，在整个液路中充满亚硝酸钠滴定液。

2. 盐酸普鲁卡因的含量测定

（1）在盛有盐酸普鲁卡因的烧杯中，分别加6mol/L盐酸溶液15mL和纯化水40mL，放入搅拌子，置仪器的电磁搅拌器上，打开仪器侧面搅拌开关，调节搅拌速度使搅拌速度适中。搅拌使盐酸普鲁卡因溶解，再加溴化钾固体2g，搅拌使溴化钾溶解。将双铂电极和滴定管下移，浸入烧杯中，约在液面1/2处并在电磁搅拌棒上面。

（2）将三通转换阀置注液位，按“复零”键。按“滴定开始”键，仪器开始自动滴定，直到蜂鸣器响，滴定终点指示灯亮，说明滴定结束。数字显示屏显示的数字即实际消耗滴定液体积，记录消耗滴定液体积。

3. 结束工作

（1）按“复零”键，关搅拌开关。将双铂电极和滴定管上移，用纯化水冲洗双铂电极、滴定管和电磁搅拌棒。

（2）用纯化水清洗泵体和液路管道3～5次。

（3）卸下电极，关闭电源开关。

五、计算公式

$$盐酸普鲁卡因含量(\%)=\frac{V_{NaNO_2}TF}{m_{样}}\times 100\%$$

式中，V_{NaNO_2} 为亚硝酸钠滴定液消耗的体积，mL；T 为滴定度，即 1mL 亚硝酸钠滴定液（0.1mol/L）相当于 27.28mg$C_{13}H_{20}N_2O_2 \cdot HCl$；$F$ 为校正因子，即$\frac{c_{实际}}{c_{规定}}$；$m_{样}$ 为盐酸普鲁卡因原料药的取样量，g。

六、实践结果

1. 数据记录及处理

数据 \ 份数	1	2	3
盐酸普鲁卡因的取样量/g			
亚硝酸钠滴定液消耗的体积/mL			
亚硝酸钠滴定液的浓度/(mol/L)			
盐酸普鲁卡因含量/%			
盐酸普鲁卡因含量的平均值/%			

2. 结论

七、思考与讨论

1. 重氮化反应中需要将温度、pH 和滴定速度控制在何种条件下进行？
2. 具有何种结构的药物可以用永停滴定法指示终点进行含量测定？举例说明。
3. 永停滴定仪的基本构造有哪些？指示滴定终点的方法有哪些？

实践 4 水溶液中微量氯离子浓度的测定

一、实践目的

1. 掌握标准加入法的基本原理。
2. 熟悉用氯离子选择性电极测定水溶液中氯离子浓度的操作方法。
3. 会计算水溶液中氯离子浓度。

二、实践原理

以氯离子选择性电极为指示电极，双液接饱和甘汞电极为参比电极，插入待测物质溶液中组成原电池。氯离子浓度在 $10^{-4}\sim 1$mol/L 范围内，在一定的条件下（298.15K），原电池电动势与氯离子浓度的常用对数呈线性关系。

$$E=K'-0.05916\lg c_{Cl^-}$$

测定氯离子浓度时，不能使用通常的饱和甘汞电极作为参比电极，因为饱和甘汞电极内的氯离子会通过陶瓷芯或玻璃砂芯等多孔性物质向待测溶液中扩散，从而干扰测定。为避免这一影响，可在饱和甘汞电极上连接一个可卸的非 KCl 盐桥套管，内装其他的液接溶液（如 KNO_3 或 $NaNO_3$ 溶液），这样构成双液接饱和甘汞电极作为参比电极。

本实践所用的 301 型氯离子选择性电极的最佳 pH 值范围为 2～7，这个 pH 值范围要通过加入总离子强度调节剂（TISAB）来控制，并且使溶液的离子强度保持恒定，活度系数 γ_i 为常数，从而使测定的氯离子浓度（c）与电极响应的氯离子活度（a）的关系保持一致。

三、实践仪器、药品和试剂

1. 仪器

pHS-3B 型酸度计；301 型氯离子选择性电极；801 型双液接饱和甘汞电极；电磁搅拌器；10mL 移液管；100mL 容量瓶；250mL 容量瓶；150mL 烧杯；200mL 烧杯；分析天平。

2. 药品和试剂

（1）1.00mol/L 氯化钠标准溶液的制备　将 G·R 氯化钠于 500～600℃灼烧 0.5h，在干燥器中冷却后，称取 14.61g，置于 200mL 烧杯中加去离子水搅拌使溶解，并定量转移至 250mL 容量瓶中，用去离子水稀释至刻度，摇匀。

（2）总离子强度调节剂（TISAB）　在 1.00mol/L 硝酸钠溶液中滴加浓硝酸，调节至 pH＝2～3。

（3）0.1mol/L 硝酸钠溶液。

（4）氯离子测试液　浓度约为 0.01mol/L。

四、实践内容

1. 电极的准备

将 801 型双液接饱和甘汞电极的橡胶帽取下，检查内充饱和氯化钾溶液是否够量。盐桥套管内加入 0.1mol/L 硝酸钠溶液，约占套管容积的 2/3，以橡胶圈将套管连接在电极上。安装 301 型氯离子选择性电极和 801 型双液接饱和甘汞电极，用去离子水清洗电极，并用滤纸吸去电极上的水分。

2. 仪器的准备

（1）安装电极架，连接 301 型氯离子选择性电极、801 型双液接饱和甘汞电极和温度传感器。

（2）将 pHS-3B 型酸度计后面板的转换开关置于“自动”位置，仪器可以进行“mV”测定的自动温度补偿。

（3）接通 pHS-3B 型酸度计和电磁搅拌器的电源，开机预热 30min。

（4）pHS-3B 型酸度计“选择开关”旋钮调到“mV”挡。

3. 测定

（1）准确吸取氯离子测试液 10.00mL 于 100mL 容量瓶中，加入总离子强度调节剂

（TISAB）即 1.00mol/L 硝酸钠溶液 10mL，用去离子水稀释至标线，摇匀后，全部转入 150mL 干燥烧杯中。插入电极并放入搅拌磁子，开动搅拌器，调节适当的搅拌速度，待原电池电动势数值稳定后，读取原电池电动势数值 E_x。

（2）于上述烧杯中加入 1.00mol/L 氯化钠标准溶液 1mL，待原电池电动势数值稳定后读取原电池电动势数值 E_s。

4. 结束工作

测定完成后，取出电磁搅拌棒、电极及温度传感器，用去离子水冲洗干净，关闭电源开关，拔去电源插销。

五、计算公式

$$\Delta c=\frac{c_s V_s}{V_x}$$

式中，Δc 为加入标准溶液后，试样浓度的增加值；c_s和 V_s分别为加入标准溶液的浓度和体积；V_x为待测物质溶液的体积，要求 c_s为 c_x的 100 倍以上，V_x为 V_s的 100 倍以上。

$$c_x=\frac{\Delta c}{10^{\pm \Delta E/S}-1}$$

式中，ΔE 为 E_s-E_x；待测离子是阳离子计算时"±"选"+"，待测离子是阴离子计算时"±"选"－"；S 为电极响应斜率，在 298.15K 时，理论斜率为 $S=\frac{0.05916}{n}$，n 为待测离子电荷数。

六、实践结果

1. 数据记录

标准溶液加入量 V_s/mL	0	1
原电池电动势值 E/mV		

2. 计算 Δc

3. 计算 c_x

七、思考与讨论

1. 本实验为什么要使用干燥的烧杯？

2. 为什么要用双液接饱和甘汞电极而不用一般的饱和甘汞电极？使用双液接饱和甘汞电极时应注意什么？

3. 何谓标准加入法？如何计算待测物质的离子浓度？

4. 离子选择性电极的基本构造有哪些？

实践5 高锰酸钾吸收光谱曲线的绘制及含量测定

一、实践目的

1. 掌握紫外-可见分光光度计的操作方法。
2. 熟悉紫外-可见分光光度计的基本构造及作用。
3. 会依据吸收光谱曲线确定最大吸收波长。
4. 会用标准曲线法测定高锰酸钾样品溶液的含量。

二、实践原理

高锰酸钾溶液呈紫红色，在可见光区有吸收，利用此可绘制吸收光谱曲线。通过吸收光谱曲线确定最大吸收波长，在最大吸收波长处进行含量测定。因此可以用紫外-可见分光光度法对高锰酸钾溶液进行定性和定量分析。

三、实践仪器、药品和试剂

1. 仪器

紫外-可见分光光度计；分析天平；5mL移液管2支；1000mL容量瓶；25mL容量瓶6个；100mL烧杯。

2. 药品和试剂

高锰酸钾对照品（固体）；高锰酸钾样品溶液。

四、实践内容

（一）配制溶液

1. 配制标准溶液（125mg/L）

精密称取高锰酸钾对照品0.1250g置100mL烧杯中，溶解后，定量转移至1000mL容量瓶中，用纯化水稀释至标线，摇匀，即为高锰酸钾标准溶液（125mg/L）。

2. 配制标准系列

分别精密量取1.00、2.00、3.00、4.00和5.00（mL）高锰酸钾标准溶液（125mg/L），置于25mL容量瓶中，纯化水稀释至标线，摇匀。标准系列中各标准溶液的浓度依次为5.0、10.0、15.0、20.0和25.0（mg/L）。

3. 配制样品溶液

精密量取高锰酸钾样品溶液5.00mL，置25mL容量瓶中，纯化水稀释至标线，摇匀。即为高锰酸钾供试品溶液。

（二）绘制吸收光谱曲线

以纯化水为空白溶液调节仪器基线后，测定标准系列中溶液浓度为15.0mg/L和高锰酸钾供试品溶液的吸收光谱曲线，并从吸收光谱曲线中确定最大吸收波长，比较二者的吸收光谱曲线和最大吸收波长。

（三）测定溶液吸光度

1. 标准曲线的绘制

在λ_{max}处，以纯化水为空白溶液调节基线后，依次将标准系列各标准溶液放入光路中，测其吸光度A值。以浓度（c）为横坐标，吸光度值（A）为纵坐标，绘制标准曲线。

2. 高锰酸钾供试品溶液的测定

在与绘制标准曲线相同测定条件下，测定高锰酸钾供试品溶液吸光度值（A）。从标准曲线中查A值所对应的高锰酸钾供试品溶液的浓度$c_{样}$。

（四）岛津UV2450紫外-可见分光光度计的操作规程

（1）开机前检查仪器是否正常，如检查样品室内有无挡光物。

（2）分别开启紫外-可见分光光度计主机和计算机电源，从计算机桌面“UVProbe”进入操作程序。

（3）点击“连接”进入紫外-可见分光光度计自检系统，自检过程中，切勿开启样品室门，自检无误后进入主工作程序。

（4）编辑测定方法，输入所需数据。

（5）用纯化水分别清洗2个石英比色杯（手拿磨砂面）3次，再用空白溶液各洗3次，分别装入2/3的空白溶液，用镜头纸将比色杯外壁溶液吸干。

（6）打开样品室门，分别将比色杯放入样品池及参比池中，即置各自光路中，关好样品室门。进行零点校正。

（7）将样品池中空白溶液更换为供试品溶液，置光路中，关好样品室门，测量吸光度值或吸收光谱曲线。

（8）关闭操作程序、紫外-可见分光光度计和计算机电源。清洗比色杯。

紫外-可见分光光度计使用注意事项如下。

（1）检测器预热时必须等待所有指示灯变为绿色，才可进行下一步操作。

（2）放入比色杯时务必小心轻放，确保比色杯已完全进入光路中。

（3）必须扫描基线，空白溶液即未加样品的溶液，必须与样品溶液一致。

（4）扫描过程中切忌打开或试图打开样品室门。

五、计算公式

$c_{原样}=c_{样}\times$稀释倍数

六、实践结果

（一）定性分析

1. 高锰酸钾溶液的吸收光谱曲线

（1）标准系列中溶液浓度为15.0 mg/L的吸收光谱曲线。

（2）高锰酸钾供试品溶液的吸收光谱曲线。

2. 高锰酸钾溶液的最大吸收波长

（1）标准系列中溶液浓度为 15.0 mg/L 的最大吸收波长____________________。

（2）高锰酸钾供试品溶液的最大吸收波长____________________。

3. 定性分析结论

（二）定量分析

1. 数据记录

项目		1	2	3	4	5	供试品溶液
c/(mg/L)							
A	1						
	2						
	3						
	平均值						

2. 绘制标准曲线（附坐标图）

3. 高锰酸钾溶液浓度

（1）高锰酸钾供试品溶液的浓度____________________。

（2）高锰酸钾样品溶液的浓度____________________。

七、思考与讨论

1. 高锰酸钾溶液在哪个光区范围有吸收？测定时应采用何种光源和比色杯？
2. 如何确定最大吸收波长？
3. 如何绘制标准曲线？怎样计算样品溶液的浓度？

实践 6　维生素 B_1 的性状测定

一、实践目的

1. 掌握紫外-可见分光光度计的操作方法。
2. 熟悉紫外-可见分光光度计的基本构造及作用。
3. 了解紫外-可见分光光度法测定吸收系数（$E_{1cm}^{1\%}$）的基本原理。

二、实践原理

通过测定待测物质在紫外光区（200～400nm）或可见光区（400～760nm）的特定波长处的吸光度，并通过朗伯-比尔定律（Lambert-Beer）计算吸收系数，应符合《中国药典》2015 年版（二部）规定范围。

三、实践仪器、药品和试剂

1. 仪器

紫外-可见分光光度计；分析天平；1000mL 容量瓶。

2. 药品和试剂

维生素 B_1 原料药；盐酸溶液（9→1000）。

四、实践内容

（一）实践依据《中国药典》2015 年版（二部），第 1231 页。

【性状】 吸收系数法 取本品，精密称定，加盐酸溶液（9→1000）溶解并定量稀释制成 1mL 约含 12.5μg 的溶液，照紫外-可见分光光度法（通则 0401），在 246nm 的波长处测定吸光度，吸收系数（$E_{1cm}^{1\%}$）为 406～436。

（二）测定方法

1. 测定时除另有规定外，应在规定的吸收峰±2nm 处，再测几点的吸光度，以核对供试品的吸收峰位置是否正确，并以吸光度最大的波长作为测定波长，除另有规定外吸光度最大波长应在该品种项下规定的波长±2nm 以内，否则应考虑试样的同一性、纯度以及仪器波长的准确度。

2. 精密称定维生素 B_1 原料药 12.5mg 于 1000mL 容量瓶中，加盐酸溶液（9→1000）溶解并定量稀释制成 1mL 约含 12.5μg 的溶液，在 246nm 波长处测定其吸光度，计算吸收系数，应符合规定范围。

五、计算公式

$$E_{1cm}^{1\%}=\frac{A}{cL}$$

六、实践结果

维生素 B_1 的吸收系数为 ________。

结论：

七、思考与讨论

1. 解释吸收系数（$E_{1cm}^{1\%}$）的含义。
2. 影响测定吸收系数（$E_{1cm}^{1\%}$）的因素有哪些？

实践 7 维生素 B_2 中感光黄素的检查

一、实践目的

1. 掌握紫外-可见分光光度计的操作方法。

2. 熟悉紫外-可见分光光度计的基本构造及作用。
3. 了解紫外-可见分光光度法杂质限量检查的基本原理。

二、实践原理

维生素 B_2 中的杂质感光黄素在 440nm 波长处有吸收，而维生素 B_2 无吸收。用紫外-可见分光光度计测定样品溶液的吸光度，与标准吸光度比较，吸光度数值不得超过 0.016。

三、实践仪器、药品和试剂

1. 仪器

紫外-可见分光光度计；分析天平；25mL 容量瓶；50mL 锥形瓶；漏斗。

2. 药品和试剂

维生素 B_2 原料药；无乙醇三氯甲烷。

四、实践内容

（一）实验依据《中国药典》2015 年版（二部），第 1233 页。

【检查】 感光黄素 取本品 25mg，加无乙醇三氯甲烷 10mL，振摇 5min，滤过，滤液照紫外-可见分光光度法（通则 0401），在 440nm 波长处测定，吸光度不得过 0.016。

（二）测定方法

1. 精密称取维生素 B_2 原料药 62.5mg 于 25mL 容量瓶中，加无乙醇三氯甲烷 25mL，振摇 5min，过滤，弃去初滤液，滤液置于 50mL 锥形瓶中。
2. 在 440nm 波长处测定滤液的吸光度，吸光度不得过 0.016。

五、实践结果

维生素 B_2 中感光黄素的吸光度为 ________。
结论：

六、思考与讨论

简述用紫外-可见分光光度法检查维生素 B_2 中感光黄素杂质限量的基本原理。

实践 8 维生素 B_{12} 注射液的鉴别和含量测定

一、实践目的

1. 掌握紫外-可见分光光度计的操作方法。

2. 熟悉紫外-可见分光光度计的基本构造及作用。

3. 了解紫外-可见分光光度法对药物进行鉴别和含量测定的基本原理。

二、实践原理

维生素 B_{12}是含钴的有机药物，固体为深红色结晶。维生素 B_{12}注射液为其水溶液，是粉红色至红色的澄明液体，用于治疗贫血等疾病。

在紫外-可见光区绘制维生素 B_{12}吸收光谱曲线。在 278nm±1nm、361nm±1nm 与 550nm±1nm 波长处有最大吸收，根据其吸收光谱曲线的形状和最大吸收波长下吸光度比值，可进行定性鉴别。

分别测量最大吸收波长下维生素 B_{12}注射液的样品溶液和对照溶液吸光度，再以维生素 B_{12}在规定条件下的吸收系数计算含量。用本法测定时，吸收系数通常应大于 100，并注意仪器的校正和检定。

三、实践仪器、药品和试剂

1. 仪器

紫外-可见分光光度计；分析天平；100mL 容量瓶；50mL 容量瓶 2 个；0.5mL 移液管；2mL 移液管。

2. 药品和试剂

维生素 B_{12}对照品（固体）；维生素 B_{12}注射液（0.5mg/mL）。

四、实践内容

（一）实践依据《中国药典》2015 年版（二部），第 1236 页。

【鉴别】 取含量测定下的供试品溶液，照紫外-可见分光光度法（通则 0401）测定，在 361nm 与 550nm 波长处有最大吸收；361nm 波长处的吸光度与 550nm 波长处的吸光度的比值应为 3.15～3.45。

【含量测定】 避光操作。精密量取本品适量，用水定量稀释成 1mL 约含维生素 B_{12} 25μg 的溶液，作为供试品溶液照紫外-可见分光光度法（通则 0401），在 361nm 波长处测定吸光度，按 $C_{63}H_{88}CoN_{14}O_{14}P$ 的吸收系数（$E_{1cm}^{1\%}$）为 207 计算，即得。

药典规定本品含维生素 B_{12}（$C_{63}H_{88}CoN_{14}O_{14}P$）应为标示量的 90.0%～110.0%。

（二）测定方法

1. 定性鉴别

取维生素 B_{12}注射液的样品溶液绘制吸收光谱曲线，在 361nm±1nm 与 550nm±1nm 波长处测得的吸光度比值应为 3.15～3.45。

2. 定量分析

（1）精密称取维生素 B_{12}对照品 0.2500g，置 100mL 容量瓶中，加水溶解并稀释至标线，摇匀。即配制成含维生素 B_{12} 2.500mg/mL 的对照品储备溶液。

精密量取维生素 B_{12} 对照品储备溶液（2.500mg/mL）0.5mL，置 50mL 容量瓶中，加水稀释至标线，即配制成含维生素 B_{12} 25.00μg/mL 的对照品溶液，在最大吸收波长下测定其吸光度。

（2）精密量取维生素 B_{12} 注射液（0.5mg/mL）2mL，置 50mL 容量瓶中，加水稀释至标线，即配制成维生素 B_{12} 注射液的供试品溶液，在最大吸收波长下测定其吸光度，按维生素 B_{12} 的吸收系数（$E_{1cm}^{1\%}$）为 207 计算其标示量的含量，维生素 B_{12} 应为标示量的 90.0%～110.0%。

五、计算公式

1. 定性鉴别

$A_{361}/A_{550}=$

2. 维生素 B_{12} 标示量的含量测定

$$维生素\ B_{12}占标示量的含量(\%)=\frac{每支的实际量(g)}{每支的标示量(g)}\times 100\%$$

$$=\frac{\frac{A}{E}\times\frac{1}{100}\times 稀释倍数\times 每支装量(mL)}{每支的标示量(g)}\times 100\%$$

六、实践结果

1. 定性鉴别

$A_{361}/A_{550}=$

结论：

2. 维生素 B_{12} 标示量的含量测定

计算过程：

维生素 B_{12} 标示量的含量是__________%。

结论：

七、思考与讨论

1. 若维生素 B_{12} 注射液的规格为（1mg/mL），请设计样品溶液的稀释方案。
2. 简述用紫外-可见分光光度法对药物进行鉴别和含量测定的依据。

实践 9　阿司匹林的鉴别

一、实践目的

1. 掌握红外分光光度计的操作技术。
2. 熟悉红外分光光度计的基本组成及作用。
3. 熟悉红外分光光度法固体样品的压片法样品制备技术。

4. 了解红外分光光度法对药物进行鉴别的基本原理。

二、实践原理

红外辐射照射化合物后，使化合物分子的振动和转动运动由较低能级向高能级跃迁，从而导致化合物分子对特定频率红外辐射的选择性吸收，形成特征性很强的红外吸收光谱。

红外吸收光谱（IR）是一种吸收光谱，有机化合物的各种官能团在红外光谱中都具有特征的吸收带。因此红外光谱对有机化合物的鉴定和结构分析具有鲜明的特征性，任何两个不同的有机化合物（除光学异构体外）一般没有相同的红外光谱。绝大多数有机化合物的化学键振动的基本频率均出现在中红外区，因此这个区在结构和组成的分析中占有很重要的位置。

本实践采用标准谱图对比法，即在与标准红外吸收光谱图相同的测定条件下绘制阿司匹林样品的红外吸收光谱图，再与标准谱图对比是否一致，从而对已知化合物进行定性鉴别。

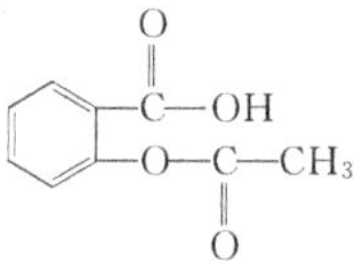

O
‖
C—OH
O—C—CH_3
‖
O

本实践样品的处理采用压片法，其操作步骤为：将固体样品与卤化碱（通常是KBr）混合研细，并压成透明片状，然后放到红外光谱仪上进行分析，这种方法就是压片法。压片法所用碱金属的卤化物应尽可能纯净和干燥，试剂纯度一般应达到分析纯，可以用的卤化物有 NaCl、KCl、KBr 和 KI 等。由于 NaCl 的晶格能较大不易压成透明薄片，而 KI 又不易精制，因此大多采用 KBr 或 KCl 作为样品载体。

三、实践仪器、药品和试剂

1. 仪器

傅里叶变换红外光谱仪（Perkin-Elmer）及附件；压片器及附件；玛瑙研钵；恒温干燥箱；分析天平。

2. 药品和试剂

阿司匹林原料药；固体溴化钾。

四、实践内容

（一）实践依据《中国药典》2015 年版（二部），第 544 页。

【鉴别】 本品的红外吸收光谱图应与对照的谱图（光谱集 5 图）一致。

（二）测定方法

除另有规定外，应按照国家药典委员会编订的《药品红外光谱集》各卷收载的各光谱图规定的方法制备样品，再绘制光谱，进行比对。

1. 制备空白片

称取 100～200 mg 干燥 KBr，倒入玛瑙研钵中研细，将上述粉末倒入压片器中，压力到 10，压制成透明薄片。用目视检查应均匀，无明显颗粒。然后将 KBr 片放到红外光谱仪上测试。

2. 制备样品片

分别称取 1～2mg 的干燥阿司匹林原料药和 100～200 mg 干燥 KBr，一并倒入玛瑙研钵中研细混匀。将上述混合物粉末倒入压片器中，压力到 10，压制成透明薄片。用目视检查应均匀，无明显颗粒。然后将含有阿司匹林原料药的 KBr 片放到红外光谱仪上测试。

（三）Spectrum 100 红外光谱仪的操作规程

1. 仪器准备

（1）检查仪器室内温度及湿度是否符合要求。

（2）检查样品室内有无挡光物。

（3）检查各线路连接是否正确。

2. 操作程序

（1）接通电源，分别打开稳压器和光谱仪电源开关，开启电脑，双击桌面上的“Spectrum”图标，预热 15min。

（2）进行红外光谱测定，仪器显示采集背景光谱。点击“测量”选择“背景”，仪器开始采集背景光谱。采集结束后会自动弹出一个窗口，表明仪器一切正常。

（3）确认仪器状态。点击“测量”菜单下的“监测”命令条进入仪器检测页面，检查当前仪器状态。分别点击能量和单光束图标，观察能量水平和单光束图是否正常。点击“终止”退出。

（4）参数设定。点击“设置”菜单下的“仪器”命令条，右侧下方出现仪器设置页面，点击“设置仪器基本功能”即可设置扫描范围、扫描类型、扫描分辨率以及扫描单位；点击“设置仪器的自动名称”页面，设定一个图谱文件名及样品名；点击“仪器设置的高级功能”以后，可以根据需要选择是否使用自动扣除 H_2O/CO_2 背景校正功能、AVI 功能和向前看技术。点击“设置”菜单下的“就绪检查”命令条，可以设定光谱质量检查选项。上述参数设定结束后，即可进行光谱扫描

（5）采集空白背景的红外光谱图。打开样品室盖，将空白片放入样品室的样品架上，在“扫描”页面中的测定方式项下选择“背景”，输入名称后，点击“扫描”按钮，此时，显示屏上将显示空白背景的红外光谱图，并自动记忆。

（6）采集样品的红外光谱图。打开样品室盖，取出空白片，将用适当方法制备的样品放入光路中，“扫描”页面中的测定方式项选择“样品”，输入名称后，点击“扫描”按钮，当扫描进行完毕后，便得到所需要的红外光谱了。光谱扫描完成后，通过选择“文件”\“保存”或“另存为”可以保存所得到的光谱。

（7）样品绘制完成后，可点击“视图”菜单中的各项命令，改变图谱的显示方式。

（8）确定谱图的显示方式后，可点击工具栏中“视图”下的“标记峰值”进行峰

位、峰高、峰强度标记或使用工具栏中的快捷操作图标。欲修改峰值标记的相关参数，点击“设置”\“峰值检测”则出现相应的设置对话面板：改变阈值，可以改变分辨峰的能力。

(9) 打印光谱图。点击“文件”菜单下的“打印”直接打印光谱，也可点击“文件”菜单下的“报告”，使用报告模板格式打印光谱图。

(10) 关机。测定工作结束后，先退出 Spectrum 操作系统，然后关闭主机电源及计算机，登记仪器使用情况。

3. 操作注意事项

(1) 仪器应与精密净化稳压器连接，与大功率设备分开。

(2) 仪器室通过除湿控制，相对湿度应符合要求。

(3) 经常观察仪器的干燥指示器是否正常，如发现变白，应及时更换干燥剂。样品仓中也应放置干燥剂。

(4) 每周至少开机两次（尤其是阴雨天，多开机）。

五、实践结果

阿司匹林原料药的红外吸收光谱图：即以透光率为纵坐标，波数为横坐标，表示透光率随波数变化的图谱。将阿司匹林原料药的谱图与对照的谱图（光谱集 5 图）比较一致性。

结论：

六、思考与讨论

1. 红外光谱法定性鉴别方法有哪些？鉴别的依据是什么？阿司匹林的鉴别属于什么方法？

2. 影响红外吸收光谱峰位的因素有哪些？

实践 10　硫酸奎宁的含量测定

一、实践目的

1. 掌握荧光分光光度计的操作技术。

2. 熟悉荧光分光光度计的基本组成及作用。

3. 了解荧光分析法对药物进行含量测定的基本原理。

二、实践原理

某些物质受紫外光或可见光照射激发后能发射出比激发光波长更长的荧光。当激发光强度、波长、所用溶剂及温度等条件固定时，物质在一定浓度范围内，其发射光强度与溶液中该物质的浓度成正比关系，可以用作定量分析。

硫酸奎宁为生物碱类抗疟药，其分子具有喹啉环结构，可产生较强的荧光，用直接荧光法可以测定其荧光强度。当 $\varepsilon cL \leqslant 0.05$ 时，$F=Kc$，K 为常数。因此，测定溶液的荧光强度就能确定溶液中荧光物质奎宁的浓度。本实践采用标准曲线法或回归方程求出样品中硫酸奎宁的浓度。

三、实践仪器、药品和试剂

1. 仪器

荧光分光光度计；分析天平；500mL 容量瓶；100mL 容量瓶；50mL 容量瓶 6 个；5mL 移液管；0.5mL 移液管。

2. 药品和试剂

硫酸奎宁样品；硫酸奎宁对照品；0.05mol/L 硫酸溶液。

四、实践内容

（一）配制硫酸奎宁溶液标准系列

（1）准确称取 50.00mg 硫酸奎宁对照品，溶于 0.05mol/L 硫酸溶液中，转入 500mL 容量瓶中，再用 0.05mol/L 硫酸溶液稀释至标线，摇匀后放置于冷暗处保存。此溶液含硫酸奎宁 100.0μg/mL。

（2）取 5 个 50mL 容量瓶，用 5mL 移液管分别吸取上述 100.0μg/mL 硫酸奎宁溶液 1.0、2.0、3.0、4.0 及 5.0(mL)，分别置于 50mL 容量瓶中，用 0.05mol/L 硫酸溶液稀释至标线，摇匀，待测。

此标准系列硫酸奎宁的浓度分别为 2.0、4.0、6.0、8.0、10.0(μg/mL)。

（二）配制硫酸奎宁样品溶液

（1）准确称取 50.00mg 硫酸奎宁样品，溶于 0.05mol/L 硫酸溶液中，转入 50mL 容量瓶中，再用 0.05mol/L 硫酸溶液稀释至标线，摇匀后放置于冷暗处保存。

（2）用移液管吸取上述硫酸奎宁样品溶液 0.5mL 于 100mL 容量瓶中，用 0.05mol/L 硫酸溶液稀释至标线，摇匀。此溶液为硫酸奎宁供试品溶液。

（三）测定荧光波长的选择

取标准系列中 5 号溶液，在固定激发波长 λ_{ex} 为 320nm 的条件下，荧光波长从 200nm 至 800nm 进行扫描，绘制荧光光谱，选择荧光波长 λ_{em}。

（四）绘制标准曲线

固定激发波长 λ_{ex} 和荧光波长 λ_{em}，以 0.05mol/L 硫酸溶液作为空白，依次测定硫酸奎宁标准系列溶液的荧光强度。以标准系列溶液浓度为横坐标，测定的相应荧光强度为纵坐标绘制标准曲线。

（五）硫酸奎宁供试品溶液的测定

以 0.05mol/L 硫酸溶液为空白溶液，在与标准曲线相同条件下，测定其荧光强度。从标准曲线上查得其浓度，计算样品溶液中硫酸奎宁的浓度。

（六）F-7000 荧光分光光度计的操作规程

1. 开机

开启计算机。开启仪器主机电源。按下仪器主机左侧面板下方的黑色按钮（POWER）。同时，观察主机正面面板右侧的 Xe LAMP 和 RUN 指示灯依次亮起来，都显示绿色。

2. 计算机进入 Windows XP 视窗后，打开运行软件

（1）双击桌面图标（FL Solution 2.1 for F-7000）。主机自行初始化，扫描界面自动进入。

（2）初始化结束后，须预热 15～20min，按界面提示选择操作方式。

3. 测试模式的选择：波长扫描（Wavelength Scan）

（1）点击扫描界面右侧“Method”。

（2）在“General”选项中的“Measurement”选择“Wavelength Scan”测量模式。

（3）在“Instrument”选项中设置仪器参数和扫描参数。主要参数选项包括：①选择扫描模式“Scan Mode”：Emission/Excitation/Synchronous（发射光谱、激发光谱和同步荧光）。②选择数据模式“Data Mode”：Fluorescence/Phosphprescence/Luminescence（荧光测量、磷光测量、化学发光）。③设定波长扫描范围。一是扫描荧光激发光谱（Excitation）：需设定激发光的起始/终止波长（EX Start/End WL）和荧光发射波长（EM WL）；二是扫描荧光发射光谱（Emission）：需设定发射光的起始/终止波长（EM Start/End WL）和荧光激发波长（EX WL）；三是扫描同步荧光（Synchronous）：需设定激发光的起始/终止波长（EX Start/End WL）和荧光发射波长（EM WL）。④选择扫描速度“Scan Speed”（通常选 240nm/min）。⑤选择激发/发射狭缝（EX/EM Slit）。⑥选择光电倍增管负高压“PMT Voltage”（一般选 700V）。⑦选择仪器响应时间“Response”（一般选 Auto）。⑧选择“Report”设定输出数据信息、仪器采集数据的步长（通常选 0.2nm）及输出数据的起始和终止波长（Data Start/End）。参数设置好后，点击“确定”。

4. 设置文件存储路径

（1）点击扫描界面右侧“Sample”。

（2）样品命名“Sample name”。

（3）选中“□Auto File”，打√。可以自动保存原始文件和 TXT 格式文本文档数据。

（4）参数设置好后，点击“OK”。

5. 扫描测试

（1）打开样品室盖，放入待测样品后，盖上盖子（请勿用力）。

（2）点击扫描界面右侧“Measure”（或快捷键 F4），窗口在线出现扫描谱图。

6. 数据处理

（1）选中自动弹出的数据窗口。

（2）选择“Trace”，进行读数并寻峰等操作。

（3）上传数据。

7. 关机（逆开机顺序实施操作）

（1）关闭运行软件 FL Solution 2.1 for F-7000，弹出窗口。

（2）选中“○Close the lamp，then close the monitor windows?”，打“⊙”。

（3）点击“Yes”。窗口自动关闭。同时，观察主机正面面板右侧的 Xe LAMP 指示灯暗下来，而 RUN 指示灯仍显示绿色。

（4）约 10min 后，关闭仪器主机电源，即按下仪器主机左侧面板下方的黑色按钮（POWER）。目的是仅让风扇工作，使氙灯室散热。

（5）关闭计算机。

8. 注意事项

（1）注意开机顺序。若是未先开主机，则程序会抓取不到主机信号。

（2）注意关机顺序。

（3）为延长仪器使用寿命，扫描速度、负高压、狭缝的设置一般不宜选在高挡。

（4）关机后必须半小时（等氙灯温度降下来）方可重新开机。

五、计算公式

$c_{原样}=c_{样}\times$稀释倍数

六、实践结果

1. 绘制荧光光谱

选择荧光波长 λ_{em}______。

2. 绘制标准曲线

项目	1	2	3	4	5
标准系列各溶液浓度 c					
荧光强度 F					

3. 硫酸奎宁样品溶液的测定

（1）仪器测量的硫酸奎宁供试品溶液荧光强度______。

（2）标准曲线上查得硫酸奎宁供试品溶液的浓度______。

（3）计算硫酸奎宁样品溶液的浓度______。

七、思考与讨论

1. 简述荧光分析法的基本原理。
2. 如何绘制荧光光谱？如何选择测定荧光波长 λ_{em}？

实践 11　口服补液盐散（Ⅱ）总钾的含量测定

一、实践目的

1. 掌握原子吸收分光光度计的操作技术。

2. 熟悉原子吸收分光光度计的基本结构及作用。

3. 了解原子吸收分光光度法对药物进行含量测定的基本原理。

二、实践原理

供试品溶液在高温下经原子化产生原子蒸气时，若锐线光源辐射作用于基态原子，当辐射频率相当于原子中外层电子从基态跃迁至激发态所需要的能量时，引起基态原子对特征吸收谱线的吸收。吸收通常发生在紫外-可见光区。原子吸收光谱为线状光谱，通过测定该特征吸收谱线的吸光度可计算该待测元素的含量。

三、实践仪器、药品和试剂

1. 仪器

原子吸收分光光度计；分析天平；100mL 容量瓶 8 个；5mL 移液管 4 个；2mL 移液管。

2. 药品和试剂

口服补液盐散（Ⅱ）；氯化钾对照品；2%氯化锶溶液。

四、实践内容

（一）实践依据《中国药典》2015 年版（二部），第 40 页。

1. 钾对照品溶液的制备

精密称取经 105℃干燥至恒重的氯化钾对照品约 0.1g，置 100mL 容量瓶中，加水溶解并稀释至标线，摇匀；精密量取 5mL，置 100mL 容量瓶中，用超纯水稀释至标线，摇匀。精密量取 3mL、4mL、5mL，分别置 100mL 容量瓶中，各加 2%氯化锶溶液 3.0mL，用超纯水稀释至标线，摇匀，即得。

2. 供试品溶液的配制

精密称取本品约 3.7g，置 100mL 容量瓶中，加超纯水溶解并稀释至标线，摇匀；精密量取 2mL，至 100mL 容量瓶中，用超纯水稀释至刻度，摇匀，即得溶液（1）。精密量取溶液（1）5mL，至 100mL 容量瓶中，加 2%氯化锶溶液 3.0mL，用超纯水稀释至标线，摇匀，即得。

3. 测定法

取对照品溶液与供试品溶液，照原子吸收分光光度法（通则 0406 第一法），在 766.5nm 波长处测定，计算，即得。

本品每包（包重 5.58g）含钾（K）应为 0.142～0.173g；本品每包（包重 13.95g）含钾（K）应为 0.354～0.433g；本品每包（包重 27.9g）含钾（K）应为0.708～0.866g。

（二）测定方法

标准曲线法 在仪器推荐的浓度范围内，制备含待测元素的对照品溶液至少 3 份，浓度依次递增，并分别加入各品种项下制备供试品溶液的相应试剂，同时以相应试剂制备空白对照溶液。将仪器按规定启动后，依次测定空白对照溶液和各浓度对照品溶液的吸光度，记录读数。以每一浓度三次吸光度读数的平均值为纵坐标、相应浓度为横坐标，绘制标准曲线。按各品种项下的规定制备供试品溶液，使待测元素的估计浓度在标准曲线浓度范围内，测定吸光度，取三次读数的平均值，从标准曲线上查得相应的浓度，计算元素的含量。

（三）TAS990 原子吸收分光光度计操作规程

(1) 接好电源，依次打开电脑、打印机、原子吸收仪主机的电源；双击原子吸收仪的应用软件“Aawin”，进入界面后选择“联机”“确定”进行初始化。

(2) 在出现的界面选择相应的元素工作灯及预热灯；“寻峰”结束后点击“关闭”。

(3)“自动能量平衡”完成后，用纸片检查光斑是否在燃烧器正上方；若不在则点“仪器”“燃烧器参数”设置进行调整。

(4) 点“样品”进行设置。在弹出的标样设置界面选择、填写相应的需要参数；点击“下一步”进入标样浓度设置页面，输入相应浓度，然后点击“完成”。

(5) 点击“参数”，在“常规”栏中输入测量的重复次数；还可在“显示”“信号处理”栏中设定需要参数（本条可默认，不用设）。

(6) 设置完毕后，打开空压机。先开左边的“风机开关”再开右边的“工作开关”，气压调在 0.25MPa。

(7) 开乙炔气，减压表调在 0.05MPa。

(8) 在火焰原子仪器右下方的红灯不亮时，点击“点火”使仪器燃烧器着火。

(9) 点击“测量”，把毛细管放入超纯水中，点击“校零”；把毛细管移入空白或样品中，等图谱稳定后点击“开始”进行测量。

(10) 测量结束后，点击“打印”进行测量结果打印；也可点“保存”进行保存；若改测另一种元素，点击“元素灯”重新选择。

(11) 测量完毕后，退出“Aawin”，关闭乙炔气，再关闭空压机（先关工作开关再关风机开关），之后按右上方的按钮放水 1～3 次；关闭电脑、打印机和原子吸收仪器的电源开关；最后关闭总电源，做好记录。

(12) 使用注意事项

① 防潮、防鼠、防尘。

② 火焰测完要先关乙炔，后关空压机。

③ 空气压缩机测完后要放水（1～3 次），使压力表回零。

④ 在换自动进样器拔出燃烧器时不能旋转，以免剐断其下的微动按钮。

⑤ 长时间不用时，要经常通电、点灯。

五、计算公式

$c_{原样}=c_{样}\times$稀释倍数

六、实践结果

测定供试品溶液的吸光度，从标准曲线上查得相应的浓度，按稀释倍数公式计算钾元素的含量。

结论：

七、思考与讨论

1. 简述原子吸收分光光度计的组成。
2. 原子吸收分光光度法的定量分析方法有几种？

实践 12　几种混合离子的柱色谱

一、实践目的

1. 掌握柱色谱的操作方法。
2. 熟悉吸附柱色谱法的分离原理。

二、实践原理

利用吸附柱色谱法对样品进行分离。由于氧化铝对所带电荷不同、离子结构不同的金属离子，具有不同的吸附能力，用适当溶剂洗脱时，各种金属离子在柱内的保留时间不同，从而达到分离的目的。

三、实践仪器、药品和试剂

1. 仪器

玻璃管；玻璃棒；脱脂棉。

2. 药品和试剂

活性氧化铝；Fe^{2+}、Cu^{2+}、Co^{2+}三种离子的混合液。

四、实践内容

1. 装柱

固定相是吸附剂，为活性氧化铝。取一端拉细的玻璃管一支，从广口一端塞入脱脂棉一小团，用玻璃棒轻轻压平。然后装入吸附剂活性氧化铝约 10cm 的高度，边装边轻轻敲打玻璃管，使填装均匀。在氧化铝上面再塞入脱脂棉一小团，用玻璃棒压平，即为吸附色谱柱。

2. 加样

用纯化水将色谱柱中的氧化铝全部润湿后，沿色谱柱的管壁加入含 Fe^{2+}、Cu^{2+}、Co^{2+}三种离子的混合液 10 滴。

3. 洗脱

含 Fe^{2+}、Cu^{2+}、Co^{2+}三种离子的混合试液 10 滴全部渗入氧化铝后，沿管壁逐滴加入纯化水。根据吸附剂对不同离子吸附能力强弱的差异而将该三种离子分成不同颜色的色带，观察并记录结果。

五、实践结果

项目	颜色	离子的种类
第一条色带		
第二条色带		
第三条色带		

六、思考与讨论

1. 吸附柱色谱对吸附剂有何要求？
2. 吸附剂的填装有哪几种方法？填装过程中需注意什么问题？

实践13　牛磺酸有关物质的检查

一、实践目的

1. 掌握薄层色谱法的操作技术。
2. 熟悉薄层色谱法检查药品杂质限量的基本原理。

二、实践原理

利用吸附薄层色谱原理对样品进行分离分析。硅胶对不同极性物质具有不同的吸附能力，极性越强被吸附得越牢。当用适当展开剂展开时，极性越强的物质在薄层板上移动速度越慢，反之越快。

将供试品溶液点样于吸附薄层板上，经展开、检视后所得的色谱图，与适宜的对照品按同法所得的色谱图对比，从而进行药品的杂质检查。

杂质检查可采用对照品法、供试品溶液的自身稀释对照法或两法并用。

三、实践仪器、药品和试剂

1. 仪器

玻璃薄层板；点样器；展开容器；显色装置；恒温干燥箱；分析天平；500mL 容量瓶；1mL 移液管。

2. 药品和试剂

牛磺酸原料药；水-无水乙醇-正丁醇-冰醋酸溶液（150∶150∶100∶1）；茚三酮的丙酮溶液（1→50）。

四、实践内容

（一）实践依据《中国药典》2015 年版（二部），第 78 页。

【检查】 有关物质　取本品适量，加水溶解并稀释制成 1mL 中约含 20mg 的溶液，作为供试品溶液；精密量取 1mL，置 500mL 容量瓶中，用水稀释至标线，摇匀，作为对照溶液；另取牛磺酸对照品与丙氨酸对照品各适量，分别加水溶解并稀释制成 1mL 中约含 2mg 的溶液，各取适量，等体积混合，摇匀，作为系统适用性试验溶液。照薄层色谱法（通则 0502）试验，吸取上述三种溶液各 5μL，分别以条带状点样方式点于同一硅胶 G 薄层板上，条带宽度 5mm，以水-无水乙醇-正丁醇-冰醋酸（150∶150∶100∶1）为展开剂，展开，晾干，喷以茚三酮的丙酮溶液（1→50），在 105℃加热约 5min 至斑点出现，立即检视。对照溶液应显一个清晰的斑点，系统适用性试验应显两个完全分离的斑点。供试品溶液如显杂质斑点，不得超过 1 个。其颜色与对照溶液的主斑点比较，不得更深（0.2%）。

（二）实践步骤

1. 配制溶液

照《中国药典》2015 年版（二部）要求分别配制供试品溶液、对照溶液、系统适用性试验溶液。

2. 硅胶硬板的制备

通常选用 10cm×20cm 规格的表面光滑平整的玻璃板。称取 3～5g 硅胶 G，加入羧甲基纤维素钠水溶液（0.2%～0.5%）适量调成糊状，均匀涂布于玻璃板上。通常 10cm×20cm 的玻璃板，硅胶 G 与羧甲基纤维素钠水溶液的比例一般为 1∶3 或1∶4。

3. 点样

用微量进样器进行点样。分别吸取上述三种溶液各 5μL，以条带状点样方式点于同一硅胶 G 薄层板上。点样斑点一般为圆点，直径不超过 2～3mm。点样基线距底边 2.0cm，点样距离可视斑点扩散情况以不影响检出为宜，一般为 1.0～2.0cm。点样时必须注意勿损伤薄层板表面。

4. 展开

展开缸需用足够量的展开剂水-无水乙醇-正丁醇-冰醋酸（150∶150∶100∶1）进行预先饱和。将点好的薄层板放入展开缸中，浸入展开剂的深度为距薄层板底边 0.5～1.0cm（切勿将样点浸入展开剂中），密封顶盖，待展开剂展开至薄层板 3/4 高度左右，取出薄层板，晾干。

5. 显色与检视

喷以茚三酮的丙酮溶液（1→50），在 105℃加热约 5min 至斑点出现，立即检视。

五、计算公式

$$R_f=\frac{\text{从基线至展开斑点中心的距离}}{\text{从基线至展开剂前沿的距离}}$$

六、实践结果

绘制硅胶 G 薄层板上的色谱图，并对照药典规定分析结果。

结论：

七、思考与讨论

1. 简述薄层色谱法的基本原理。
2. 简述薄层色谱法操作中应注意的事项。

实践 14 阿莫西林残留溶剂的检查

一、实践目的

1. 掌握气相色谱仪的操作技术。
2. 熟悉气相色谱仪的基本组成及作用。
3. 了解气相色谱法对药物进行残留溶剂检查的基本原理。

二、实践原理

气相色谱法系采用气体为流动相（载气）流经装有填充剂的色谱柱进行分离测定的色谱方法。物质或其衍生物汽化后，被载气带入色谱柱进行分离，各组分先后进入检测器，由数据处理系统显示色谱图和色谱数据。

三、实践仪器、药品和试剂

1. 仪器

色谱柱［6%氰丙基苯基-94%二甲基聚硅氧烷（或极性相似）为固定液］；气相色谱仪；分析天平；容量瓶；5mL 移液管。

2. 药品和试剂

阿莫西林原料药；丙酮；二氯甲烷；二甲基乙酰胺。

四、实践内容

（一）实践依据《中国药典》2015 年版（二部），第 567 页。

【检查】 残留溶剂 丙酮与二氯甲烷 精密称定本品 0.25g，置顶空瓶中，精密加 *N*,*N*-二甲基乙酰胺 5mL 溶解，密封，作为供试品溶液；精密称取丙酮和二氯甲烷适量，加 *N*,*N*-二甲基乙酰胺定量稀释制成 1mL 中约含丙酮 40μg 和二氯甲烷 30μg 的溶液，精密量取 5mL，置顶空瓶中，密封，作为对照品溶液。照残留剂测定法（通则 0861 第二法）测定。以 6%氰丙基苯基-94%二甲基聚硅氧烷（或极性相似）为固定液的毛细管为色谱柱；初始温度为 40℃，维持 4min，再以每分钟 30℃的速率升温至 200℃；顶空瓶平衡温度为 80℃，平衡时间为 30min；取对照品溶液顶空进样，记录色谱图，丙酮和二氯甲烷的分离度应符合要求。取供试品溶液和对照品溶液分别顶空进样，记录色谱图。按外标法以峰面积计算，二氯甲烷的残留量不得超过 0.12%，丙酮的残留量应符合规定。

（二）实践方法

1. 分别配制供试品溶液、对照品溶液

略。

2. 照残留剂测定法（通则 0861 第二法）测定

照第二法（毛细管柱顶空进样系统程序升温法）。

色谱条件　柱温一般先在 40℃维持 8min，再以每分钟 8℃的速率升温至 120℃，维持 10min；以氮气为载气，流速为每分钟 2.0mL；以水为溶剂时顶空瓶平衡温度为 70～85℃，顶空瓶平衡时间为 30～60min；进样口温度为 200℃；如采用 FID 检测器，进样口温度为 250℃。

具体到某个品种的残留溶剂检查时，可根据该品种项下残留溶剂的组成调整升温程序。

测定法　取对照品溶液和供试品溶液，分别连续进样不少于两次，测定待测峰的面积。

（三）岛津 GC-2010 气相色谱仪操作规程

（1）打开氮气钢瓶，保持氮气压力在 0.5MPa 以上。打开气相色谱仪主机电源开关。

（2）打开电脑，在桌面上选择 GCRealTimeAnalysis，登陆工作站主界面。点击左侧面板上的“仪器参数”，进入参数界面，依次输入进样器、色谱柱和检测器的工作参数，然后点击左侧面板的“下载参数”。再点击左侧面板上的“开启系统”，界面右端将出现各项仪器参数的设定值和实际值。

（3）等待进样口温度、柱温和检测器温度达到设定值后，打开空气发生器和氢气发生器，15min 后点击右侧面板上的“火焰：打开”，开启 FID 检测器，等仪器参数达到设定值后，右侧面板上会显示“GC 状态：准备就绪”。

（4）点击左侧面板上的“单次分析”进入分析操作界面。

（5）点击左侧面板上的“样品记录”，输入样品名称和“数据文件”目录及名称，点击“自动递增”复选框。输入“样品瓶号”，将放在自动进样盘上样品瓶的位置输入，点击“确定”。点击左侧面板上的“开始”，进行数据采集。

（6）分析结束后，点击右侧面板上的“火焰：关闭”，关闭空气发生器和氢气发生器（注意：仪器一定要打开放水开关排气）。

（7）通过设置“仪器参数”和“下载参数”，将柱温升到 300℃，让气相色谱仪运行 1h。

（8）将进样器温度、柱温和检测器温度都降到 30℃后，点击左侧面板上的“关闭系统”，然后点击界面上部“文件”，选择“退出”。退出色谱工作站。

（9）关闭气相色谱仪，最后关闭氮气钢瓶（注意：最后关闭氮气）。

五、计算公式

$$i\text{ 组分含量}(\%)=\frac{A_i}{A_s}\times\frac{m}{m}\times 100\%$$

式中，A_i、A_s分别为试样中待测组分与对照品的色谱峰面积；m_s、m 分别为对照品和试样的质量。

六、实践结果

记录色谱图以及色谱参数的数据，计算二氯甲烷和丙酮的杂质限量。

结论：

七、思考与讨论

1. 简述气相色谱法的含义以及仪器的基本组成。
2. 试解释药物中残留溶剂杂质通常由何种途径引入。

实践15　甲硝唑注射液的检验

一、实践目的

1. 掌握高效液相色谱仪的操作技术。
2. 熟悉高效液相色谱仪的基本组成及色谱条件。
3. 了解高效液相色谱法对药物进行鉴别、检查及含量测定的基本原理。

二、实践原理

高效液相色谱法是用高压输液泵将具有不同极性的单一溶剂或不同比例的混合溶剂、缓冲液等流动相泵入装有固定相的色谱柱，经进样阀注入供试品，由流动相带入色谱柱内，在色谱柱内各组分被分离后，依次进入检测器，由数据处理系统显示色谱图和色谱数据。紫外检测器的最小检测量为 10^{-9}g，所以微升数量级的样品即可进行全分析。

三、实践仪器、药品和试剂

1. 仪器

高效液相色谱仪；C_{18}色谱柱；微量进样器；流动相过滤器；超声波清洗器；分析天平；100mL 容量瓶 2 个；50mL 容量瓶；1mL 移液管；2mL 移液管；5mL 移液管。

2. 药品和试剂

甲硝唑注射液；甲硝唑对照品；2-甲基-5-硝基咪唑对照品；甲醇。

四、实践内容

（一）实践依据《中国药典》2015 年版（二部），第 213、214 页。

【鉴别】　在含量测定项下记录的色谱图中，供试品溶液主峰的保留时间与对照品溶液主峰的保留时间一致。

【检查】　有关物质　取本品适量，用水稀释制成 1mL 中约含甲硝唑 0.2mg 的溶液，作为供试品溶液；另取 2-甲基-5-硝基咪唑（即杂质Ⅰ）对照品约 20mg，置 100mL

容量瓶中，加甲醇溶液溶解并稀释至标线，摇匀，作为对照品溶液。分别精密量取供试品溶液2mL与对照品溶液1mL，置同一100mL容量瓶中，用流动相稀释至标线，摇匀，精密量取5mL，置50mL容量瓶中，用流动相稀释至标线，摇匀，作为对照溶液。

照高效液相色谱法（通则0512）试验，用十八烷基硅烷键合硅胶为填充剂；以甲醇-水（20∶80）为流动相；检测波长为315nm。取对照溶液20μL注入液相色谱仪，记录色谱图，理论板数按甲硝唑峰计算不得低于2000，甲硝唑峰与2-甲基-5-硝基咪唑峰的分离度应大于2.0。精密量取供试品溶液和对照品溶液各20μL，分别注入液相色谱仪，记录色谱图至主成分峰保留时间的2倍。

供试品溶液的色谱图中如有与对照品溶液中2-甲基-5-硝基咪唑保留时间一致的色谱峰，其峰面积不得大于对照溶液中甲硝唑峰面积的2.5倍（0.5%）；其他杂质峰面积之和不得大于对照品溶液中甲硝唑峰面积的2.5倍（0.5%）。

【含量测定】 照高效液相色谱法（通则0512）测定

色谱条件与系统适用性试验 用十八烷基硅烷键合硅胶为填充剂；以甲醇-水（20∶80）为流动相；检测波长为320nm。理论板数按甲硝唑峰计算不得低于2000。

测定法 精密量取本品适量，用流动相定量稀释制成1mL中约含甲硝唑0.25mg的溶液，摇匀，精密量取10μL，注入液相色谱仪，记录色谱图；另取甲硝唑对照品适量，精密称定，加流动相溶解并定量稀释制成1mL中约含甲硝唑0.25mg的溶液，同法测定。按外标法以峰面积计算，含甲硝唑（$C_6H_9N_3O_3$）应为标示量的93.0%～107.0%。

（二）实践方法

（1）分别配制供“检查”用的供试品溶液和对照品溶液；分别配制供“鉴别”“含量测定”用的供试品溶液和对照品溶液。

（2）照高效液相色谱法（通则0512）测定

① 对仪器的一般要求和色谱条件 高效液相色谱仪应定期检定并符合有关规定。色谱柱、检测器、流动相应符合试验条件。

② 系统适用性试验 色谱系统的适用性试验通常包括理论塔板数、分离度、重复性和拖尾因子四个参数。其中，分离度和重复性尤为重要。

按各品种项下要求对色谱系统进行适用性试验，即用规定的对照品溶液或系统适用性试验溶液在规定的色谱系统进行试验，必要时，可对色谱系统进行适当调整，以符合要求。

③ 测定法 本实验采用外标一点法

外标一点法 按各品种项下的规定，精密称（量）取对照品和供试品，配制成溶液，分别精密量取一定量，注入仪器，记录色谱图，测得对照品溶液和供试品溶液中待测组分的峰面积（或峰高），按公式计算含量。

（三）Waters高效液相色谱仪的操作规程

1. 准备工作

（1）使用前应根据待测样品的检验方法准备所需的流动相（流动相必须用0.45μm

滤膜过滤）、样品和对照品溶液（也可在平衡系统时配制），更换合适的色谱柱（柱进出口位置应与流动相流向一致）和定量环。

（2）通电前应检查仪器设备之间的电源线、数据线和输液管道是否连接正常。

2. 开机

（1）接通 UPS 的电源，依次打开断电保护器、脱气机、600E 泵、2487 检测器，待检测器自检结束显示测量状态时，打开打印机、电脑显示器、主机。

（2）打开 Millennium32 软件，按“Login…”，输入用户名和密码，按“OK”注册进入系统主界面。在 Project 档内选择所需的项目，右击“Run Samples”图标，选择色谱系统“600 _ 2487”后打开 QuickSet 窗口。

3. 更换溶剂

（1）打开 600E 泵后，转动进口集合管阀手柄（以下简称手柄）至 RUN 位置；将一塑料烧杯放在参照阀出口管下以收集分流的溶剂，向右打开参照阀（断开柱和进样器）。

（2）按“Direct”键使其显示直接控制屏幕，设流速为 1mL/min（梯度配比阀在 0mL/min 时不工作）。

（3）选择欲使用的某一溶剂通道，设其比例为 100%，其他为 0%。

（4）将输液管从原有溶剂瓶中取出，放入一干净的空瓶中；逆时钟转动手柄至 DRAW 位置，用启动注射器从进口集合管阀的接口抽出约 2mL 溶剂；再将输液管放入新溶剂瓶内，继续抽吸直到新溶剂出来并无气泡为止；转动手柄至 RUN 位置，将启动注射器取下并排掉筒内的溶剂。

（5）重复（4）直至所有即将使用的溶剂更换完毕。

4. 排气泡

（1）打开参照阀，换流动相为 100%超纯水，设流速为 10mL/min（注意：确认参照阀是打开的，否则可能损坏安装好的柱）。

（2）转动进口集合管阀手柄至 DRAW 位置，用启动注射器抽出约 10mL 水；顺时针转动手柄至 INJ 位置，缓慢用力使水通过泵头从参照阀出口管排出（注意不要将气泡注入泵中）。

（3）按“Stop flow”屏幕键停泵，关上参照阀。

（4）如按以上方法不能排尽气泡，从柱入口处拆下泵出口管，用塑料管连接至塑料烧杯中，设流速为 10mL/min，冲洗 2～5min（或更长时间）后停泵，重新接上柱。

5. 平衡系统（分两种情况进行）

（1）等度模式

① 每次以 0.1mL/min 的增量加大流速至 1mL/min，以超纯水冲洗系统 10min。

② 检查管路连接、柱接口及泵头处是否漏液，如漏液应予以排除。

③ 观察泵控制屏幕上的压力值，压力波动应在平均值的 5%～10%。如超出此范围，可初步判断为柱前管路仍有气泡，重复④步骤。

④ 压力波动平稳后，换检验方法规定的流动相比例冲洗系统。在检查基线稳定性前，让最少 5～6 倍柱体积的流动相通过系统。

⑤ 在 QuickSet 窗口下的 Instrument Method 档内选择所需的仪器方法，按“Monitor”（此后泵由软件控制），观察基线和压力变化。如果冲洗至基线漂移＜10～3Au/min，噪声为 10～4Au 数量级，且压力平稳时，可认为系统已达到平衡状态，可以进样。

⑥ 按“Abort”图标（左上第五个），停止监视基线。

（2）梯度模式

① 按检验方法规定的条件冲洗平衡系统，并注意压力波动变化和排气泡。

② 在进样前运行 1～2 次空白梯度。

6. 进样

（1）在 QuickSet 窗口内左下部选“Single”标签，在 Sample Name 档内填写试样名称；在 Function 档内选择试样类型（标准选“Inject Standards”，样品选“Inject Samples”）；在 Method Set 档内选择所需的方法组；在 Injection Volume 档内输入进样体积；在 Run Time 档内输入记录时间。

（2）用针头滤器过滤试样溶液（注射液可不必过滤），用试样溶液清洗注射器，并排除气泡后抽取适量。

①如按部分装液法，用微量注射器定容进样时，进样量应不大于定量环体积的 50%，并要求每次进样体积准确、相同。

②如按完全装液法，用定量环定容进样时，进样量应不小于定量环体积的 3 倍（5～10倍准确性更佳）。

（3）按“Single”标签内右边的进样（Inject）按钮，等待窗口底部状态档内显示“Waiting”后，方可进样。

（4）将进样阀手柄转动至 Load 位置，将注射器针完全插入进样阀入口中，平稳地注入试样溶液，除另有规定外，让注射器留在进样阀上，将进样阀手柄快速转动至 Inject 位置，系统将自动运行，采集数据并记录图谱。

（5）让进样阀手柄保持在 Inject 位置，到下次进样前 1～2min 切换回 Load 位置，将注射器从进样阀中拔出。

（6）先用水再用试样溶液清洗注射器后，按以上程序继续进样，直至完成。

7. 数据处理（外标法）**和打印**

（1）右击系统主界面下的“Browse Project”图标，选择相应的项目，按“OK”进入 Project 窗口，选“Channels”标签。

（2）建立处理方法，修改标准。

（3）积分先选中所有标准，再选中所有未知样品，右击后选“Process”进入“Background Processing & Reporting”窗口，选“Use specified processing methods”，在右边档内选择刚建立的处理方法，按“OK”。

（4）打印在 Project 窗口下选“Results”标签。

① 选中要打印的标准/样品，右击后选“Preview”进入“Open Report Method”窗口，选合适的打印方法，按“OK”进入“Report Publisher（Preview）”窗口，预览打印的结果。按打印（Print）图标（左上第二个）即可打印结果。

② 按“Close”可进入“Report Publisher”窗口对报告方法进行修改，完成后按

"Print"图标（右数第二个）即可打印结果。

（5）数据处理完成后，关闭所有窗口，在主界面下按"Logout"退出系统，关闭Millennium32软件，再依次关闭电脑主机、显示器、打印机。

8. 清洗系统和关机

（1）数据采集完毕后，关闭检测器，继续以工作流动相冲洗10min后，换水冲洗。

（2）清洗进样阀。

① 用启动注射器吸10mL超纯水。

② 将注射针导入口冲洗头（Rheodyne部件号7125-054）连接到注射器出口上（不要针），并将它们一起接到进样口上。

③ 使进样阀保持在Inject位置，慢慢将水推入，水将通过注射针导入口、引导管、注射针导入管和注射针密封圈，由样品溢出管排出。

（3）清洗柱。

① C_{18}柱先用超纯水以1mL/min冲洗40min以上，再用甲醇或乙腈冲洗20min。

② Protein PAK60柱先用超纯水冲洗90min以上，再用甲醇或乙腈冲洗40min。

（4）用水冲洗柱后，分别用20mL超纯水冲洗柱塞杆外部和法兰盘上小孔。

（5）清洗完成后，先将流速降到0，再依次关闭泵、脱气机、UPS，断开电源。

（6）填写使用记录。

五、计算公式

$$i\text{组分含量}(\%)=\frac{A_i}{A_s}\times\frac{m_s}{m}\times100\%$$

式中，A_i、A 分别为试样中待测组分与对照品的色谱峰面积；m_s、m 分别为对照品和试样的质量。

六、实践结果

记录色谱图以及色谱数据，进行鉴别、检查及含量测定的分析和计算。
结论：

七、思考与讨论

1. 高效液相色谱法系统适用性试验通常包括哪几个参数？
2. 高效液相色谱法的定量方法有哪些？

（苏冬梅）

附 录

附录1 元素的相对原子质量

（按照原子序数排列，以^{12}C=12 为基准）

原子序数	元素符号	中文名称	英文名称	相对原子质量	原子序数	元素符号	中文名称	英文名称	相对原子质量
1	H	氢	hydrogen	1.00794(7)	30	Zn	锌	zinc	65.409(4)
2	He	氦	helium	4.002602(2)	31	Ga	镓	gallium	69.723(1)
3	Li	锂	lithium	6.941(2)	32	Ge	锗	germanium	72.64(1)
4	Be	铍	berylium	9.012182(3)	33	As	砷	arsenic	74.92160(2)
5	B	硼	boron	10.811(7)	34	Se	硒	selenium	78.96(3)
6	C	碳	carbon	12.0107(8)	35	Br	溴	bromine	79.904(1)
7	N	氮	nitrogen	14.0067(2)	36	Kr	氪	krypton	83.798(2)
8	O	氧	oxygen	15.9994(3)	37	rb	铷	rubidium	85.4678(3)
9	F	氟	fluorine	18.9984032(5)	38	Sr	锶	strontium	87.62(1)
10	Ne	氖	neon	20.1797(6)	39	Y	钇	yttrium	88.90585(2)
11	Na	钠	sodium(natrium)	22.989770(2)	40	Zr	锆	zirconium	91.224(2)
12	Mg	镁	magnesium	24.3050(6)	41	Nb	铌	niobium	92.90638(2)
13	Al	铝	aluminium	26.981538(2)	42	Mo	钼	molybdenum	95.94(2)
14	Si	硅	silicon	28.0855(3)	43	Tc	锝	technetium	97.907
15	P	磷	phosphorus	30.973761(2)	44	Ru	钌	ruthenium	101.07(2)
16	S	硫	sulfur	32.065(5)	45	Rh	铑	rhodium	102.90550(2)
17	Cl	氯	chlorine	35.453(2)	46	Pd	钯	palladium	106.42(1)
18	Ar	氩	argon	39.948(1)	47	Ag	银	silver(argentum)	107.8682(2)
19	K	钾	potassium(kalium)	39.0983(1)	48	Cd	镉	cadmium	112.411(8)
20	Ca	钙	calcium	40.078(4)	49	In	铟	indium	114.818(3)
21	Sc	钪	scandium	44.95590(8)	50	Sn	锡	tin(stannum)	118.710(7)
22	Ti	钛	titanium	47.867(1)	51	Sb	锑	antimony(stibium)	121.760(1)
23	V	钒	vanadium	50.9415	52	Te	碲	tellurium	127.60(3)
24	Cr	铬	chromium	51.9961(6)	53	I	碘	iodine	126.90447(3)
25	Mn	锰	manganese	54.938049(9)	54	Xe	氙	xenon	131.293(6)
26	Fe	铁	iron(ferrum)	55.845(2)	55	Cs	铯	caesium	132.9054519(2)
27	Co	钴	cobalt	58.933200(9)	56	Ba	钡	barium	137.327(7)
28	Ni	镍	nickel	58.6934(2)	57	La	镧	lanthanum	138.90545(5)
29	Cu	铜	copper(cuprum)	63.546(3)	58	Ce	铈	cerium	140.116(1)

续表

原子序数	元素符号	中文名称	英文名称	相对原子质量	原子序数	元素符号	中文名称	英文名称	相对原子质量
59	Pr	镨	praseodymium	140.90765(2)	89	Ac	锕	actinium	227.03
60	Nd	钕	neodymium	144.242(3)	90	Th	钍	thorium	232.0381(1)
61	Pm	钷	promethium	144.91	91	Pa	镤	protactinium	231.03588(2)
62	Sm	钐	samarium	150.36(2)	92	U	铀	uranium	238.02891(3)
63	Eu	铕	europium	151.964(1)	93	Np	镎	neptunium	237.05
64	Gd	钆	gadolinium	157.25(3)	94	Pu	钚	plutonium	244.06
65	Tb	铽	terbium	158.92534(2)	95	Am	镅	americium	243.06
66	Dy	镝	dysprosium	162.500(1)	96	Cm	锔	curium	247.07
67	Ho	钬	holmium	164.93032(2)	97	Bk	锫	berkelium	247.07
68	Er	铒	erbium	167.259(3)	98	Cf	锎	californium	251.08
69	Tm	铥	thulium	168.9342(2)	99	Es	锿	einsteinium	252.08
70	Yb	镱	ytterbium	173.04(3)	100	Fm	镄	fermium	257.10
71	Lu	镥	lutetium	174.9668(1)	101	Md	钔	mendelevium	258.10
72	Hf	铪	hafnium	178.49(2)	102	No	锘	nobelium	259.10
73	Ta	钽	tantalum	180.94789(1)	103	Lr	铹	lawrencium	260.11
74	W	钨	tungsten(wolfram)	183.84(1)	104	Rf	𬬻	rutherfordium	261.11
75	Re	铼	rhenium	186.207(1)	105	Db	𬭊	dubnium	262.11
76	Os	锇	osmium	190.23(3)	106	Sg	𬭳	seaborgium	263.12
77	Ir	铱	iridium	192.217(3)	107	Bh	𬭛	bohrium	264.12
78	Pt	铂	platinum	195.078(2)	108	Hs	𬭶	hassium	265.13
79	Au	金	gold(aurum)	196.96655(2)	109	Mt	鿏	meitnerium	266.13
80	Hg	汞	mercury(hydrargyrum)	200.59(2)	110	Ds	𫟼	darmstadtium	[269]
81	Tl	铊	thallium	204.3833(2)	111	Rg	𬬭	roentgenium	[272]
82	Pb	铅	lead(plumbum)	207.2(1)	112	Cn	鿔	copernicium	[277]
83	Bi	铋	bismuth	208.98038(2)	113	Uut		ununtrium	[278]
84	Po	钋	polonium	208.98	114	Uuq		ununquadium	[289]
85	At	砹	astatine	209.99	115	Uup		ununpentium	[288]
86	Rn	氡	radon	222.02	116	Uuh		ununhexium	[289]
87	Fr	钫	fracium	223.02	117	Uuo		ununoctium	[294]
88	Ra	镭	radium	226.03					

注：录自 2007 年国际相对原子质量表。( ) 表示原子质量最后一位的不确定性，[ ] 中的数值为没有稳定同位素的半衰期最长同位素的质量数。

(赵世芬)

附录 2 标准电极电位表 (298.15K)

编号	电极反应	$\varphi^{\ominus}$/V
1	$Li^{+} + e = Li$	−3.024
2	$K^{+} + e = K$	−2.924
3	$Ba^{2+} + 2e = Ba$	−2.90
4	$Ca^{2+} + 2e = Ca$	−2.87
5	$Na^{+} + e = Na$	−2.714
6	$Mg^{2+} + 2e = Mg$	−2.34
7	$Al^{3+} + 3e = Al$	−1.67
8	$ZnO_2^{2-} + 2H_2O + 2e = Zn + 4OH^-$	−1.216
9	$Sn(OH)_6^{2-} + 2e = HSnO_2^- + 3OH^- + H_2O$	−0.96
10	$SO_4^{2-} + H_2O + 2e = SO_3^{2-} + 2OH^-$	−0.90
11	$2H_2O + 2e = H_2 + 2OH^-$	−0.828

续表

编号	电极反应	$\varphi^{\ominus}$/V
12	$HSnO_2^- + H_2O + 2e = Sn + 3OH^-$	—0.79
13	$Zn^{2+} + 2e = Zn$	—0.762
14	$Cr^{3+} + 3e = Cr$	—0.71
15	$AsO_4^{3-} + 2H_2O + 2e = AsO_2^- + 4OH^-$	—0.71
16	$SO_3^{2-} + 3H_2O + 6e = S^{2-} + 6OH^-$	—0.61
17	$2CO_2 + 2H^+ + 2e = H_2C_2O_4$	—0.49
18	$Fe^{2+} + 2e = Fe$	—0.441
19	$Cr^{3+} + e = Cr^{2+}$	—0.41
20	$Cd^{2+} + 2e = Cd$	—0.402
21	$Cu_2O + H_2O + 2e = 2Cu + 2OH^-$	—0.361
22	$AgI + e = Ag + I^-$	—0.151
23	$Sn^{2+} + 2e = Sn$	—0.140
24	$Pb^{2+} + 2e = Pb$	—0.126
25	$CrO_4^{2-} + 4H_2O + 3e = Cr(OH)_3 + 5OH^-$	—0.12
26	$Fe^{3+} + 3e = Fe$	—0.036
27	$2H^+ + 2e = H_2$	0.0000
28	$NO_3^- + H_2O + 2e = NO_2^- + 2OH^-$	0.01
29	$AgBr + e = Ag + Br^-$	0.073
30	$S + 2H^+ + 2e = H_2S$	0.141
31	$Sn^{4+} + 2e = Sn^{2+}$	0.15
32	$Cu^{2+} + e = Cu^+$	0.167
33	$S_4O_6^{2-} + 2e = 2S_2O_3^{2-}$	0.17
34	$SO_4^{2-} + 4H^+ + 2e = H_2SO_3 + H_2O$	0.20
35	$AgCl + e = Ag + Cl^-$	0.222
36	$IO_3^- + 3H_2O + 6e = I^- + 6OH^-$	0.26
37	$Hg_2Cl_2 + 2e = 2Hg + 2Cl^-$	0.267
38	$Cu^{2+} + 2e = Cu$	0.345
39	$[Fe(CN)_6]^{3-} + e = [Fe(CN)_6]^{4-}$	0.36
40	$2H_2SO_3 + 2H^+ + 4e = 3H_2O + S_2O_3^{2-}$	0.40
41	$O_2 + 2H_2O + 4e = 4OH^-$	0.401
42	$2BrO^- + 2H_2O + 2e = Br_2 + 4OH^-$	0.45
43	$4H_2SO_3 + 4H^+ + 6e = 6H_2O + S_4O_6^{2-}$	0.48
44	$Cu^+ + e = Cu$	0.522
45	$I_2 + 2e = 2I^-$	0.534
46	$I_3^- + 2e = 3I^-$	0.535
47	$MnO_4^- + e = MnO_4^{2-}$	0.54
48	$H_3AsO_4 + 2H^+ + 2e = H_3AsO_3 + H_2O$	0.559
49	$IO_3^- + 2H_2O + 4e = IO^- + 4OH^-$	0.56
50	$MnO_4^- + 2H_2O + 3e = MnO_2 + 4OH^-$	0.57
51	$BrO_3^- + 3H_2O + 6e = Br^- + 6OH^-$	0.61
52	$ClO_3^- + 3H_2O + 6e = Cl^- + 6OH^-$	0.62
53	$O_2 + 2H^+ + 2e = H_2O_2$	0.682
54	$Fe^{3+} + e = Fe^{2+}$	0.771
55	$Hg_2^{2+} + 2e = 2Hg$	0.789
56	$Ag^+ + e = Ag$	0.7991
57	$2Hg^{2+} + 2e = Hg_2^{2+}$	0.920

续表

编号	电极反应	$\varphi^{\ominus}$/V
58	$NO_3^- + 3H^+ + 2e^- = HNO_2 + H_2O$	0.94
59	$HIO + H^+ + 2e = I^- + H_2O$	0.99
60	$HNO_2 + H^+ + e = NO + H_2O$	1.00
61	$Br_2 + 2e = 2Br^-$	1.0652
62	$IO_3^- + 6H^+ + 6e = I^- + 3H_2O$	1.085
63	$IO_3^- + 6H^+ + 5e = 1/2I_2 + 3H_2O$	1.195
64	$O_2 + 4H^+ + 4e = 2H_2O$	1.229
65	$MnO_2 + 4H^+ + 2e = Mn^{2+} + 2H_2O$	1.23
66	$HBrO + H^+ + 2e = Br^- + H_2O$	1.33
67	$Cr_2O_7^{2-} + 14H^+ + 6e = 2Cr^{3+} + 7H_2O$	1.33
68	$ClO_4^- + 8H^+ + 7e = 1/2Cl_2 + 4H_2O$	1.34
69	$Cl_2 + 2e = 2Cl^-$	1.3595
70	$BrO_3^- + 6H^+ + 6e = Br^- + 3H_2O$	1.44
71	$ClO_3^- + 6H^+ + 6e = Cl^- + 3H_2O$	1.45
72	$HIO + H^+ + e = 1/2I_2 + H_2O$	1.45
73	$PbO_2 + 4H^+ + 2e = Pb^{2+} + 2H_2O$	1.455
74	$ClO_3^- + 6H^+ + 5e = 1/2Cl_2 + 3H_2O$	1.47
75	$HClO + H^+ + 2e = Cl^- + H_2O$	1.49
76	$MnO_4^- + 8H^+ + 5e = Mn^{2+} + 4H_2O$	1.51
77	$BrO_3^- + 6H^+ + 5e = 1/2Br_2 + 3H_2O$	1.52
78	$HBrO + H^+ + e = 1/2Br_2 + H_2O$	1.59
79	$Ce^{4+} + e = Ce^{3+}$	1.61
80	$2HClO + 2H^+ + 2e = Cl_2 + 2H_2O$	1.63
81	$Pb^{4+} + 2e = Pb^{2+}$	1.69
82	$MnO_4^- + 4H^+ + 3e = MnO_2 + 2H_2O$	1.695
83	$H_2O_2 + 2H^+ + 2e = 2H_2O$	1.77
84	$S_2O_8^{2-} + 2e = 2SO_4^{2-}$	2.01
85	$O_3 + 2H^+ + 2e = O_2 + H_2O$	2.07
86	$F_2 + 2e = 2F^-$	2.87

（闫冬良）

附录3 常用标准pH缓冲溶液的配制（25℃）

名称	pH	配制方法
0.05mol/L 草酸三氢钾	1.68	称取在54℃±3℃下烘干4～5h的基准草酸三氢钾12.6g，于烧杯中，加纯化水溶解后，定量转移至1L的容量瓶中，加水稀释至标线，摇匀
饱和酒石酸氢钾	3.56	称取20g基准酒石酸氢钾于磨口试剂瓶中，加1L纯化水，剧烈振摇30min，溶液澄清后，取上清液即可
0.05mol/L 邻苯二甲酸氢钾	4.00	称取在105℃±5℃下烘干2～3h的基准邻苯二甲酸氢钾3.53g，于烧杯中，加纯化水溶解后，定量转移至1L的容量瓶中，加水稀释至标线，摇匀
0.025mol/L 混合磷酸盐	6.88	分别称取在115℃±5℃下烘干2～3h的基准磷酸二氢钾3.4021g和磷酸氢二钠3.5490g，于烧杯中，加纯化水溶解后，定量转移至1L的容量瓶中，加水稀释至标线，摇匀
0.01mol/L 硼砂	9.18	称取3.8137g基准硼砂于烧杯中，加无CO_2的纯化水溶解后，定量转移至1L的容量瓶中，加无CO_2的纯化水稀释至标线，摇匀

（孙李娜）

仪器分析技术习题参考答案

第一章　仪器分析概论

一、填空题

1. 物理；物理化学；特殊仪器。

2. 定性分析法；定量分析法；结构分析法；鉴定物质的化学组成；测定物质中各组分的相对含量；确定物质的化学结构。

3. 测定灵敏度和精密度高；操作简单，测定自动化程度高；选择性高，测定速度快；取样量少，可进行无损分析；在低浓度下测定的准确度高；大型仪器结构复杂，价格昂贵；工作环境要求高，使用者素质要求高。

4. 电化学分析法；光学分析法；色谱分析法；质谱法。

二、单项选择题

1.C　　2.D

三、简答题（略）

第二章　电化学分析法

一、填空题

1. 还原；氧化；氧化；还原。

2. 校准或定位；测量。

3. 参比电极；指示电极。

4. 内参比电极。

5. 直接电位法。

6. 标准曲线法；标准比较法。

7. 电流；原电池电动势。

二、单项选择题

1.B　2.A　3.B　4.D　5.C　6.A　7.B　8.E　9.C　10.D

11.A　12.B　13.C

三、简答题（略）

四、计算题

1. 2.63；6.50

2. 3.40×10^{-5} mol/L

第三章　光学分析法概论

一、填空题

1. 波动性；粒子性；波粒二象性。

2. 波长；频率；波数。

3. 吸收；发射；光电效应。
4. 波长；频率或能量。
5. 光谱分析法；非光谱分析法。
6. 吸收光谱法；发射光谱法；拉曼光谱法。

二、简答题（略）

第四章　紫外-可见分光光度法

一、填空题

1. 液层厚度；溶液浓度；$A=KLc$。
2. L/(mol·cm)；1mol/L；1cm；ε。
3. 钨；玻璃；氢；氘；石英。
4. 波长。
5. 蓝。
6. 0.15；0.35。
7. 波长；吸光度；最大吸收波长；λ_{max}。
8. 标准曲线法；吸收系数法；对照品比较法。

二、单项选择题

1.A　2.C　3.D　4.C　5.E　6.B　7.B　8.B　9.D　10.B
11.C　12.C　13.B　14.B　15.B　16.C　17.A　18.D　19.C

三、简答题（略）

四、计算题

1. $T_1=77.5\%$；$T_2=46.5\%$；$T_1=36.0\%$
2. $A=0.145$；$\varepsilon=4.83\times10^3$ L/(mol·cm)；$A=0.435$
3. $E_{1cm}^{1\%}=1123$ mL/(g·cm)；$\varepsilon=2.65\times10^4$ L/(mol·cm)
4. 10.1mg/L
5. 98.39%
6. 0.0600g

第五章　红外分光光度法

一、填空题

1. 0.76～2.5μm；50～1000μm；2.5～25μm；4000～400cm^{-1}。
2. 伸缩振动；弯曲振动；对称伸缩振动；不对称伸缩振动；面内弯曲振动；面外弯曲振动；面内剪式振动；面内摇摆振动；面外摇摆振动；面外扭曲振动；变形振动。
3. 透光率；波长；波数；下。
4. 辐射光子的能量与振动跃迁所需能量相等；分子振动时偶极矩发生改变。
5. 基频峰；特征峰；相关峰。
6. 4000～1300cm^{-1}；特征区；1300～400cm^{-1}；指纹区。
7. $3N$；$3N-5$；$3N-6$。
8. 简并；红外非活性振动；仪器性能的限制。

9. 光源；干涉仪；吸收池；检测器；计算机；记录仪。

10. 4；5。

二、单项选择题

1. B　2. C　3. D　4. A　5. E　6. A　7. E　8. D　9. A　10. C
11. C　12. B　13. C　14. A　15. E　16. D　17. C　18. B　19. A
20. B

三、简答题（略）

第六章　荧光分析法

一、填空题

1. 荧光；磷光；大；长。
2. 强烈吸收紫外-可见光；荧光效率足够大。
3. 相似；镜像。
4. 光源；激发单色器；样品池；荧光单色器；荧光检测器；放大器；记录与显色器。
5. 温度；溶剂；溶液的 pH；温度。
6. 大；共轭。
7. 灵敏度高；选择性好。

二、单项选择题

1. B　2. B　3. C　4. B　5. B　6. A　7. A　8. D　9. C　10. B
11. E　12. D

三、简答题（略）

四、计算题

58.5～71.5

第七章　原子吸收分光光度法

一、填空题

1. 特征谱线；基态原子；特征谱线的透射光强度。
2. 灵敏度高；精密度好；选择性高；分析速度快；应用范围广。
3. 电子；基态；第一激发态；电子；第一激发态；基态。
4. 中心频率；半宽度。
5. 自然宽度；热展宽；碰撞展宽；自吸展宽。
6. 火焰原子化器；非火焰原子化器。
7. 灵敏度；检出限。
8. 标准曲线法；标准加入法。

二、单项选择题

1. E　2. B　3. A　4. D　5. C　6. D

三、简答题（略）

四、计算题

1. 作图法 0.500μg/mL；公式法 0.500μg/mL

2.0.109g。本品符合要求

第八章　色谱分析法概论

一、填空题

1. 分离；灵敏度高；分离效能高；分离效果好。
2. 吸附色谱法；分配色谱法；离子交换色谱法；凝胶色谱法；亲和色谱法。
3. 固定相；流动相；固定相；色谱柱。
4. 塔板理论；速率理论。

二、单项选择题

1.C　2.A　3.C　4.A　5.A　6.B　7.E　8.D　9.A　10.E

三、简答题（略）

四、计算题

1. $\alpha=1.18$；$n_{eff}=6400$；$L=6.4m$
2. $k'=5.0$；$V_0=50mL$；$V_R=250mL$；$K=100$
3. $f_m=0.90$

第九章　液相色谱法

一、填空题

1. 吸附柱色谱法；分配柱色谱法；离子交换柱色谱法；空间排阻柱色谱法。
2. 越高；越小；越弱。
3. 制板；点样；展开；显色；定性分析；定量分析。
4. 较大；较小。
5. 互不相溶；分配系数。
6. 0.2～0.8；0.05 。
7. 滤纸；分配色谱法。

二、单项选择题

1.D　2.A　3.E　4.B　5.D　6.B　7.C　8.D　9.B　10.D

三、简答题（略）

四、计算题

1. 0.59；0.50；0.84
2. 0.56；7.78cm

第十章　高效液相色谱法

一、填空题

1. 高压输液系统；色谱柱；进样器；检测器；馏分收集器；数据获取与处理系统。
2. 紫外检测器；荧光检测器；质谱检测器；电化学检测器；示差折光检测器；蒸发光散射检测器。
3. 极性；小；大；非极性；弱极性；大；小。
4. 固定相的官能团；载体；键合相。

二、单项选择题

1.E　2.D　3.A　4.D　5.C　6.C　7.A　8.A　9.B　10.B

三、简答题（略）

四、计算题

$w_{乙酸甲酯}=15.5\%$；$w_{丙酸甲酯}=46.8\%$；$w_{正丁酸甲酯}=37.7\%$

第十一章　气相色谱法

一、填空题

1. 载气系统；进样系统；分离系统；检测系统；记录系统。
2. 气体；载气。
3. 较大；较小。
4. H_2或 He；N_2

二、单项选择题

1.A　2.D　3.E　4.C　5.A　6.D　7.C　8.C　9.A　10.A

三、简答题（略）

四、计算题

（1）$t'_{RA}=8.0min$；$t'_{RB}=13min$；（2）$k'_A=4.0$；$k'_B=6.5$；（3）$\alpha=1.6$

第十二章　质谱法

一、填空题

1. 高真空系统；离子化；大小；强度。
2. 样品用量少；灵敏度高；分析速度快；应用范围广；试样分析后被破坏。
3. 质量；电荷。
4. 离子的质荷比；离子的质量；离子的相对强度；离子的数目多少；100%；基峰；基峰峰高的百分比；其他离子的相对强度。
5. 分子离子；准分子离子；碎片离子；同位素离子。
6. 分辨率；质量范围。

二、单项选择题

1.C　2.D　3.E　4.A　5.B

三、简答题（略）

第十三章　核磁共振波谱法

一、填空题

1. 磁场；无线电波。
2. 氢的种类；氢核的数目。
3. 照射频率或磁场强度；核磁共振信号强度；NMR。

二、单项选择题

1.C　2.C　3.D　4.E

三、简答题（略）

参考文献

[1] 国家药典委员会．中华人民共和国药典［M］．北京：中国医药科技出版社，2015.

[2] 中国药品生物制品鉴定所，中国药品检验总所．药品检验仪器操作规程．北京：中国医药科技出版社，2015.

[3] 国家药典委员会．药品红外光谱集［M］．北京：中国医药科技出版社，2015.

[4] 潘国石．分析化学．北京：人民卫生出版社，2010.

[5] 闫冬良．药品仪器检验技术．北京：中国中医出版社，2013.

[6] 谢庆娟，李维斌．分析化学．北京：人民卫生出版社，2013.

[7] 张其河．分析化学．北京：中国医药科技出版社，2003.

[8] 孙毓庆．分析化学（下册）．北京：人民卫生出版社，1993.

[9] 蔡自由，黄月君．分析化学．北京：中国医药科技出版社，2013.

[10] 陆家政，傅春华．基础化学．北京：人民卫生出版社，2009.